U0239558

高等职业教育"十二五"规划教材

液压与气压传动

主　编　陈金艳　　金红基
副主编　韩志引　　赵林林　　鲁　霞
参　编　范素英　　吴广河　　张玉安
主　审　郑明华

机 械 工 业 出 版 社

针对高职教育"以应用为主"的培养目标，本书本着以职业应用为导向的原则，根据工程技术人员的职业能力需求合理选取和安排内容。在编写过程中，尽量减少复杂的理论计算。对液压和气动元件的结构、工作原理、特点、使用和维护方法，常见故障及排除方法；液压及气动系统的基本回路及其在典型设备中的应用，常见故障及排除方法；液压气动系统的基本设计方法及特性；液压和气动基本回路的组成和功能等均从使用角度进行讲解。注重对液压和气动系统的分析方法的介绍。此外，全书引入液压与气动控制系统的大量工程应用实例，便于读者拓宽知识面、理论联系实际。

全书共分 10 章，主要内容包括：工作介质，液压流体力学基础，液压动力元件，液压执行元件，液压控制阀，液压辅助元件，液压基本回路，典型液压传动系统分析，气源装置、辅助元件及气动执行元件，气动控制元件及基本回路等。本书层次清晰、实例丰富，实用性强，适合教学使用。

本书可作为高等职业技术院校机电一体化技术、数控技术、工程机械应用与维护等机电类相关专业的教材，也可作为广大工程技术人员的参考书和培训教材，尤其适用于高等职业教育教学做一体化培养模式的教学。

图书在版编目（CIP）数据

液压与气压传动/陈金艳，金红基主编. —北京：机械工业出版社，2011.3（2017.7 重印）
高等职业教育"十二五"规划教材
ISBN 978 - 7 - 111 - 32240 - 4

Ⅰ. ①液…　Ⅱ. ①陈…②金…　Ⅲ. ①液压传动 – 高等学校：技术学校 – 教材②气压传动 – 高等学校：技术学校 – 教材　Ⅳ. ①TH137②TH138

中国版本图书馆 CIP 数据核字（2011）第 014148 号

机械工业出版社（北京市百万庄大街 22 号　邮政编码 100037）
策划编辑：王海峰　责任编辑：杜冬梅
封面设计：鞠　杨　责任印制：乔　宇
三河市国英印务有限公司印刷
2017 年 7 月第 1 版·第 4 次印刷
184mm × 260mm·14.25 印张·346 千字
8 001—9 000 册
标准书号：ISBN 978 - 7 - 111 - 33240 - 4
定价：34.00 元

前　言

本书本着以职业应用为导向的原则，突出应用性和针对性，理论上力求简单明了，实例和应用上力求直观易懂，根据工程技术人员的职业能力需求合理选取和安排内容。

全书共 10 章，分别对流体力学基础、液压动力元件、液压执行元件、液压控制元件、辅助元件、液压基本回路、气源装置、辅助元件及气动执行元件、控制元件、气动基本回路进行了详细介绍，并对几种典型的液压控制系统进行了详细分析。在编写过程中，尽量减少了复杂的理论计算；立足应用，对液压和气动元件的结构、工作原理、特点、使用和维护方法，常见故障及排除方法；液压及气动系统的基本回路及其在典型设备中的应用，常见故障及排除方法；液压气动系统的基本设计方法及特性；液压和气动基本回路的组成和功能等均从使用角度进行讲解。注重对液压和气动系统的分析方法的介绍。此外全书引入液压与气动控制系统的大量工程应用实例，便于读者拓宽知识面、理论联系实际。附录中摘录了流体传动系统及元件图形符号和回路图最新标准（GB/T 786.1—2009），供读者参阅。

全书层次清晰，实例丰富，实用性强，具有较高的参考价值，可作为高等职业技术院校机电一体化技术、数控技术、工程机械应用与维护等机电类相关专业的教材，也可作为广大工程技术人员的参考书和培训教材，尤其适用于高等职业教育一体化培养模式的教学。

本书由陈金艳、金红基任主编，由韩志引、赵林林、鲁霞任副主编，由郑明华任主审。本书绪论由陈金艳、张玉安编写，第 1 章由陈金艳、吴广河编写，第 2 章由陈金艳、范素英编写，第 3、4 章由韩志引编写，第 5、7 章由金红基编写，第 6、8 章由赵林林编写，第 9、10 章由鲁霞编写，附录由陈金艳编写，全书由陈金艳统稿。

本书在编写过程中，参考引用了许多专家的论文和著作，许多厂家的资料，在此一并致谢！

由于作者水平有限，书中难免存在错误和不足，敬请读者批评指正。

编　者

目　　录

绪　　论

机器装备通常是由动力装置、传动装置、操纵或控制装置、工作执行装置几部分组成。其中，动力是由动力装置向工作执行装置的传递，即通过某种传动方式，将动力装置的运动或动力以某种形式传递给执行装置，驱动执行装置对外做功。一般工程技术中使用的动力传递方式有机械传动、电气传动、电子传动、液压与气压传动以及由它们组合而成的复合传动。液压与气动技术是液压与气压传动及控制的简称，它们以流体（液压油液、压缩空气）为工作介质，进行能量和信号的传递，来控制各种机械设备，因此又称为流体传动及控制。

0.1　液压与气压传动的工作原理

0.1.1　液压传动的工作原理

下面以机床工作平台的液压系统为例来说明液压传动系统的工作原理。如图 0-1 所示，机床工作台液压系统由油箱、过滤器、液压泵、溢流阀、开停阀、节流阀、换向阀、液压缸以及连接这些元件的油管、接头组成，其工作原理如下：液压泵由电动机驱动，从油箱中吸油；油液经过滤器进入液压泵，油液在泵腔中从入口低压到泵出口高压，在图 0-1a 所示状态下，通过开停阀、节流阀、换向阀进入液压缸左腔，推动活塞使工作台向右移动；这时，液压缸右腔的油液经换向阀和回油管 6 排回油箱。

如果将换向阀手柄转换成图 0-1b 所示状态，则压力管中的油将经过开停阀、节流阀和换向阀进入液压缸右腔、推动活塞使工作台向左移动，并使液压缸左腔的油经换向阀和回油管 6 排回油箱。

工作台的移动速度是通过节流阀来调节的。当节流阀开大时，进入液压缸的油量增多，工作台的移动速度增大；当节流阀关小时，进入液压缸的油量减小，工作台的移动速度减小。为了克服移动工作台时所受到的各种阻力，液压缸必须产生一个足够大的推力，这个推力是由液压缸中的油液压力所产生的。要克服的阻力越大，缸中的油液压力越高；反之压力就越低。这种现象正说明了液压传动的一个基本原理——压力决定于负载。

图 0-1 所示的液压系统是一种半结构式的工作原理图，它有直观性强、容易理解的优点，当液压系统发生故障时，根据原理图检查十分方便，但图形比较复杂，绘制比较麻烦。我国已经制定了一种用规定的图形符号来表示液压原理图中的各元件和连接管路的国家标准，即《流体传动系统及元件图形符号和回路图》（GB/T 786.1—2009）。我国制定的液压系统及元件图形符号有以下几条基本规定：

1）符号只表示元件的职能、连接系统的通路，不表示元件的具体结构和参数，也不表示元件在机器中的实际安装位置。

2）元件符号内的油液流动方向用箭头表示，线段两端都有箭头的，表示流动方向可逆。

3）符号均以元件的静止位置或中间零位置表示，当系统的动作另有说明时，可作例外。

图 0-2 所示为图 0-1a 系统 GB/T 786.1—2009《流体传动系统及元件图形符号和回路图》国家标准绘制的工作原理图，使用这些图形符号可使液压系统图简单明了，且便于绘制。

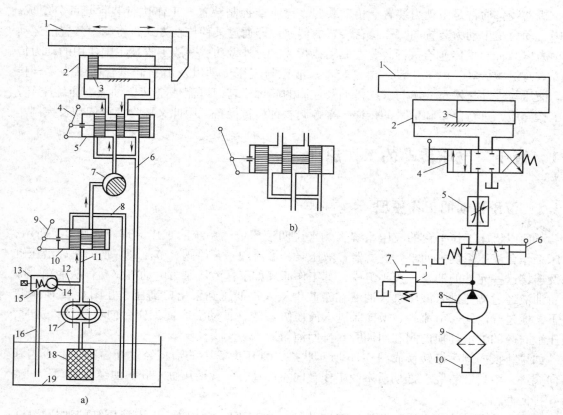

图 0-1　机床工作台液压系统工作原理图
1—工作台　2—液压缸　3—活塞　4—换向手柄　5—换向阀
6、8、16—回油管　7—节流阀　9—开停手柄　10—开停阀
11—压力管　12—压力支管　13—溢流阀　14—钢球　15—弹簧
17—液压泵　18—过滤器　19—油箱

图 0-2　机床工作台液压系统的图形符号图
1—工作台　2—液压缸　3—油塞　4—换向阀
5—节流阀　6—开停阀　7—溢流阀
8—液压泵　9—过滤器　10—油箱

0.1.2　气压传动的工作原理

从原理上讲，将液压传动系统中的工作介质换为气体，液压传动系统则变为气压传动系统。但由于这两种传动系统的工作介质及其特性有很大区别，所以这两种系统的工作特性有较大不同，所应用的场合也不一样。尽管这两种系统所采用的元器件的结构原理相似，但很多元件不能互换，液压传动元件和气压传动元件是分别由不同的专业生产厂家加工制造的。

图 0-3 给出了一个部分元件用图形符号绘制的气压传动系统工作原理图。图中，原动机驱动空气压缩机 1，空气压缩机将原动机的机械能转换为气体的压力能，受压缩后的空气经后冷却器 2、除油器 3、干燥器 4 进入到储气罐 5。储气罐用于储存压缩空气并稳定压力。压

缩空气再经过滤器6，由调压阀（减压阀）7将气体压力调节到气压传动装置所需的工作压力，并保持稳定。油雾器9用于将润滑油喷成雾状，悬浮于压缩空气中，使控制阀及气缸得到润滑。经过处理的压缩空气，通过气压控制元件10、11、12、14和15的控制进入气压执行元件13，推动活塞带动负载工作。气压传动系统的能源装置一般设在距控制执行元件较远的空气压缩机站内，用管道将压缩空气输送给执行元件，而过滤器以后的部分一般都集中安装在气压传动工作机构附近，各种控制元件按要求组合后构成不同功能的气压传动系统。

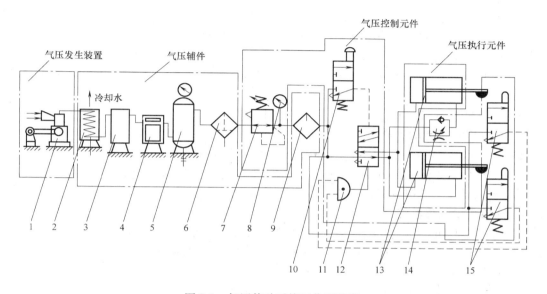

图 0-3　气压传动系统工作原理图

1—空气压缩机　2—后冷却器　3—除油器　4—干燥器　5—储气罐　6—过滤器　7—减压阀　8—压力表
9—油雾器　10、12—气压控制阀　11—气压逻辑元件　13—气缸　14—可调单向节流阀　15—行程阀

0.2　液压与气压传动系统的组成

从液压传动系统和气压传动系统这两个实例可以看出，一个完整的、能够正常工作的液压系统或气压系统，一般由以下五个主要部分组成：

（1）能源装置（动力元件）　它是把机械能转换成液压能，供给液压系统压力油的装置。一般常见的是液压泵或空气压缩机。

（2）执行装置（元件）　它是把液压能转换成机械能以驱动工作机构的装置。其形式有作直线运动的液压缸或气缸，作回转运动的液压马达或气压马达。

（3）控制调节装置（元件）　它是对系统中的压力、流量或流动方向进行控制或调节的装置，如溢流阀、节流阀、换向阀、开停阀等。

（4）辅助装置（元件）　上述三部分之外的其他装置，如油箱、过滤器、分水滤气器、油雾器、消声器、蓄能器、管件等。它们对保证系统正常工作是必不可少的。

（5）工作介质　传递能量的流体，即液压油或压缩空气等。

0.3　液压与气压传动的优缺点

与机械传动和电力传动相比，液压与气压传动具有以下优缺点。

1. 液压与气压传动的优点

1）液压与气压传动元件的布置不受严格的空间位置限制，布局安装灵活，可构成复杂传动系统。

2）在运行过程中可实现无级调速，调速范围大，可达 100∶1 ~ 2000∶1。

3）操作控制方便、省力，易于实现自动控制，与电气、电子控制结合，易于实现自动工作循环和自动过载保护。

4）液压与气压传动元件已标准化、系统化和通用化，便于系统的设计、制造和推广使用。

5）易于实现回转、直线运动，且元件排列布置灵活。

2. 液压与气压传动的缺点

1）在传动过程中，能量需经两次转换，故传动效率低。

2）传动介质为流体，具有可压缩性，并且容易泄漏，因此难以保证严格的传动比。

3）液压元件制造精度高，系统故障不易查找。

3. 液压传动的显著特点

1）液压传动可采用很高的压力（一般可达 32MPa 或更高），故可输出更大的动力。在同等输出功率的情况下，液压传动装置体积小、质量轻、惯性小、动态性能好。

2）运动平稳，反应快，冲击小。

3）采用油液作工作介质，能自行润滑，故使用寿命长，但有油液污染。

4）液压传动中存在较多的能量损失（摩擦损失、压力损失、泄漏损失），传动效率低，因此不宜用于远距离传动。

5）液压传动对油温和负载变化敏感，不宜于在很低或很高温度下工作，而且对油液的污染十分敏感。

4. 气压传动的显著特点

1）传动介质是空气，取之不尽、用之不竭，不仅成本低，而且不会对周围环境造成污染。

2）气体在管路中流动压力损失小，适用于集中供气和远距离输送。

3）压缩空气的压力较低，一般用于输出动力较小的场合。

4）空气的可压缩性大，气压传动的稳定性差。

总而言之，液压与气压传动的优点是主要的，其缺点亦将随着科学技术的发展逐渐加以克服。例如，将液压传动、气压传动、电力传动、机械传动合理地结合起来，构成气-流、电-液（气）、机-液（气）等联合传动，以进一步发挥其各自的优点，弥补某些缺点，因此，液压与气压传动在工程实际中得到了广泛应用。

0.4　液压与气压传动的应用和发展

液压与气压传动相对机械传动来说是一种新兴技术。虽然从 17 世纪帕斯卡提出静压传递原理，18世纪工业革命开始，液压与气动技术逐渐被应用于生产中（例如水压机、矿山用风钻、火车刹车装置），但液压与气动技术广泛应用于工业自动化，并有大幅度发展则是20世纪中期以后的事情。

随着计算机技术的蓬勃发展，液压技术逐渐渗透到各个工业领域中。液压传动装置最先用在军事装备上，如舰艇、坦克、火炮、潜艇等的炮塔转位瞄准器；之后很快转入民用工业，如机械加工设备、筑路机械、建筑机械、起重运输机械、船舶港口机械、塑料机械、冶金机械、化工机械、农业机械、航空机械等。液压传动技术与我们日常生活关系密切，如各种轿车、大中巴士、大卡车的转向器和吸振器及医疗器械中的牙科手术椅，游艺场中的游艺机等也采用了液压传动技术。当前液压技术正向高效率、高精度、高性能的方向迈进，液压元件向着体积小、质量轻、微型化和集成化方向发展，静压技术、交流液压等新兴液压技术正在开拓。可以预见，液压技术将会继续获得飞速的发展，它在各个工业部门的应用将越来越广泛。

气压传动技术普遍应用在汽车制造业（如自动生产线、车体部件的自动搬运与固定、自动焊接等）、电子及家电行业（硅片的搬运、元器件的插入及锡焊、家用电器的组装等）、加工制造业（加工生产线上工件的装夹及传输、切削液的控制、铸造生产线上的造型及合箱等）、工业管道输送（石油加工、气体加工、化工管道输送介质的自动化流程）、包装自动线（聚乙烯、化肥、酒类、油类、煤气罐装、各类食品的包装）、机器人（装配、喷涂、爬墙、焊接等工业机器人）等方面，以及车辆的刹车装置、车门启闭装置、鱼雷导弹的自动控制装置中也都采用了气动控制。此外，各种气动工具更是气动技术应用的典型实例。由于工业自动化技术的发展，气压传动技术以提高系统的可靠性、降低总成本为目标，研究和开发系统控制技术和机、电、液、气一体化的综合技术。显然，气动元件的微型化、节能化、无油化、位置控制高精度化以及与电子相结合的应用元件是当前的发展特点和研究方向。

本 章 习 题

0-1 流体传动有哪两种形式？它们有何主要区别？

0-2 液压传动系统由哪几部分组成？各组成部分的作用是什么？

0-3 液压传动的主要优缺点有哪些？

0-4 气压传动系统和液压传动相比有哪些优缺点？

第1章 工 作 介 质

1.1 流体的物理性质

液压传动的工作介质是液压油，此外还有乳化型传动液和合成型传动液等；气压传动的工作介质是压缩空气，二者统称为流体。流体本身的性质直接影响流体的运动规律，因此应首先介绍流体的物理特性。

1.1.1 流体的密度

单位体积流体的质量称为该流体的密度，即

$$\rho = \frac{m}{V} \tag{1-1}$$

式中，ρ 是流体的密度；V 是流体体积；m 是流体质量。

对于液体而言，随着温度或压力的变化，其密度会发生变化，但因变化量一般很小可忽略不计。一般液压油的密度为 $900\mathrm{kg/m^3}$。

对于气体而言，随着温度或压力的变化，其密度却会发生很大的变化。对于不含水蒸气的干空气，其密度可表示为

$$\rho = \rho_0 \frac{273}{273 + t} \times \frac{p}{0.1013} \tag{1-2}$$

式中，ρ_0 是基准状态（温度为 0℃，压强为 1 个大气压）下干空气的密度，$\rho_0 = 1.293\mathrm{kg/m^3}$；$p$ 是绝对压力（MPa）；$(273 + t)$ 是热力学温度（K）。

1.1.2 流体的粘性

1. 粘性的定义

流体在外力作用下流动时，由于流体分子与固体壁面之间的附着力和分子之间内聚力的作用，导致流体分子间产生相对运动，从而在流体中产生内摩擦力。流体在流动时产生内摩擦力的这一性质称之为粘性。

粘性使流动流体内部各处的速度不相等，以图 1-1 为例，若两平行板间充满流体，下平板不动，而上平板以速度 v_0 向右平动。由于流体的粘性，使紧靠下平板和上平板的流体层速度分别为 0 和 v_0，而中间各流层的速度则从上到下按递减规律，呈线性分布。

实验测定表明，流体流动时相邻层间的摩擦力 F 与流层接触面积 A、流层间相对运动的速度梯度 $\mathrm{d}v/\mathrm{d}y$ 成正比。

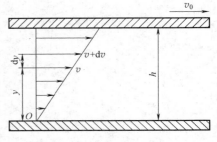

图 1-1 流体的粘性示意图

$$F = \mu A \frac{\mathrm{d}v}{\mathrm{d}y} \qquad (1\text{-}3)$$

式中，μ 是比例常数，称为动力粘度。若以 τ 表示内摩擦切应力，即单位面积上的内摩擦力，则

$$\tau = \frac{F}{A} = \mu \frac{\mathrm{d}v}{\mathrm{d}y} \qquad (1\text{-}4)$$

这就是牛顿流体内摩擦定律。

2. 粘性的度量

流体粘性的大小用粘度表示。常用的粘度有三种，即动力粘度、运动粘度和相对粘度。

（1）动力粘度 μ 由式（1-4）可知

$$\mu = \tau \frac{\mathrm{d}v}{\mathrm{d}y} \qquad (1\text{-}5)$$

由此可知，动力粘度的物理意义：当速度梯度等于 1 时，接触流层间单位面积上的内摩擦力。动力粘度的法定计量单位为 Pa·s（帕·秒）。

（2）运动粘度 ν 动力粘度 μ 和该流体密度 ρ 的比值称为运动粘度，即

$$\nu = \mu / \rho \qquad (1\text{-}6)$$

运动粘度 ν 的单位为 m^2/s。运动粘度 ν 无明确的物理意义，但国际标准化组织（International Organization for Standardization，简称 ISO）规定统一采用运动粘度来表示流体粘度，液压油的牌号就是采用液压油在 40℃ 时的运动粘度的中心值。例如，粘度等级标号为 L—AN32 的液压油，就是指该油在 40℃ 时的运动粘度平均值为 $32\mathrm{mm}^2/\mathrm{s}$，即 $32 \times 10^{-6}\mathrm{m}^2/\mathrm{s}$。

（3）相对粘度 $°E$ 相对粘度是以相对于蒸馏水的粘性的大小来表示该液体的粘性的。相对粘度又称条件粘度。各国采用的相对粘度单位有所不同，有的用赛氏粘度，有的用雷氏粘度，我国采用恩氏粘度。恩氏粘度的测定方法如下：测定 $200\mathrm{cm}^3$ 某一温度的被测液体在自重作用下流过直径 2.8mm 小孔所需的时间 t_A，然后测出同体积的蒸馏水在 20℃ 时流过同一孔所需时间 t_B（$t_B = 50 \sim 52\mathrm{s}$），$t_A$ 与 t_B 的比值即为流体的恩氏粘度值。恩氏粘度用符号 $°E_t$ 表示。被测液体温度 t℃ 时的恩氏粘度用符号 $°E_t$ 表示。

$$°E_t = t_A / t_B \qquad (1\text{-}7)$$

工业上一般以 20℃、50℃ 和 100℃ 作为测定恩氏粘度的标准温度，并相应地以符号 $°E_{20}$、$°E_{50}$ 和 $°E_{100}$ 来表示。恩氏粘度和运动粘度可利用下列的经验公式进行换算

$$\nu = \left(7.31°E_t - \frac{6.31}{°E_t} \right) \times 10^{-6} \qquad (1\text{-}8)$$

3. 粘度与温度的关系

温度对气体粘度的影响不大，但对液压油的粘度的影响十分显著，随着油液温度升高，粘度将下降。油的粘度对温度变化的性质称为粘温特性。不同种类的液压油有不同的粘温特性，粘温特性好的液压油，粘度随温度变化较小，因而油温变化对液压系统性能的影响较小。液压油粘度与温度的关系可以用下式表示

$$\mu_t = \mu_0 e^{-\lambda(t-t_0)} \approx \mu_0 (1 - \lambda \Delta t) \qquad (1\text{-}9)$$

式中，μ_0、μ_t 是温度为 t_0、t 时的动力粘度；λ 是系数。

液压油的粘温特性可以用粘度指数（VI）来表示，VI 值越大，表示油液粘度随温度的变化率越小，即粘温特性越好。一般液压油要求 VI 值在 90 以上，精制的液压油及加有添加

剂的液压油,其 VI 值可大于 100。

4. 粘度与压力的关系

除温度对粘度有影响外,压力对粘度也有影响。油液所受压力增大时,其内聚力增大,粘度也随之增大。油液的粘度与压力之间的关系称为粘压特性,不同液压油有不同的粘压特性。对于一般的液压系统,当工作压力低于 32MPa 时,压力对粘度的影响可以忽略不计;但当压力较高或压力变化较大时,油液粘度的变化则不容忽视。石油型液压油的粘度与压力的关系可用下列公式表示

$$\nu_p = \nu_0(1 + 0.003p) \tag{1-10}$$

式中,ν_p 是液压油在压力 p(Pa)时的运动粘度;ν_0 是相对压力为 0(Pa)时的运动粘度。

1.1.3 流体的可压缩性

气体与液体受压力作用后发生体积变化的性质称为可压缩性。对于一般的液压系统,当压力不大时,液体的可压缩性很小,因此可认为液体是不可压缩的;而在压力变化很大的高压系统中,就必须考虑对液体可压缩性的影响。而气体的可压缩性比液体要大得多,在液压系统的实际工作中油液里常常存在游离气泡,当受压体积较大、工作压力过高时,液体的可压缩性显著提高,将严重影响液压系统的工作性能。因此在液压系统中应使油液中的空气含量减少到最低。

空气的体积受温度和压力的影响较大,有明显的可压缩性。温度越高,压力越大,空气的体积变化越大,可压缩性越大。只有在特定的条件下,才能把空气看作是不可压缩的。空气容易压缩,有利于储存,但难以实现气缸的平稳运动和低速运动。只有在某些特定条件下,才能将空气看作是不可压缩,如管路内气体流速较低,湿度变化不大,可将气体看作是不可压缩的,其误差很小。但在某些气动元件(如气缸、气马达)中,局部流速很高,则必须考虑气体的可压缩性。

1.1.4 流体的其他性质

液压油还有其他一些物理化学性质,如抗燃性、抗凝性、抗氧化性、抗泡沫性、抗乳化性、防锈性、润滑性、导热性、相容性(主要指对密封材料不侵蚀、不溶胀的性质)以及纯净性等,它们都对液压系统工作性能有重要影响。对于不同品种的液压油,这些性质的指标是不同的,使用时可查油类产品手册。

1.2 空气的基本性质

1.2.1 空气的湿度

自然界中的空气是由多种成分组成,除了含有 78% 氮气(体积分数)、21% 氧气(体积分数)及惰性气体之外,还含有一定量的水蒸汽,含有水蒸汽的空气称为湿空气,不含有水蒸汽的空气称为干空气。大气中的空气基本上都是湿空气。在一定温度下,含水蒸汽越多,空气就越潮湿。当温度下降时,空气中水蒸汽的含量降低。

作为气压传动的工作介质,空气的干湿程度对传动系统的稳定性和寿命有直接影响。因

此，各种气动元件对空气的含水量有明确规定，气压传动系统中常采取一些措施滤除空气中的水分。

1.2.2　空气的压缩性和膨胀性

空气的体积随压力升高而减小的性质称为压缩性，而空气体积随温度升高而增大的性质称为膨胀性。空气体积随压力和温度的变化规律服从气体状态方程。空气有明显的可压缩性。温度越高、压力越大，空气的可压缩性越大。只有在某些特定条件下，才能将空气视为不可压缩的。在实际工程中，管路内气体流速较低，湿度变化不大，可将气体看作是不可压缩的，其误差很小。但在某些气动元件（如气缸、气马达）中，局部流速很高，则必须考虑气体的可压缩性。

1.2.3　气（液）阻和气（液）容

在流体传动系统中，为了控制运动（例如气缸的调速），常用气（液）阻来调节压力和流量的大小。所谓气（液）阻，就是指体积小、阻力大的流通部件，其形式很多，可以做成恒定值的（如毛细管），也可以做成可调值的（如可调节流装置）。恒定值气（液）阻是指在一定的压降和流量时，两者的比值为定值，不可调节。

流体传动系统中储存或放出流体的空间称为气（液）容，包括管道、气（液压）缸、油箱和储气罐等。对于气动系统而言，其设计、安装、调试及维修过程尤其需要考虑气容的影响。例如，为了提高气压信号的传输速度，提高系统的工作频率和运行的可靠性，应限制管道气容，消除气缸等执行元件的气容对控制系统的影响。另一方面，为了延时、缓冲等目的，应在一定的部位设置适当的气容。

1.2.4　气体的高速流动及噪声

气压传动设备工作时，常出现气体的高速流动，如气缸、气阀的高速排气，冲击气缸喷口处的高速流动，气动传感器的喷流等。气动设备工作时的排气，由于出口处气体急剧膨胀，会产生刺耳的噪声。噪声的强弱与排气量、排气速度和排气通道的形状有关，排气的速度和功率越大，噪声也就越大。为了降低噪声，应合理设计排气口形状并降低排气速度。

1.3　空气的性质和空气质量对传动的影响

由空气压缩机排出的压缩空气的温度高达 $140 \sim 170℃$，并且含有汽化润滑油、水蒸气、固体杂质，对气动系统的正常工作产生诸多不利影响。

1）混在压缩空气中的油蒸气可能聚集在储气罐、管道、气动元件的容腔中形成易燃物，有引起爆炸的危险。另外润滑油被汽化后会形成一种有机酸，对金属元件、气动装置有腐蚀作用，影响设备的使用寿命。

2）压缩空气中含有的水分，会腐蚀导管并使气动元件生锈；在一定的压力和温度条件下，水分会生成水膜，增加气流阻力；如果结冰，还会堵塞通道，使控制失灵，甚至损坏管道及元件。

3）混入压缩空气中的杂质会堵塞通道，使运动件加速磨损，降低元件的使用寿命。

4）压缩空气的温度过高会加速气动元件中各种密封件、软管材料等的老化，且温差过大，元件材料会发生胀裂，降低系统使用寿命。

因此，由空气压缩机排出的压缩空气，必须经过降温、除油、除水、除尘和干燥的净化处理，使之品质达到一定要求后，才能使用。

气动系统对工作介质——压缩空气的主要要求是具有一定的压力和足够的流量，具有一定的净化程度，所含杂质（油、水及灰尘等）粒径一般不超过以下数值：对于气缸、膜片式和截止式气动元件，要求杂质粒径小于 $50\mu m$；对于气马达、滑阀元件，要求杂质粒径小于 $25\mu m$；对射流元件，要求杂质粒径小于 $10\mu m$。

1.4 液压油的性能要求与选用

1. 液压系统对液压油的性能要求

在液压传动中，液压油既是传递动力的介质，又是润滑剂，而且可以将系统中的热量扩散出去。要保证液压系统工作可靠、性能优良，对液压油必须提出以下几项要求：

1）适宜的粘度和良好的粘温性能，在工作温度变化范围内，粘度变化范围要小。一般液压系统所用的液压油粘度大多在 $2°E_{50}$（$1.5 \times 10^{-5} m^2/s$）到 $8°E_{50}$（$6.0 \times 10^{-5} m^2/s$），液压油的粘度指数值要求高于 90，优异者在 100 以上。

2）具有对热、氧化、水解的良好稳定性，油液的使用寿命要长。

3）具有良好的润滑性及很高的油膜强度，能使系统中的各摩擦表面获得足够的润滑，而不致磨损。

4）不得含有蒸汽、空气及其他容易气化和产生气体的杂质，空气溶解度小，起泡性小而消泡容易。吸水性小，易与水分离。

5）尽量减少油中的杂质，不允许有沉淀，以免磨损机件、堵塞管道及液压部件，影响系统正常工作。

6）对液压系统所用的各种材料（包括金属、塑料、油漆、橡胶及其他），液压油应有良好的相容性。

7）满足防火、安全的要求，油的闪点要高。

为了使液压油满足各种不同的性质，如抗氧化、抗磨损、防泡沫、防锈蚀、低凝固点和高粘度指数等，可以在油中添加各种添加剂来改善油液的性能。

2. 液压油的选用

液压油的选用应满足液压系统的要求。液压油的粘度对液压系统的性能有很大的影响，因此在选用液压油时要根据具体情况或系统的要求来选用粘度合适的油液。在确定粘度时应考虑以下几个方面因素：

1）工作压力的高低。工作压力较高的液压系统宜选用粘度较大的液压油，以减少系统泄漏；反之，可选用粘度小的液压油，以减少管路压降损失。

2）环境温度的高低。环境温度较高时宜选用粘度大的液压油。

3）工作部件运动速度的高低。当系统工作压力较高、环境温度较高、工作部件运动速度较低时，为减少泄漏，宜采用粘度较高的液压油。

此外，液压泵对液压油的粘度最为敏感，其最大粘度主要取决于该类泵的自吸能力，而其最小粘度则主要考虑润滑和泄漏。各类液压泵的许用粘度范围可查阅有关液压手册。几种常见液压油系列品种的用途见表 1-1。

表 1-1　常见液压油系列品种

种　类	牌　号		原　名	用　途
	油名	代号		
普通液压油	N_{32} 号液压油 N_{68} G 号液压油	YA—N_{32} YA—N_{68}	20 号精密机床液压油 40 号液压-导轨油	用于环境温度 0 ~ 45℃工作的各类液压泵的中、低压液压系统
抗磨液压油	N_{32} 号抗磨液压油 N_{150} 号抗磨液压油 N_{168} K 号抗磨液压油	YA—N_{32} YA—N_{150} YA—N_{168} K	20 号抗磨液压油 80 号抗磨液压油 40 号抗磨液压油	用于环境温度 – 10 ~ 40℃工作的高压柱塞泵或其他泵的中、高压系统
低温液压油	N_{15} 号低温液压油 N_{46} D 号低温液压油	YA – N_{15} YA – N_{46} D	低凝液压油 工程液压油	用于环境温度 – 20 ~ 40℃工作的各类高压油泵系统
高粘度指数液压油	N_{32} H 号高粘度指数液压油	YD—N_{32} D		用于温度变化不大且对粘温性能要求更高的液压系统

本 章 习 题

1-1　已知某液压油的运动粘度为 32mm²/s，密度为 900kg/m³，其动力粘度和恩氏粘度各为多少?

1-2　已知某液压油在 20℃时的恩氏粘度为 $°E_{20} = 10$，在 80℃时为 $°E_{80} = 3.5$，试求温度为 60℃时的运动粘度。

1-3　什么是气（液）阻和气（液）容? 在液压与气压传动中各有何用途?

1-4　液压油有哪几种类型? 液压油的牌号与粘度有什么关系? 如何选用液压油?

第2章　液压流体力学基础

2.1　液体静力学

液压传动是以液体作为工作介质进行能量传递的，因此要研究液体处于相对平衡状态下的力学规律及其实际应用。所谓相对平衡是指液体内部各质点间没有相对运动，至于液体本身完全可以和容器一起如同刚体一样做各种运动。因此，液体在相对平衡状态下不呈现粘性，不存在切应力，只有法向的压应力，即静压力。本节主要讨论液体的平衡规律和压强分布规律以及液体对物体壁面的作用力。

2.1.1　液体静压力的特性和单位

作用在液体上的力有两种类型：一种是质量力，另一种是表面力。质量力作用在液体所有质点上，它的大小与质量成正比，属于这种力的有重力、惯性力等。单位质量液体受到的质量力称为单位质量力，在数值上等于重力加速度。表面力作用于所研究液体的表面上，如法向力、切向力。表面力可以是其他物体（例如活塞、大气层）作用在液体上的力，也可以是一部分液体间作用在另一部分液体上的力。对于液体整体来说，其他物体作用在液体上的力属于外力，而液体间作用力属于内力。由于理想液体质点间的内聚力很小，液体不能抵抗拉力或切向力，即使是微小的拉力或切向力都会使液体发生流动。因为静止液体不存在质点间的相对运动，也就不存在拉力或切向力，所以静止液体只能承受压力。

所谓静压力是指静止液体单位面积上所受的法向力，用 p 表示。静压力在液压传动中简称压力，在物理学中称为压强。本书中将采用"压力"一词。液体内某质点处的法向力 ΔF 对其微小面积 ΔA 的极限称为该点处的静压力 p，即

$$p = \lim_{\Delta A \to 0} \Delta F / \Delta A \tag{2-1}$$

若法向力均匀地作用在面积 A 上，则压力表示为

$$p = F/A \tag{2-2}$$

式中，A 为液体有效作用面积；F 为液体有效作用面积 A 上所受的法向力。

压力单位为帕斯卡，简称帕，符号为 Pa，$1\text{Pa} = 1\text{N/m}^2$。工程上常采用 kPa（千帕）、bar（巴）或 MPa（兆帕）。换算关系为 $1\text{MPa} = 10\text{bar} = 10^3\text{kPa} = 10^6\text{Pa}$。此外，还采用标准大气压（1 标准大气压 $= 101325\text{Pa}$）和液体柱高度（$h = p/\rho g$）来表示压力。

液体的静压力具有下述两个重要特征：

1）液体静压力垂直于作用面，其方向与该面的内法线方向一致。

2）静止液体中，任何一点所受到的各方向的静压力都相等。

2.1.2　液体压力的表示方法

液体压力通常有绝对压力、相对压力（表压力）、真空度三种表示方法。相对于当地大气压（即以大气压为基准零值时）所测量到的压力，称之为相对压力或表压力；以绝对真

空为基准零值时所测得的压力，称之为绝对压力。在液压传动中，如不特别声明，所提到的压力均为相对压力。如果某点的绝对压力低于大气压时，说明该点具有真空，把该点的绝对压力比大气压小的那部分压力值称为该点的真空度。如某点的绝对压力为 0.4 标准大气压，则该点的真空度即为 0.6 标准大气压。绝对压力、相对压力（表压力）和真空度的关系如图 2-1 所示。

由图 2-1 可知，绝对压力总是正值，而表压力则可正可负，负的表压力就是真空度。如真空度为 0.4 标准大气压，其表压力为 -0.4 标准大气压。我们把下端开口、上端具有阀门的玻璃管插入密度为 ρ 的液体中，如图 2-2 所示，如果在上端抽出一部分封入的空气，使管内压力低于大气压力，则在外界的大气压力 p_a 的作用下，管内液体将上升至 h_0，这时管内液面压力为 p_0，由流体静力学基本公式可知：$p_a = p_0 + \rho g h_0$。显然，$\rho g h_0$ 就是管内液面压力 p_0 低于大气压力的部分，也就是管内液面上的真空度。真空度的大小往往用液柱高度 $h_0 = (p_a - p_0)/\rho g$ 来表示。根据上述分析，可归纳如下结论：

1）绝对压力 = 大气压力 + 表压力。

2）表压力 = 绝对压力 - 大气压力。

3）真空度 = 大气压力 - 绝对压力。

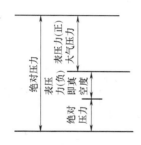

图 2-1　绝对压力与表压力的关系

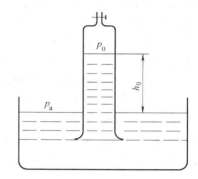

图 2-2　真空度

2.1.3　液体静力学方程

静止液体内部静压力分布情况可用图 2-3 来说明。设容器中装满液体，在任意一点 A 处取一微小面积 dA，该点距液面深度为 h，距坐标原点高度为 Z，容器液平面距坐标原点为 Z_0。为了求得任意一点 A 的压力，可取 $dA \cdot h$ 这个液柱为分离体（见图 2-3b）。

根据静压力的特性，作用于这个液柱上的力在各方向都呈平衡，现求各作用力在 Z 方向的平衡方程。微小液柱顶面上的作用力为 $p_0 dA$（方向向下），液柱本身的重力 $G = \rho g h dA$（方向向下），液柱底面对液柱的作用力为 $p dA$（方向向上），则平衡方程为

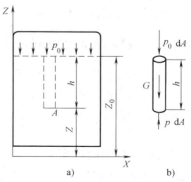

$$p dA = p_0 dA + \rho g h dA$$
$$p = p_0 + \rho g h \qquad (2\text{-}3)$$

为了更清晰地说明静压力的分布规律，将式（2-3）

图 2-3　静压力的分布规律

按坐标 Z 变换一下，即以：$h = Z_0 - Z$ 代入上式整理后得

$$p + \rho g Z = p_0 + \rho g Z_0 = 常量 \tag{2-4}$$

式（2-4）是液体静力学基本方程的另一种形式，其中 Z 实质上表示 A 点的单位质量液体的位能。设 A 点液体质点的质量为 m，重力为 mg，如果质点从 A 点下降到基准水平面，它的重力所做的功为 mgZ。因此 A 处的液体质点具有位置势能 mgZ，单位质量液体的位能就是 $mgZ/mg = Z$，Z 又常称作位置水头。而 $p/\rho g$ 表示 A 点单位质量液体的压力能，称为压力水头。由以上分析及式（2-4）可知，静止液体中任一点都有单位质量液体的位能和压力能，即具有两部分能量，而且各点的总能量之和为一常量。

2.1.4　压力的形成与传递

密封容器内的静止液体，当边界上的压力 p_0 发生变化时，例如增加 Δp，则容器内任意一点的压力将增加同一数值 Δp_0。也就是说，在密封容器内施加于静止液体任一点的压力将以等值传到液体各点，这就是帕斯卡原理或静压传递原理。

在液压传动系统中，由液体自重（$\rho g h$）所产生的那部分压力相对甚小，可以忽略不计，因此可以近似地认为液体内部各处的压力是相等的。以后在分析液压系统的压力时，一般都采用这种结论。

根据帕斯卡原理和静压力的特性，液压传动不仅可以进行力的传递，而且还能将力放大和改变力的方向。图2-4所示是静压传递原理应用实例，图中垂直液压缸（负载缸）的截面积为 A_1，水平液压缸截面积为 A_2，两个活塞上的外作用力分别为 F_1、F_2，则缸内压力分别为 $P_1 = F_1/A_1$、$P_2 = F_2/A_2$。由于两缸充满液体且互相连通，根据帕斯卡原理有 $P_1 = P_2$，因此有

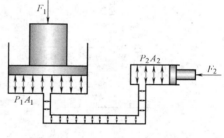

图2-4　静压传递原理应用实例

$$F_1 = F_2 A_1 / A_2 \tag{2-5}$$

式（2-5）表明，只要 A_1/A_2 足够大，用很小的力 F_1 就可产生很大的力 F_2。液压千斤顶和水压机就是按此原理制成的。

如果垂直液压缸的活塞上没有负载，即 $F_1 = 0$，则当略去活塞重量及其他阻力时，不论怎样推动水平液压缸的活塞也不能在液体中形成压力。这说明液压系统中的压力是由外界负载决定的，这是液压传动的一个基本概念。

2.1.5　液体静压力对固体壁面的作用力

在液压传动中，略去液体自重产生的压力，液体中各点的静压力是均匀分布的，且垂直作用于受压表面。因此，当承受压力的表面为平面时，液体对该平面的总作用力 F 为液体的压力 p 与受压面积 A 的乘积，其方向与该平面相垂直。如压力油作用在直径为 D 的柱塞上，则有 $F = pA = p\pi D^2/4$。

当承受压力的表面为曲面时，由于压力总是垂直于承受压力的表面，所以作用在曲面上各点的力不平行但相等。要计算曲面上的总作用力，必须明确要计算哪个方向上的力。

图2-5所示为压力油作用在曲面上的力的分析图。设缸筒半径为 r，长度为 l，现求压力

油作用在右壁部 x 方向的力 F_x。在缸筒上取一微小窄条，其面积为 $dA = lds = lrd\theta$，则压力油作用在这微小面积上的力 dF 在 x 方向的投影为

$$dF_x = dF\cos\theta = pdA\cos\theta = plr\cos\theta d\theta$$

因此，作用在液压缸筒右半壁上 x 方向的总作用力为

$$F_x = \int_{-\frac{\pi}{2}}^{\frac{\pi}{2}} plr\cos\theta d\theta = 2lrp \qquad (2\text{-}6)$$

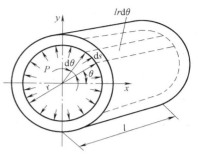

式中，$2lr$ 为曲面在 x 方向的投影面积。

由此可得出结论，作用在曲面上的液压力在某一方向上的分力等于静压力与曲面在该方向投影面积的乘积。这一结论对任意曲面都适用。

图 2-5　压力油作用在曲面上的力

例 2-1　图 2-6 所示为某安全阀结构示意图，其阀芯为圆锥形，阀座孔直径 $d = 10\text{mm}$，阀芯最大直径 $D = 15\text{mm}$。当油液压力 $p_1 = 8\text{MPa}$ 时，压力油克服弹簧力顶开阀芯而溢油，出油腔有背压（回油压力）$p_2 = 0.4\text{MPa}$。试求阀内弹簧的预紧力 F_s。

解　（1）压力 p_1、p_2 作用在阀芯锥面上的投影分别为 $\frac{\pi}{4}d^2$ 和 $\frac{\pi}{4}(D^2 - d^2)$，则阀芯受到向上的作用力为

$$F_1 = \frac{\pi}{4}d^2 p_1 + \frac{\pi}{4}(D^2 - d^2)p_2$$

（2）压力 p_2 向下作用在阀芯平面上的向下作用力为

$$F_2 = \frac{\pi}{4}D^2 p_2$$

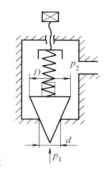

（3）弹簧预紧力 F_s 应等于阀芯两侧作用力之差。阀芯受力平衡方程式为

$$F_s + \frac{\pi}{4}D^2 p_2 = \frac{\pi}{4}d^2 p_1 + \frac{\pi}{4}(D^2 - d^2)p_2$$

由此可得

图 2-6　安全阀结构示意图

$$F_s = \frac{\pi}{4}d^2(p_1 - p_2) = \frac{\pi}{4} \times 0.01^2 \times (8 - 0.4) \times 10^6 \text{N} = 597\text{N}$$

2.2　液体动力学

在液压传动系统中，压力油总是在不断的流动中，因此要研究液体在外力作用下的运动规律和作用在液体上的力及这些力和液体运动特性之间的关系。在液压流体力学中，我们只研究平均作用力和运动之间的关系。

本节主要讨论三个基本方程式，即液体的连续性方程、伯努利方程和动量方程。它们是刚体力学中的质量守恒、能量守恒及动量守恒原理在流体力学中的表现。前两个方程描述了压力、流速与流量之间的关系，以及液体能量相互间的转换关系；后者则描述了流动液体与固体壁面之间作用力的关系。液体的流动状态不仅要考虑质量力、压力以及粘性摩擦力的影响，而且还与温度、密度等参数有关。为了便于分析，往往简化条件，一般都视为在等温的

条件下把粘度、密度视作常量以及不考虑惯性力、粘性摩擦力的影响来讨论液体的运动规律。

2.2.1 基本概念

1. 理想液体与定常流动

液体具有粘性，并在流动时表现出来，但液体的粘性阻力是一个很复杂的问题，使我们对流动液体的研究变得复杂。为此，引入理想液体的概念，理想液体就是指没有粘性、不可压缩的液体。这样，不仅使问题简单化，而且得到的结论在实际应用中仍具有足够的精确性。

当液体流动时，可以将流动液体中空间任质点上的运动参数，例如压力 p、流速 v 及密度 ρ 表示为空间坐标和时间的函数，如，压力 $p = p(x, y, z, t)$，速度 $v = v(x, y, z, t)$，密度 $\rho = \rho(x, y, z, t)$。如果空间上的运动参数 p、v 及 ρ 在不同的时间内都有确定的值，不随时间 t 变化，则液体的运动称为定常流动或恒定流动。可见，定常流动应满足

$$\frac{\partial p}{\partial t} = 0, \ \frac{\partial v}{\partial t} = 0, \ \frac{\partial \rho}{\partial t} = 0$$

在流体的运动参数中，只要有一个运动参数随时间而变化，则液体的运动就是非定常流动或非恒定流动。图 2-7a、图 2-7b 所示分别为定常流动与非定常流动。

在图 2-7a 中，容器出流的流量得到了补偿，使其液面高度不变，容器中各点的液体运动参数 p、v 和 ρ 均不随时间而变，这就是定常流动。在图 2-7b 中，容器的出流没得到流量补偿，容器中各点的液体运动参数将随时间而改变，例如随着时间的消逝，液面高度逐渐减低，因此，这种流动为非定常流动。

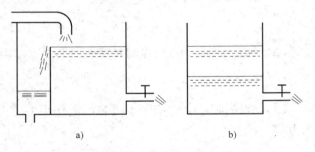

图 2-7 定常流动与非定常流动
a) 定常流动 b) 非定常流动

2. 迹线、流线、流管、流束和通流截面

（1）迹线 迹线是流场中液体质点在一段时间内运动的轨迹线。

（2）流线 流线是流场中液体质点在某一瞬间运动状态的一条空间曲线。在该线上各点的液体质点的速度方向与曲线在该点的切线方向重合。在非定常流动时，各流体质点的速度可能随时间改变，所以流线形状也随时间改变。在定常流动时，因流线形状不随时间而改变，此时流线与迹线相重合。由于液体中每一点只能有一个速度，所以流线之间不能相交也不能突然折转。流线是一条条光滑的曲线，如图 2-8a 所示。

（3）流管 在流场的空间画出一任意封闭曲线，此封闭曲线本身不是流线，则经过该封闭曲线的每一点作流线，由这些流线组成的表面称流管。

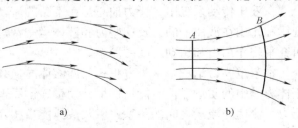

图 2-8 流线和流束
a) 流线 b) 流束

（4）流束　充满在流管内的流线的总体，称为流束，如图 2-8b 所示。如果将流管的断面无限缩小或趋于零，就获得微小流管或微小流速。微小流束截面上各点处的流速可以认为是相等的。

（5）通流截面　垂直于流束的截面称为通流截面，图 2-8b 中的截面 A 和 B 为通流截面。

3. 流量和平均流速

（1）流量　单位时间内通过通流截面的液体的体积称为流量，用 q 表示，流量的单位为 m^3/s 或者 L/min。

对微小流束而言，因其通流截面 dA 很小，则通过 dA 上的流量为 dq，可表达为

$$dq = udA \tag{2-7}$$

故此，通过整个通流截面 A 的总流量为

$$q = \int_A udA \tag{2-8}$$

如果已知通流截面上流速 u 的变化规律，就可以由上式求出实际流量。

（2）平均流速　实际液体在流动时，由于粘性摩擦力的作用，通流截面上流速 u 的分布规律通常难以确定，故此引入平均流速的概念，即认为通流截面上各点的流速均为平均流速，用 v 来表示，则通过通流截面的流量就等于平均流速乘以通流截面积。令此流量与上述实际流量相等，得

$$q = \int_A udA = vA \tag{2-9}$$

则平均流速为

$$v = q/A \tag{2-10}$$

4. 流动状态、雷诺数

实际液体具有粘性，是产生流动阻力的根本原因。然而流动状态不同，则阻力大小也是不同的。所以先研究两种不同的流动状态。

（1）流动状态——层流和紊流　液体在管道中流动时存在两种不同状态，即层流和紊流（又称湍流）。虽然这是在管道液流中发生的现象，却对气流和气体也同样适用。这两种流态可通过一个实验观察出来，这就是著名的雷诺实验，如图 2-9 所示。

实验时保持水箱中水位恒定和尽可能平静，然后将阀门 A 微微开启，使少量水流流经玻璃管，即玻璃管内平均流速 v 很小。这时，如将颜色水容器的阀门 B 也微微开启，使颜色水也流入玻璃管内，我们可以在玻璃管内看到一条细直而鲜明的颜色流束，而且不论颜色水放在玻璃管内的任何位置，它都能呈直线状，这说明管中水流都是稳定地

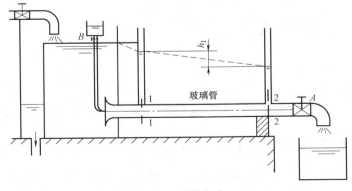

图 2-9　雷诺实验

沿轴向运动，液体质点没有垂直于主流方向的横向运动，所以颜色水和周围的液体没有混杂。如果把阀门 A 缓慢开大，管中流量和它的平均流速 V 也将逐渐增大，直至平均流速增加至某一数值，颜色流束开始弯曲颤动，表明玻璃管内液体质点开始发生脉动，不仅具有横向的脉动速度，而且具有纵向脉动速度。如果阀门 A 继续开大，脉动进一步加剧，颜色水就完全与周围液体混杂而不再维持流束状态。

由此可见，在液体运动时，如果质点没有横向脉动，不引起液体质点混杂，而是层次分明，能够维持稳定的流束状态，则这种流动称为层流；如果液体流动时，质点具有脉动速度，引起流层间质点相互错杂交换，则这种流动称为紊流或湍流。

（2）雷诺数 实验还可证明，液体在圆管中的流动状态不仅与管内的平均流速 v 有关，还和管径 d、液体的运动粘度 ν 有关。但是，真正决定液流状态的，却是这三个参数所组成的一个称为雷诺数 Re 的无量纲纯数。

$$Re = \frac{vd}{\nu} \tag{2-11}$$

由式（2-11）可知，液流的雷诺数如相同，它的流动状态也相同。液流由层流转变为紊流时的雷诺数和由紊流转变为层流时的雷诺数是不同的，后者的数值较前者较小，一般都用后者作为判断液流状态的依据，称为临界雷诺数，记作 Re_c。当液流的雷诺数 Re 小于临界雷诺数 Re_c 时，液流为层流；反之，液流大多为紊流。常见的液流管道的临界雷诺数由实验求得，见表 2-1。

表 2-1 常见液流管道的临界雷诺数

管道的材料与形状	Re_c	管道的材料与形状	Re_c
光滑的金属圆管	2000~2320	带槽的同心环状缝隙	700
橡胶软管	1600~2000	带槽的偏心环状缝隙	400
光滑的同心环状缝隙	1100	圆柱形滑阀阀口	260
光滑的偏心环状缝隙	1000	锥状阀口	20~100

对于非圆截面的管道来说，Re 可用下式计算

$$Re = \frac{vR}{\nu} \tag{2-12}$$

式中，R 为液流截面的水力半径，它等于液流的有效截面积 A 和它的湿周（有效截面的周界长度）x 之比，即

$$R = \frac{A}{x} \tag{2-13}$$

如直径为 D 的圆柱截面管道的水力半径为 $R = \frac{A}{x} = \frac{\pi d^2}{4} / \pi d = d/4$；又如正方形的管道，边长为 b，则湿周为 $4b$，因而其水力半径为 $R = \frac{A}{x} = b^2/4\pi b = b/4$。水力半径的大小，对管道的通流能力影响很大：水力半径大，表明流体与管壁的接触少，通流能力强；水力半径小，表明流体与管壁的接触多，通流能力差，容易堵塞。

2.2.2　连续性方程

不可压缩液体的流动过程也遵守质量守恒定律，在流体力学中这个规律用数学形式来表达即称为连续性方程。图 2-10 所示为液体微小流束连续性流动示意图。设流体在图 2-10 所示的管道中作恒定流动，任取两个面积为 A_1 和 A_2 的过流断面，并且假定在上述两断面处的液体密度和平均流速分别为 ρ_1、v_1 和 ρ_2、v_2，则根据质量守恒定律，单位时间内流过两个断面的液体质量相当，即

$$\rho_1 v_1 A_1 = \rho_2 v_2 A_2$$

当忽略液体的可压缩性时，即 $\rho_1 = \rho_2$，则得

$$v_1 A_1 = v_2 A_2$$

或写成 $\qquad q = vA = 常数 \qquad (2\text{-}14)$

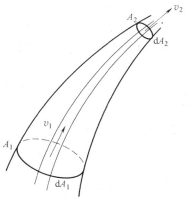

图 2-10　液体微小流束
连续性流动示意图

式（2-14）即为液流的连续性方程。它表明通过流管内任一通流截面上的流量相等，当流量一定时，任一通流截面上的通流面积与流速成反比。

2.2.3　伯努利方程

能量守恒是自然界的客观规律，流动液体也遵守能量守恒定律，这个规律是用伯努利方程的数学形式来表达的。

1. 理想液体微小流束的伯努利方程

理想液体因无粘性，又不可压缩，因此在管内作恒定流动时没有能量损失。根据能量守恒定律，同一管道任意截面的总能量都是相等的。如前所述，对静止液体，单位质量液体的总能量为单位质量液体的压力能 $p/\rho g$ 和势能 Z 之和；而对于流动液体，除以上两项外，还有单位质量液体的动能 $v^2/2g$。

图 2-11 为液流能量方程关系转换图，在图示管道中任取两个截面 A_1 和 A_2，它们

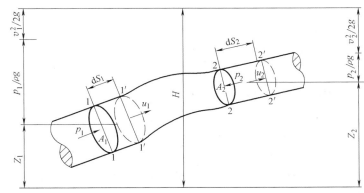

图 2-11　液流能量方程关系转换图

距基准水平面的距离分别为 Z_1 和 Z_2，通流截面平均流速分别为 v_1 和 v_2，压力分别为 p_1 和 p_2。根据能量守恒定律可得

$$\frac{p_1}{\rho g} + \frac{v_1^2}{2g} + Z_1 = \frac{p_2}{\rho g} + \frac{v_2^2}{2g} + Z_2 \qquad (2\text{-}15)$$

式中，$p/\rho g$ 为单位重量液体所具有的压力能，称为比压能，也叫做压力水头。Z 为单位重量液体所具有的势能，称为比位能，也叫做位置水头。$v^2/2g$ 为单位重量液体所具有的动

能，称为比动能，也叫做速度水头，它们的量纲都为长度。

伯努利方程的物理意义为：在密封管道内作定常流动的理想液体在任意一个通流断面上具有三种形式的能量，即压力能、势能和动能。三种能量的总和是一个恒定的常量，而且三种能量之间是可以相互转换的，即在不同的通流断面上，同一种能量的值会是不同的，但各断面上的总能量值都是相同的。

2. 实际液体总流的伯努利方程

实际液体的伯努利方程式是在理想液体的伯努利方程基础上考虑实际因素得出的。由于实际液体具有粘性，流动时会产生内摩擦力而消耗部分能量；此外由于管道局部形状和尺寸的突然变化，也会使液流产生扰动而消耗能量。因此，实际液体流动时存在能量损失（设单位质量液体在两截面之间流动时的能量损失为 h_w），另一方面，因实际流速 u 在管道通流截面上的分布是不均匀的，显然用平均流速代替实际流速计算动能必然会产生计算误差。为了修正这一误差，引入动能修正系数 α，它等于单位时间内某截面处液流的实际动能与按平均流速计算出的动能之比，其表达式为

$$\alpha = \frac{\frac{1}{2}\int_A u^2 \rho u\,\mathrm{d}A}{\frac{1}{2}\rho A v v^2} = \frac{\int_A u^3\,\mathrm{d}A}{v^3 A} \tag{2-16}$$

动能修正系数 α 与通流截面上流速分布有关。流速分布越不均匀，α 越大；流速分布均匀时，α 值接近于 1。在层流时，取 $\alpha = 2$；在紊流时，取 $\alpha = 1.1$。实际计算时，常取 $\alpha = 1$。

在引进了能量损失 h_w 和动能修正系数 α 之后，实际流体的伯努利方程可表示为

$$\frac{p_1}{\rho g} + \frac{\alpha_1 u_1^2}{2g} + Z_1 = \frac{p_2}{\rho g} + \frac{\alpha_2 u_2^2}{2g} + Z_2 + h_w \tag{2-17}$$

进一步写成压力形式为

$$p_1 + \rho g Z_1 + \frac{1}{2}\rho\alpha_1 u_1^2 = p_2 + \rho g Z_2 + \frac{1}{2}\rho\alpha_2 u_2^2 + \Delta p_w \tag{2-18}$$

必须指出的是，Z 和 p 是指通流截面的同一点上的两个参数，但位于两个截面上的两点不必非要取在同一条流线上。为方便起见，一般将这两个点选定在通流截面的轴心处。另外，应用伯努利方程时还应满足以下适用条件：

1）稳定流动的不可压缩液体，即密度为常数。

2）液体所受质量力只有重力，忽略惯性力的影响。

3）所选择的两个通流截面必须在同一个连续流动的流场中是渐变流（即流线近于平行线，有效截面近于平面），而不考虑两截面间的流动状况。

2.2.4 动量方程

动量方程是动量定理在流体力学中的具体应用。流动液体的动量方程是流体力学的基本方程之一，它是研究液体运动时作用在液体上的外力与其动量的变化之间的关系。在液压传动中，应用动量方程去计算液流作用在固体壁面上的力十分方便。根据刚体力学动量定理，作用在物体上的全部外力的矢量和等于物体在力作用下的动量的变化率，即

$$\sum F = \frac{\Delta(mu)}{\Delta t} \tag{2-19}$$

将此动量定理应用于流动液体，即得到液压传动中的动量方程。对于作恒定流动的液体，可将 $m = \rho q\mathrm{d}t$ 代入上式，并考虑以平均流速代替实际流速会产生误差，因而引入动量修正系数 β，则可写出如下形式的动量方程

$$F = \rho q(\beta_2 v_2 - \beta_1 v_1) \tag{2-20}$$

式中，F 为作用在液体上所有外力的矢量和；v_1、v_2 为液流在前、后两个过流断面上的平均流速矢量；β_1、β_2 为动量修正系数，紊流时 $\beta = 1$，层流时 $\beta = 4/3$。为简化计算，通常均取 $\beta = 1$；ρ、q 分别为液体的密度和流量。

式（2-20）为矢量方程，使用时应根据具体情况将式中的各个矢量分解为指定方向的投影值，再列出该方向上的动量方程。例如，在 x 指定方向的动量方程可写成如下形式

$$F_x = \rho q(\beta_2 v_{2x} - \beta_1 v_{1x}) \tag{2-21}$$

工程问题中往往要求出液流对通道固体壁面的作用力，即动量方程中 F 的反作用力 F'，称为稳态液动力。现以常见的液压滑阀为例，来分析滑阀阀芯所受的稳态液动力，如图 2-12 所示。取进出油口之间的液体体积为控制体积，按式（2-21）列出图 2-12a 中控制液体沿滑阀轴线方向上的动量方程式，求得作用在控制液体上的力 F 为

$$F = \rho q(v_2\cos 90° - v_1\cos\theta)$$

滑阀阀芯上所受的稳态液动力 F'

$$F' = -F = \rho q v_1 \cos\theta$$

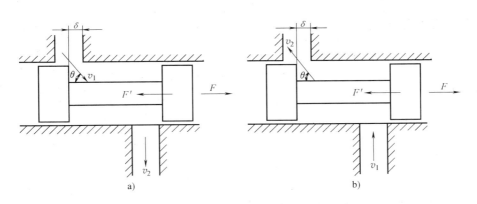

图 2-12　滑阀上的稳态液动力

力 F' 的方向与 $\rho q v_1 \cos\theta$ 的方向一致，即阀芯上所受的稳态波动力有使滑阀阀口关闭的趋势。在图 2-12b 中，控制液体沿滑阀轴线方向上的动量方程式为

$$F = \rho q(v_2\cos\theta - v_1\cos 90°)$$

则滑阀阀芯上所受的稳态液动力 F' 为

$$F' = -F = -\rho q v_2 \cos\theta$$

力 F' 的方向与 $\rho q v_2 \cos\theta$ 的方向相反，同样表明阀芯上所受的稳态波动力也有使滑阀阀口关闭的趋势。

由以上分析可知，在一般情况下，稳态液动力 F' 都有使滑阀阀口关闭的趋势，其大小为 $F' = |\rho q v\cos\theta|$，并且随着流量和速度的增大而增大。

2.3 管路流动时的压力损失

实际粘性液体在流动时存在阻力，为了克服阻力就要消耗一部分能量，这样就产生能量损失。这部分损失就是实际液体流动的伯努利方程中的 Δp_w 项。Δp_w 具有压力的量纲，通常称为压力损失。在液压系统中，压力损失使液压能转变为热能，将导致系统的温度升高。在液压管路中能量损失表现为液体压力损失。压力损失有沿程压力损失和局部压力损失两种。因此，在设计液压系统时，要尽量减少压力损失。

2.3.1 沿程阻力与沿程压力损失

在边界沿程不变（边壁形状、尺寸、流动方向均不变）的均匀流段上，流动阻力只有沿程阻力。克服沿程阻力所产生的能量损失称为沿程损失，将其用压力表示即为沿程压力损失。

1. 层流时的压力损失

液体在等径水平直管中的层流流动如图 2-13 所示。取一段与管轴重合的微小圆柱体作为研究对象，液体处于受力平衡状态，即

$$(p_1 - p_2)\pi r^2 = \Delta p \pi r^2 = F_f = -2\pi r l \mu \frac{du}{dr}$$

式中，F_f 是液体内摩擦力。这里用到了牛顿液体内摩擦定律。整理上式可得

$$du = -\frac{\Delta p}{2\mu l} r dr$$

对上式进行积分，并代入边界条件，得

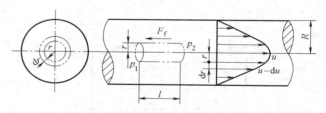

图 2-13 液体在等径水平直管中的层流流动

$$u = \frac{\Delta p}{4\mu l}(R^2 - r^2) \tag{2-22}$$

可见，流速在半径方向上是按抛物线规律分布的，在管道轴线上流速取最大值。

通过微元体的流量微元为

$$dq = u dA = 2\pi u r dr = 2\pi \frac{\Delta p}{4\mu l}(R^2 - r^2) r dr$$

积分上式可得

$$q = \frac{\pi d^4}{128\mu l}\Delta p \tag{2-23}$$

平均流速为

$$v = \frac{q}{A} = \frac{d^2}{32\mu l}\Delta p \tag{2-24}$$

沿程压力损失 Δp_λ 为

$$\Delta p_\lambda = \Delta p = \frac{32\mu l v}{d^2} \tag{2-25}$$

式（2-25）也可以写为

$$\Delta p_\lambda = \frac{64v}{dv}\rho \frac{l}{d} \cdot \frac{v^2}{2} = \frac{64}{Re} \cdot \frac{l}{d} \cdot \frac{\rho v^2}{2} = \lambda \frac{l}{d} \cdot \frac{\rho v^2}{2} \qquad (2\text{-}26)$$

式中，λ 是沿程阻力系数。实际计算时，对金属管取 $\lambda = 75/Re$，橡胶管取 $\lambda = 80/Re$。

2. 紊流时的压力损失

紊流时计算沿程压力损失的公式在形式与上式相同。不同的是，此时的 λ 不仅与雷诺数有关，还与管壁的表面粗糙度有关，即 $\lambda = f(Re, \Delta/d)$。绝对表面粗糙度 Δ 与管径 d 的比值 Δ/d 称为相对表面粗糙度。具体的 λ 值见表 2-2。

表 2-2　圆管紊流时的 λ 值

流 动 区 域		雷诺数范围		λ 计算公式
层流		$Re < 2320$		$\lambda = \dfrac{75}{Re}$（油）；$\lambda = \dfrac{64}{Re}$（水）
紊流	水力光滑管	$Re < 22\left(\dfrac{d}{\Delta}\right)^{\frac{8}{7}}$	$300 < Re < 105$	$\lambda = 0.3164 Re^{-0.25}$
			$105 \leqslant Re \leqslant 108$	$\lambda = 0.308(0.842 - \lg Re)^{-2}$
	水力粗糙管	$22\left(\dfrac{d}{\Delta}\right)^{\frac{8}{7}} < Re < 597\left(\dfrac{d}{\Delta}\right)^{\frac{9}{8}}$		$\lambda = \left[1.14 - 2\lg\left(\dfrac{\Delta}{d} + \dfrac{21.25}{Re^{0.9}}\right)\right]^{-2}$
	阻力平方区	$Re > 597\left(\dfrac{d}{\Delta}\right)^{\frac{9}{8}}$		$\lambda = 0.11\left(\dfrac{\Delta}{d}\right)^{0.25}$

2.3.2　局部阻力与局部压力损失

在边壁形状沿程急剧变化、流速分布急剧调整的局部区段上，集中产生的流动阻力称为局部阻力。克服局部阻力引起的能量损失称为局部损失，将其用压力表示即为局部压力损失 Δp_j

$$\Delta p_j = \zeta \frac{\rho v^2}{2} \qquad (2\text{-}27)$$

式中，ζ 为局部损失（阻力）系数，一般由实验确定；v 为断面平均流速；ρ 为流体密度。

由于各种液压阀内部通道结构复杂，按式（2-27）计算比较困难，故流体流过各种阀类的局部压力损失常用如下经验公式计算

$$\Delta p_v = \Delta p_n \left(\frac{q}{q_n}\right)^2 \qquad (2\text{-}28)$$

式中，q_n 为阀的额定流量；Δp_n 为阀在额定流量下的压力损失，可从阀的产品样本或液压手册中查得；q 为通过阀的实际流量。

2.3.3　管路系统的总压力损失

液压系统的管路通常由若干段等径直管和管接头、控制阀等局部装置串联而成，因此管路系统的总压力损失等于所有直管中的沿程压力损失和所有局部压力损失之总和，即

$$\Sigma \Delta p = \Sigma \Delta p_\lambda + \Sigma \Delta p_j + \Sigma \Delta p_v = \Sigma \lambda \frac{l}{d} \cdot \frac{\rho v^2}{2} + \Sigma \zeta \frac{\rho v^2}{2} + \Sigma \Delta p_n \left(\frac{q}{q_v}\right)^2 \qquad (2\text{-}29)$$

液压传动中的压力损失，会造成功率损耗、油液发热、泄漏增加，使液压元件因受热膨胀而"卡死"，以致影响系统的工作性能。因此，应该将压力损失控制在较小的范围内。可采取的措施如下：选择粘度适当的压力油，提高管路内壁的加工质量，尽量缩短管路长度，减少管路截面的突变及弯曲；另外，液体的流速对系统的压力损失影响最大，流速增加压力损失会增大，但流速太低会增加管路和阀类元件的尺寸。因此合理选择液体的流速在液压系统设计中显得尤其重要。

例 2-2 在图 2-14 所示的液压系统中，已知泵的流量 $q = 1.5 \times 10^{-3} \mathrm{m^3/s}$，液压缸内径 $D = 100\mathrm{mm}$，负载 $F = 30000\mathrm{N}$，回油腔压力近似为零，液压缸的进油管是内径 $d = 20\mathrm{mm}$ 的钢管，总长即为管的垂直高度 $H = 5\mathrm{m}$，进油路总的局部阻力系数 $\sum \zeta = 7.2$，压力油的密度 $\rho = 900 \mathrm{kg/m^3}$，工作温度下的运动粘度 $\nu = 46\mathrm{mm^2/s}$。试求：（1）进油路的压力损失；（2）泵的供油压力。

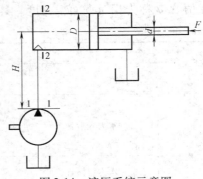

图 2-14　液压系统示意图

解　（1）计算压力损失　进油管内流速

$$v_1 = \frac{q}{\frac{\pi}{4}d^2} = \frac{1.5 \times 10^{-3}}{\frac{\pi}{4}(20 \times 10^{-3})^2} \mathrm{m/s} = 4.77\mathrm{m/s}$$

则

$$Re = \frac{v_1 d}{\nu} = \frac{4.77 \times 20 \times 10^{-3}}{46 \times 10^{-6}} = 2074 < 2320（为层流）$$

沿程阻力系数

$$\lambda = \frac{75}{Re} = \frac{75}{2074} = 0.036$$

进油路的压力损失为

$$\sum \Delta p = \lambda \frac{l}{d} \frac{\rho v_1^2}{2} + \sum \zeta \frac{\rho v_1^2}{2} = \left(0.036 \times \frac{5}{20 \times 10^{-3}} + 7.2\right) \frac{900 \times 4.77^2}{2} \mathrm{Pa} = 0.166\mathrm{MPa}$$

（2）求泵的供油压力　对泵的进出口断面 1—1 和液压缸进口后的断面 2—2 之间列出伯努利方程

$$p_1 + \rho g h_1 + \frac{1}{2}\rho \alpha_1 v_1^2 = p_2 + \rho g h_2 + \frac{1}{2}\rho \alpha_2 v_2^2 + \Delta p_w$$

写成 p_1 的表达式

$$p_1 = p_2 + \rho g (h_2 - h_1) + \frac{1}{2}\rho (\alpha_1 v_1^2 - \alpha_2 v_2^2) + \Delta p_w$$

式中，p_2 为液压缸的工作压力

$$p_2 = \frac{F}{\frac{\pi}{4}D^2} = \frac{30000}{\frac{\pi}{4}(100 \times 10^{-3})^2} \mathrm{Pa} = 3.81 \times 10^6 \mathrm{Pa} = 3.81\mathrm{MPa}$$

$\rho g (h_2 - h_1)$ 为单位体积液体的位能变化量

$$\rho g (h_2 - h_1) = \rho g H = 900 \times 9.8 \times 5 \mathrm{Pa} = 0.044 \times 10^6 = 0.044\mathrm{MPa}$$

$\frac{1}{2}\rho (\alpha_1 v_1^2 - \alpha_2 v_2^2)$ 为单位体积液体的动能变化量，因

$$v_2 = \frac{q}{\frac{\pi}{4}D^2} = \frac{1.5 \times 10^{-3}}{\frac{\pi}{4}(100 \times 10^{-3})^2}\text{m/s} = 0.19\text{m/s}$$

$$\alpha_1 = \alpha_2 = 2$$

则 $$\frac{1}{2}\rho(\alpha_1 v_1^2 - \alpha_2 v_2^2) = \frac{1}{2} \times 900(2 \times 0.19^2 - 2 \times 4.77^2)\text{Pa} = -0.02\text{MPa}$$

Δp_w 为进油路总的压力损失

$$\Delta p_w = \Sigma \Delta p = 0.166\text{MPa}$$

故泵的供油压力为

$$p_1 = (3.81 + 0.044 - 0.02 + 0.166)\text{MPa} = 4\text{MPa}$$

本例可以看出，在液压传动中，由液体位置高度变化和流速变化引起的压力变化量，相对来说是很小的。一般计算中可将 $\rho g(h_2 - h_1)$ 和 $\frac{1}{2}\rho(\alpha_1 v_1^2 - \alpha_2 v_2^2)$ 两项忽略不计。此时，p_1 的表达式可以简化为如下形式

$$p_1 = p_2 + \Sigma \Delta p \tag{2-30}$$

式（2-30）虽然是一个近似公式，但在液压系统设计计算中得到了普遍应用。

2.4 孔口和缝隙流动

液压传动中常利用液体流经阀的小孔或缝隙来控制流量和压力，达到调速和调压的目的。液压元件的泄漏也属于缝隙流动。因而研究小孔和缝隙的流量计算，了解其影响因素，对于合理设计液压系统、正确分析液压元件和系统的工作性能，是很有必要的。

2.4.1 孔口流量

1. 薄壁孔的流量计算

孔口的长径比 $l/d \leqslant 0.5$ 时称为薄壁孔，图 2-15 所示为通过薄壁小孔的流体的示意图，孔的进口边做成锐缘的典型薄壁孔口。

由于惯性作用，液流通过小孔时要发生收缩现象，在靠近孔口的后方出现收缩最大的过流截面，而后再开始扩散。通过收缩和扩散过程，会造成很大的能量损失。对于薄壁圆孔，当孔前通道直径与小孔直径之比 $d_1/d \geqslant 7$ 时，流束的收缩作用不受孔前通道内壁的影响，这时的收缩称为完全收缩；反之，当 $d_1/d < 7$ 时，孔前通道对液流进入小孔起导向作用，这时的收缩称为不完全收缩。

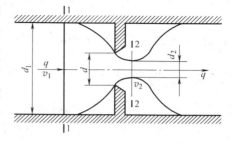

图 2-15　通过薄壁小孔的流体

对孔前通道断面 1—1 和收缩断面 2—2 之间的液体列出伯努力方程

$$p_1 + \rho g h_1 + \frac{1}{2}\rho\alpha_1 v_1^2 = p_2 + \rho g h_2 + \frac{1}{2}\rho\alpha_2 v_2^2 + \Delta p_w$$

式中，$h_1 = h_2$；$v_1 \ll v_2$；$\alpha_1 = \alpha_2 = 1$；局部损失 $\Delta p_w = \Delta p_\zeta = \zeta \dfrac{\rho v_2^2}{2}$。整理上式后得

$$v_2 = C_v \sqrt{2\Delta p / \rho}$$

式中，C_v 为速度系数，$C_v = \dfrac{1}{\sqrt{1+\zeta}}$；$\Delta P$ 为孔口前后压差，$\Delta p = p_1 - p_2$。

由此可得通过薄壁孔口的流量公式为

$$q = A_2 v_2 = C_c C_v A_T \sqrt{\frac{2\Delta p}{\rho}} = C_q A_T \sqrt{\frac{2\Delta p}{\rho}} \tag{2-31}$$

式中，A_2 为收缩断面面积，由实验测定；C_c 为收缩系数，$C_c = A_2/A_T$；A_T 为孔口通流截面的面积，$A_T = \pi d^2/4$；C_q 为流量系数，$C_q = C_v C_c$。

C_c、C_v 和 C_q 的数值可由实验确定。当液体完全收缩（$D/d \geqslant 7$）时，$C_c = 0.61 \sim 0.63$，$C_v = 0.97 \sim 0.98$，此时 $C_q = 0.61 \sim 0.62$；当液体不完全收缩（$D/d < 7$）时，$C_q = 0.7 \sim 0.8$。

薄壁小孔因其沿程压力损失很小，其能量损失只涉及局部损失，因此通过薄壁孔口的流量与粘度无关，即流量对油温的变化不敏感，因此薄壁小孔适合作节流元件。

2. 短孔的流量计算

孔口的长径比 $0.5 < l/d \leqslant 4$ 时为短孔。短孔的流量公式仍为式（2-31），但流量系数不同，一般可取 $C_q = 0.82$。短孔的工艺性好，通常用作固定节流器。

3. 细长孔的流量计算

孔口的长径比 $l/d > 4$ 时为细长孔。液体流过细长孔时，一般为层流，流量公式可用前面推出的圆管层流的流量公式，即

$$q_v = \frac{\pi d^4}{128 \mu l} \Delta p$$

由上式可知，液体流经细长孔的流量与液体粘度成反比。即流量随温度的变化而变化，并且流量与小孔前后的压差成线性关系。

上述各类小孔的流量可归纳为一个通用公式

$$q_v = C A_T \Delta p^m \tag{2-32}$$

式中，C 为由孔的形状、尺寸和液体性质决定的系数，薄壁孔 $C = C_q \sqrt{\dfrac{2}{\rho}}$，细长孔 $C = \dfrac{d^2}{32 \mu l}$；$m$ 为由孔的长径比决定的指数，薄壁孔 $m = 0.5$，细长孔 $m = 1$，短孔 $0.5 < m < 1$。

2.4.2 缝隙流量计算

液压元件（因为相互间有相对运动）之间都存在缝隙（或称为间隙）。不论它们是静止的还是运动的，泄漏都与间隙的形式和大小有关。缝隙流动有两种情况：一种是由缝隙两端的压力差造成的流动，称为压差流动；另一种是形成缝隙的两壁面作相对运动所造成的流动，称为剪切流动。这两种流动经常会同时存在。下面通过阐述液体通过各种缝隙的流动特性及其流量公式，作为分析和计算元件泄漏的依据。

1. 平行平板缝隙流量

平行平板缝隙间的液体流动情况如图 2-16 所示。设缝隙的长、宽、高分别为 l、b、h，

且 $l \gg h$、$b \gg h$，液体通过缝隙的流动通常为层流。

（1）压差流动　液体在压差 $\Delta p = p_1 - p_2$ 作用下通过缝隙的流动，称为压差流动。在压差 $\Delta p = p_1 - p_2$ 作用下，经理论推导可得，通过平行平板缝隙的流量为

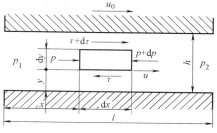

$$q_{\mathrm{p}} = \frac{bh^3}{12\mu l}\Delta p \qquad (2\text{-}33)$$

式中，μ 为油液的动力粘度。

从上式可知，在压差作用下，流过固定平行平板缝隙的流量和缝隙 h 的三次方成正比，这说明液压元件内缝隙的大小对其泄漏量的影响是很大的。

图 2-16　平行平板缝隙间的液流

（2）剪切流动　当一平板固定，另一平板以速度 u_0 作相对运动，且液体压差为零时，由于液体存在粘性，故液体作剪切流动。此时液体流过缝隙的流量为

$$q_{\tau} = \frac{u_0}{2}bh \qquad (2\text{-}34)$$

（3）总流量　在一般情况下，相对运动平行平板缝隙中既有压差流动，又有剪切流动。因此，流过相对运动平行平板缝隙的流量为压差流量和剪切流量二者的代数和，即

$$q_{\mathrm{v}} = \frac{bh^3}{12\mu l}\Delta p \pm \frac{u_0}{2}bh \qquad (2\text{-}35)$$

式中，"$\pm$"的确定方法如下：当 u_0 的方向与压差流动的方向相同时取"$+$"号，反之则取"$-$"号。

2. 环形缝隙

在液压元件中，如液压缸的活塞和缸筒之间、液压阀的阀芯和阀体之间都存在圆环缝隙。理想情况下为同心环形缝隙；但实际上，一般多为偏心环形缝隙。同心环形缝隙间的液流如图 2-17 所示。

（1）同心环形缝隙　如图 2-17 所示，当 $h/r \ll 1$ 时，同心环形缝隙的流量为

$$q_{\mathrm{v}} = \frac{\pi dh^3}{12\mu l}\Delta p \pm \frac{u_0}{2}\pi dh \qquad (2\text{-}36)$$

（2）偏心环形缝隙　实际上，圆柱体与孔的配合很难保持同心，往往存在一定的偏心 e，偏心环形缝隙间的液流如图 2-18 所示。其流量表达式为

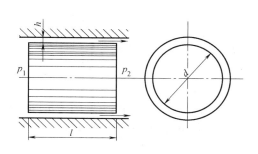

图 2-17　同心环形缝隙间的液流

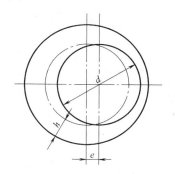

图 2-18　偏心环形缝隙间的液流

$$q_v = \frac{\pi d h^3}{12\mu l}\Delta p(1 + 1.5\varepsilon) \pm \frac{u_0}{2}\pi dh \tag{2-37}$$

式中，ε 为偏心距，$\varepsilon = e/h$；h 为同心时的缝隙量。

由式（2-37）可知，同心环形缝隙的流量公式是偏心环形缝隙的流量公式在 $\varepsilon = 0$ 时的特例。当完全偏心时，即 $e = h$，$\varepsilon = 1$，此时

$$q_v = 2.5\frac{\pi d h^3}{12\mu l}\Delta p \pm \frac{u_0}{2}\pi dh \tag{2-38}$$

由式（2-38）可知，在不考虑剪切流量时，完全偏心时的流量是同心时的 2.5 倍。因此在制造和装配中保证较高的配合同轴度是非常必要的。

注意：为减小泄漏损失（$\Delta P = \Delta p q_v$），应减小缝隙量；但缝隙量的减小会使液压元件中的摩擦损失增加，因此，缝隙量有一个使这两种损失之和达到最小的最佳值，并不是越小越好。

例 2-3 某锥阀如图 2-19a 所示。已知锥阀半锥角 $\varphi = 20°$，$r_1 = 2 \times 10^{-3}$ m，$r_2 = 7 \times 10^{-3}$ m，缝隙 $h = 1 \times 10^{-4}$ m，阀的进出口压差 $\Delta p = 1$MPa，油液的动力粘度 $\mu = 0.1$Pa·s。求流经锥阀间隙的流量。

解 本例中阀座的长度 l 较长而间隙 h 很小，致使在锥阀间隙中的液流呈现层流状态，因此不能把它当作薄壁小孔来对待，而可以借鉴圆环平面间隙的流量公式，并设想将圆锥间隙展开变成不完整的环形平面间隙，如图 2-19b 所示。这样将式中的 π 代之以 $\pi\sin\varphi$，便可求得经锥阀间隙的流量，即

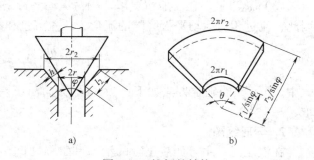

图 2-19　锥阀的结构

$$q = \frac{\pi\sin\varphi h^3}{6\mu\ln\dfrac{r_2}{r_1}}\Delta p$$

将已知数据代入上式，可得

$$q = \frac{\pi \times \sin20° \times (1 \times 10^{-4})^3}{6 \times 0.1 \times \ln\dfrac{7}{2}} \times 1 \times 10^6 \text{m}^3/\text{s} = 1.43 \times 10^{-6}\text{m}^3/\text{s}$$

2.5　液压冲击与空穴现象

在液压传动中，液压冲击和气穴现象会给系统的正常工作带来不利影响，因此需要了解这些现象产生的原因，并采取措施加以防止。

1. 液压冲击

在液压系统中，当油路突然关闭或换向时，压力会急剧升高，这种现象称为液压冲击。造成液压冲击的主要原因是：液压速度的急剧变化、高速运动工作部件的惯性力和某些液压元件的反应动作不够灵敏。

当导管内的油液以某一速度运动时，若在某一瞬间迅速截断油液流动的通道（如关闭阀门），则油液的流速将从某一数值在某一瞬间突然降至零，此时油液流动的动能将转化为

油液挤压能，从而使压力急剧升高，造成液压冲击。高速运动的工作部件的惯性力也会引起系统中的压力冲击。

产生液压冲击时，系统中的压力瞬间就要比正常压力大好几倍，特别是在压力高、流量大的情况下，极易引起系统的振动、噪声，甚至会导致导管或某些液压元件的损坏。这样既影响了系统的工作质量，又会缩短系统的使用寿命。还要注意的是，由于压力冲击产生的高压力可能会使某些液压元件（如压力继电器）产生误动作而损坏设备。

避免液压冲击的主要办法是避免液流速度的急剧变化。延缓速度变化的时间，能有效地防止液压冲击。如将液动换向阀和电磁换向阀联用可减少液压冲击，这是因为液动换向阀能把换向时间控制得慢一些。

2. 空穴现象

在液流中当某点压力低于液体所在温度下的空气分离压力时，原来溶于液体中的气体会分离出来而产生气泡，这就叫空穴现象。当压力进一步减小直至低于液体的饱和蒸气压时，液体就会迅速汽化形成大量蒸气气泡，使空穴现象更为严重，从而使液流呈不连续状态。

如果液压系统中发生了空穴现象，液体中的气泡随着液流运动到压力较高的区域时，一方面，气泡在较高压力作用下将迅速破裂，从而引起局部液压冲击，造成噪声和振动；另一方面，由于气泡破坏了液流的连续性，降低了油管的通油能力，造成流量和压力的波动，使液压元件承受冲击载荷，因此影响了其使用寿命。同时，气泡中的氧也会腐蚀金属元件的表面，我们把这种因发生空穴现象而造成的腐蚀称为气蚀。气蚀现象是液压系统产生各种故障的原因之一，特别在高速、高压的液压设备中更应注意这一点。气蚀现象可能发生在液压泵、管路以及其他具有节流装置的地方，液压泵装置发生气蚀现象最为常见。

为了减少气蚀现象，应使液压系统内所有点的压力均高于压力油的空气分离压力。例如，应注意液压泵的吸油高度不能太大，吸油管径不能太小（因为管径过小就会使流速过快，从而造成压力降得很低），液压泵的转速不要太高，管路应密封良好，油管出口应没入油面以下等。总之，应避免流速的剧烈变化和外界空气的混入。

本 章 习 题

2-1　压力的定义是什么？它有哪几种表示方法？液压系统的工作压力与外界负载有什么关系？

2-2　如图 2-20 所示，球形容器内装有水，U 形管测压计内装有水银，U 形管一端与球形容器相连，一端开口。已知：$h_1 = 200\text{mm}$，$h_2 = 250\text{mm}$，水的密度 $\rho_1 = 1 \times 10^3 \text{kg/m}^3$，水银密度 $\rho_2 = 13.6 \times 10^3 \text{kg/m}^3$。求容器中 A 点的相对压力和绝对压力。

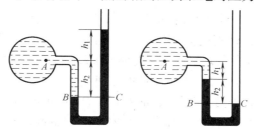

图 2-20　题 2-2 图

2-3 如图 2-21 所示的液压系统，已知推动活塞 1、2 向左运动所需的压力分别为 p_1、p_2，阀门 T 的开启压力为 p_3，其中 $p_1 < p_2 < p_3$。试问：

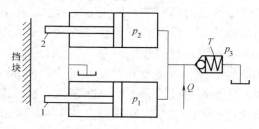

图 2-21 题 2-3 图

1）哪个活塞先动作，此时系统中的压力为多少？

2）另一个活塞何时才能动作，该活塞运动时系统的压力为多少？

3）阀门 T 何时开启，此时系统的压力又为多少？

4）如果 $p_1 > p_2 > p_3$，两个活塞能否运动？为什么？

2-4 伯努利方程的物理意义是什么？该方程的理论式和实际式有什么区别？

2-5 管路中的压力损失有哪几种？其值与哪些因素有关？

2-6 如图 2-22 所示一倾斜管道，其长度 $L = 20m$，直径 $d = 10mm$，两端高度差 $h = 15m$，管中液体密度 $\rho = 900kg/m^3$，运动粘度 $\nu = 45 \times 10^{-6} m^2/s$，当测得两端压力如下时：①$p_1 = 0.45MPa$，$p_2 = 0.4MPa$；②$p_1 = 0.45MPa$，$p_2 = 0.25MPa$。求管中油液的流动方向和流速。

2-7 如图 2-23 所示，输油管水平放置，截面 1—1、2—2 的通径分别为 $d_1 = 5mm$，$d_2 = 20mm$，在管内流动油液的密度 $\rho = 900kg/m^3$，运动粘度 $\nu = 20mm/s^2$。若不计油液流动所产生的能量损失，试问：

1）截面 1—1 和 2—2 哪一处压力较高？为什么？

2）若管内通过的流量为 $q = 30L/min$，求两截面间的压力差 Δp。

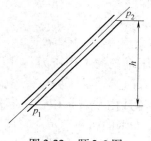

图 2-22 题 2-6 图

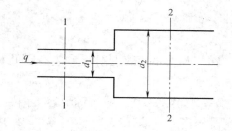

图 2-23 题 2-7 图

2-8 水平放置的光滑圆管由两段组成（见图 2-24），直径分别为 $d_1 = 10mm$ 和 $d_0 = 6mm$，每段长度 $l = 3m$。液体密度 $\rho = 900kg/m^3$，运动粘度 $\nu = 0.2 \times 10^{-4} m^2/s$，通过流量 $q = 18L/min$，管道突然缩小处的局部阻力系数 $\zeta = 0.35$。试求管内的总压力损失及两端的压力差（注：局部阻力系数对应着断面突变后的流速）。

2-9 如图 2-25 所示，外力 $F = 5kN$，活塞直径 $D = 60mm$，孔口直径 $d = 8mm$，流量系数 $C_q = 0.62$，油液密度 $\rho = 880kg/m^3$，油液在外力作用下由液压缸底部的小孔流出，不计摩擦，求作用在液压缸右端内侧壁面上的力。

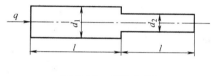

图 2-24　题 2-8 图

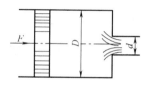

图 2-25　题 2-9 图

2-10　内径 $d=1\text{mm}$ 的水平阻尼管内有 $q=0.3\text{L/min}$ 的流量流过，压力油的密度 $\rho=900\text{kg/m}^3$，运动粘度 $\nu=20\text{mm}^2/\text{s}$，欲使管的两端保持 1MPa 的压力差。试计算阻尼管的理论长度。

2-11　如图 2-26 所示的液压系统中，液压泵输出流量可手动调节，当 $q_1=25\text{L/min}$ 时，测得阻尼孔 R 前的压力为 $p_1=0.05\text{MPa}$；若泵的流量增加到 $q_2=50\text{L/min}$，阻尼孔 R 前的压力 p_2 将是多大（阻尼孔 R 分别按细长孔和薄壁孔两种情况考虑)？

2-12　某圆柱形滑阀如图 2-27 所示，已知阀芯直径 $d=20\text{mm}$，进口油压 $p_1=9.8\text{MPa}$，出口油压 $p_2=9.5\text{MPa}$，油液密度 $\rho=900\text{kg/m}^3$，阀口的流量系数 $C_q=0.65$，阀口开度 $x=2\text{mm}$。试求通过阀口的流量。

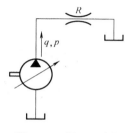

图 2-26　题 2-11 图

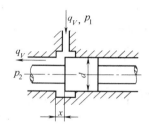

图 2-27　题 2-12 图

2-13　液压冲击和空穴现象是怎样产生的？应如何避免？

第 3 章　液压动力元件

3.1　概述

在液压系统中，液压泵和液压马达都是能量转换元件，液压泵是液压系统的动力元件，其作用是把原动机输入的机械能转换为液压能，向系统提供一定压力和流量的液流；液压马达是液压泵的逆装置，是液压系统的执行元件，其作用是把输入油液的压力能转换为输出轴转动的机械能，从而推动负载做功。

图 3-1a、b 表示液压泵和液压马达的能量转换关系。

液压系统中使用的液压泵和液压马达都是容积式的，其工作原理都是利用密封容积变化来完成吸油与排油。

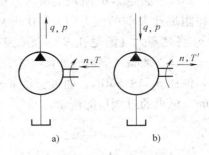

图 3-1　液压泵和液压马达的
能量转换关系

3.1.1　液压泵和液压马达的工作原理

图 3-2 是容积式液压泵（柱塞泵）的工作原理图。

当凸轮 1 按图 3-2 所示方向旋转时，柱塞 2 在凸轮 1 和弹簧 4 的作用下左右移动，当柱塞 2 在弹簧 4 的作用下向右移动时，柱塞 2 和缸体 3 所组成的密封空间 a 变大，从而形成真空，油箱又与外部大气压相通，油箱当中的油液在大气压的作用下经吸油管和单向阀 5 吸入密封空间 a 中，从而完成吸油；当柱塞 2 在凸轮 1 的推动下向左移动时，柱塞 2 与缸体 3 所组成的密封空间变小，已吸入的油液受到挤压，经油管和单向阀 6 排到液压系统中去，从而完成排油。凸轮在不断地运动，密封空间周期性地增大和变小，从而完成吸油和排油。

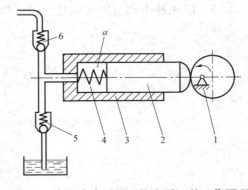

图 3-2　容积式液压泵（柱塞泵）的工作原理
1—凸轮　2—柱塞　3—缸体
4—弹簧　5、6—单向阀　a—密封空间

由此可见，容积式液压泵工作时所具备的必要条件是：

1）必须形成一个或多个密封空间。

2）密封空间周期性地变化。当密封空间变大时，形成真空，油箱当中的油液在外部大气压力和密封工作腔中的真空作用下，被吸到密封工作腔中，完成吸油；当密封空间变小时，工作腔中的油液受到挤压，从而排到液压系统中去。

3）吸压油腔要隔开，为了使密封空间变大时与吸油管相连，密封空间变小时与压油管相连，需要有相应的配流装置，图 3-2 中单向阀 5 和 6 即起此作用，但各种结构的液压泵其配流装置是不同的。

4）液压泵正常工作的外部条件是油箱压力要与大气压相同。

3.1.2 液压泵和液压马达的主要性能参数

1. 压力

（1）额定压力　指泵（或马达）在正常工作条件下，按实验标准规定能够连续运转的最高压力。

（2）工作压力　指泵（或马达）实际工作时输出（或输入）油液的压力。其值随负载而定，当工作压力大于额定压力时，泵过载。

（3）最高允许压力　泵（或马达）在短时间内允许超载使用的最高压力，一般为额定压力的 1.1 倍。

2. 排量和流量

（1）排量　在没有泄漏的情况下，泵（或马达）每转所排出（或输入）的液体的体积，排量用 V（ml/r）表示。图 3-2 所示容积式液压泵，设柱塞的直径为 D，行程为 L，排量为

$$V = \frac{\pi}{4}D^2L \tag{3-1}$$

液压泵和液压马达的排量取决于密封工作腔的大小及数目。

（2）理论流量　不考虑泄露的情况下，单位时间内液压泵所排出的液体的体积，等于排量与转速的乘积。用 q_{Vt} 表示。图 3-2 中，凸轮的转速为 n，则理论流量为

$$q_{Vt} = nV \tag{3-2}$$

（3）额定流量　指泵（或马达）在正常工作条件下，按实验标准规定必须保证的输出流量。

（4）实际流量　指泵（或马达）工作时实际输出（或输入）的流量。

3. 效率和功率

（1）液压泵的效率和功率

1）容积效率。实际流量 q_V 与理论流量 q_{Vt} 之比值为液压泵的容积效率，用 η_V 表示。

$$\eta_V = \frac{q_V}{q_{Vt}} \tag{3-3}$$

由于液压泵实际工作时存在泄露，泄漏量为 Δq，所以实际流量 q_V 必定小于理论流量 q_{Vt}，即

$$q_V = q_{Vt} - \Delta q \tag{3-4}$$

由式（3-3）整理可得

$$\eta_V = 1 - \frac{\Delta q}{q_{Vt}} \tag{3-5}$$

2）机械效率。理论所需转矩 T_t 与实际输入转矩 T_i 之比值为液压泵的机械效率，用 η_m 表示。

$$\eta_m = \frac{T_t}{T_i} \tag{3-6}$$

由于液压泵存在摩擦，转矩损失为 ΔT，因此液压泵的输入转矩 T_i 必然大于理论所需转矩 T_t，即

$$T_t = T_i - \Delta T \tag{3-6}$$

由式（3-6）整理可得

$$\eta_m = 1 - \frac{\Delta T}{T_i} \tag{3-7}$$

3）功率。液压泵输入的是机械能，表现为输入转矩 T_i 和转速 n，所以液压泵输入功率 P_i 为

$$P_i = T_i\omega = T_i 2\pi n \tag{3-8}$$

液压泵输出的为液压能，表现为输出流量（实际流量）q_V 和压力 p，所以液压泵的输出功率 P 为

$$P = pq_V \tag{3-9}$$

4）总效率。输出功率与输入功率之比值为液压泵的总效率，用 η 表示，即

$$\eta = \frac{P}{P_i} = \frac{pq}{T_i 2\pi n} = \eta_V \eta_m \tag{3-10}$$

（2）液压马达的效率和功率

1）容积效率。理论流量 q_{Vt} 与实际流量 q_V 之比值，用 η_V 表示。

$$\eta_V = \frac{q_{Vt}}{q_V} \tag{3-11}$$

由于液压马达实际工作时存在泄露，泄漏量为 Δq，所以输入流量 q_V 要大于理论流量 q_{Vt}，即

$$q_{Vt} = q_V - \Delta q \tag{3-12}$$

由式（3-11）整理可得

$$\eta_V = 1 - \frac{\Delta q}{q_V} \tag{3-13}$$

2）机械效率。实际输出转矩 T_i 与理论所需转矩 T_t 之比值为液压马达的机械效率，用 η_m 表示。

$$\eta_m = \frac{T_i}{T_t} \tag{3-14}$$

由于液压马达运转时相对运动的部件之间存在机械摩擦，引起转矩损失为 ΔT，因此液压泵的输出转矩 T_i 必然小于理论转矩 T_t，即

$$T_i = T_t - \Delta T \tag{3-15}$$

由式（3-14）整理可得

$$\eta_m = 1 - \frac{\Delta T}{T_t} \tag{3-16}$$

3）功率。液压马达输出的是机械能，表现为输入转矩 T_i 和转速 n，所以液压马达输出功率 P_i 为

$$P_i = T_i\omega = T_i 2\pi n \tag{3-17}$$

液压马达输入的为液压能，表现为输入流量（实际流量）q_V 和压力 p，所以液压马达的输入功率 P 为

$$P_. = pq_V \qquad (3\text{-}18)$$

4）总效率。输出功率与输入功率之比值为液压马达的总效率，用 η 表示，即

$$\eta = \frac{P}{P_i} = \frac{T_i 2\pi n}{p q_V} = \eta_V \eta_m \qquad (3\text{-}19)$$

3.1.3 液压泵和液压马达的分类

1. 液压泵的分类

液压泵按其结构形式和运动部件运动方式分为：齿轮泵、叶片泵、柱塞泵、螺杆泵及凸轮转子泵。

2. 液压马达的分类

液压马达按转速及结构形式的不同可分为：高转速液压马达和低速大转矩液压马达。

1）高转速液压马达按结构不同又可分为齿轮式、叶片式和柱塞式三种。

2）低速大转矩液压马达按结构不同又可分为轴向式和径向式两种。

3. 液压泵和液压马达的图形符号

液压泵和液压马达的图形符号如图 3-3 所示。

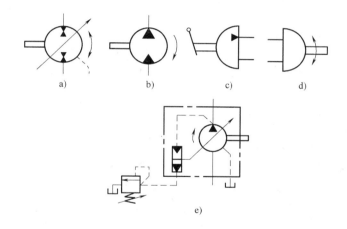

图 3-3　液压泵和液压马达的图形符号

a）双向变量泵或马达单元　b）单向旋转的定量泵或马达　c）限制转盘角度的泵
d）双向流动的摆动执行器或旋转驱动　e）变量泵，先导控制带压力补偿，单向旋转带外泄油路

3.2　齿轮泵

齿轮泵按结构形式的不同可分为外啮合齿轮泵和内啮合齿轮泵两种，按齿形曲线的不同分为渐开线齿形和非渐开线齿形。它的优点是结构简单、体积小、质量轻、转速高且范围大、自吸性能好、对油液污染不敏感、工作可靠、维护方便和价格低廉等，在一般液压传动系统中应用广泛。其缺点是流量脉动和压力脉动较大、泄漏损失大、容积效率较低、噪声较大、容易发热、排量不可调节，只能作定量泵，适用范围受到一定限制。

3.2.1 外啮合齿轮泵的结构

图 3-4 所示为外啮合渐开线齿轮泵的结构简图。外啮合渐开线齿轮泵主要由一对几何参数完全相同的主动齿轮 4 和从动齿轮 8、传动轴 6、泵体 3、前泵盖 5、后泵盖 1 等零件组成。

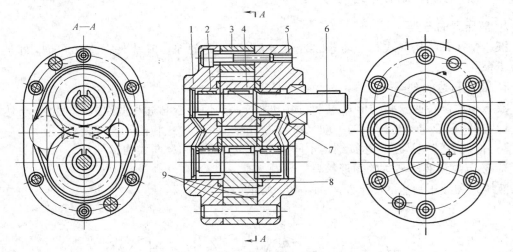

图 3-4　CB—B 齿轮泵结构图

1—后泵盖　2—滚针轴承　3—泵体　4—主动齿轮　5—前泵盖

6—传动轴　7—键　8—从动齿轮　9—O 形密封圈

3.2.2 外啮合齿轮泵的工作原理

图 3-5 所示为外啮合齿轮泵的工作原理图。由于齿轮两端面与泵盖的间隙以及齿轮的齿顶与泵体内表面的间隙都很小，因此，一对啮合的轮齿，将泵体、前后泵盖和齿轮包围的密封容积分隔成左、右两个密封工作腔。当原动机带动齿轮按如图 3-5 所示方向旋转时，右侧的轮齿不断退出啮合，而左侧的轮齿不断进入啮合，因啮合点的啮合半径小于齿顶圆半径，右侧退出啮合的轮齿露出齿间，其密封工作腔容积逐渐增大，形成局部真空，油箱中的油液在大气压力的作用下经泵的吸油口进入这个密封油腔——吸油腔；随着齿轮的转动，吸入的油液被齿间转移到左侧的密封工作腔；左侧进入啮合的轮齿使密封油腔——压油腔容积逐渐减小，把齿间油液挤出，从压油口输出，压入液压系统。这就是齿轮泵的吸油和压油过程。齿轮连续旋转，泵连续不断地吸油和压油。

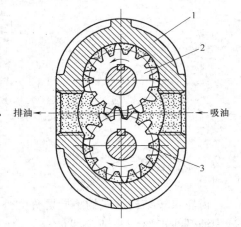

图 3-5　齿轮泵的工作原理图

1—壳体　2—主动齿轮　3—从动齿轮

齿轮啮合点处的齿面接触线将吸油腔和压油腔分开，起到了配油（配流）作用，因此不需要单独设置配流装置，这种配流方式称为直接配流。

3.2.3 齿轮泵的结构要点

1. 齿轮泵的泄漏

齿轮泵的泄露途径大体分三种：一是齿轮断面与泵盖间的轴向间隙泄露，二是齿轮齿顶圆与泵体内孔间的径向间隙泄露，三是两齿轮间的齿面啮合处泄露。因轴向间隙泄露的途径短而面积大，所以此处的泄漏量最大，占总泄漏量的 75% ~ 80%，即轴向间隙越大，泄漏量就越大，自容积效率就越低。但轴向间隙如果过小则会造成齿轮端面与泵盖间的机械摩擦加大，从而降低机械效率，所以必须选择合适的轴向间隙。

2. 径向作用力不平衡

径向不平衡力的产生主要是由于液压力不平衡产生的。由于压油腔和吸油腔两腔压差大，又由于泵体内表面与齿轮齿顶外圆面间存在径向间隙，所以压力油经此间隙泄露形成压力变化。齿轮泵的径向不平衡作用力如图 3-6 所示，压力升高，径向不平衡力增大，齿轮和轴承受到很大的冲击载荷，产生振动和噪声。

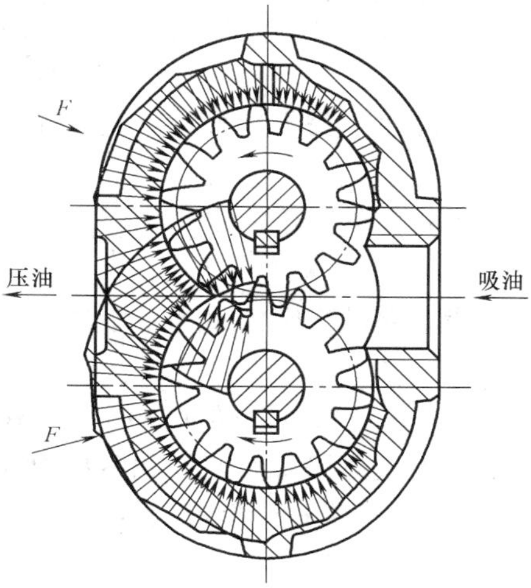

其改善措施为：缩小压油口，以减小压力油作用面积；增大泵体内表面和齿顶间隙开压力平衡槽，使容积效率减小。

3. 困油现象

为了保证齿轮连续平稳运转，又能够使吸压油口隔开，齿轮啮合时的重合度必须大于 1，所以有时会出现两对轮齿同时啮合的情况，故在齿向啮合线间形成一个封闭容积。

图 3-6 齿轮泵的径向不平衡作用力

齿轮泵的困油现象如图 3-7 所示，齿轮由图 a 旋转到图 b，容积逐渐缩小，压力逐渐增大，高压油从一切可能泄漏的缝隙强行挤出，使轴和轴承受很大的冲击载荷，泵剧烈振动，功率损耗增加、油温升高。当齿轮泵中的齿轮由图 b 旋转到图 c 时，容积逐渐增大，压力减小，形成局部真空，产生气穴，引起振动、噪声、气蚀等。这种不良情况为齿轮泵的困油现象。

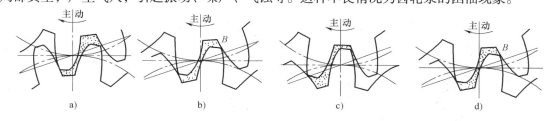

图 3-7 齿轮泵的困油现象

为消除困油现象，原则上希望当齿轮泵由图 3-7a 旋转到图 3-7b 时，密封容积减小，这时使之通压油口，便于及时将油液排出，防止压力升高；当齿轮泵由图 3-7b 旋转到图 3-7c 时，密封容积增大，使之通吸油口，便于及时补油，防止真空气化。

防止困油现象产生的具体措施是在泵盖（或轴承座）上开卸荷槽以消除困油，如图 3-8 所示。

3.2.4 外啮合齿轮泵的排量与流量的计算

由齿轮泵的工作原理可知：齿轮泵的排量是由泵每转一周时，有多少个齿间将油液从吸油腔送至排油腔，以及齿间本身的有效容积来决定的。设齿轮的齿数为 z，齿宽为 b，齿轮的模数为 m，假设：齿槽容积等于轮齿体积齿间的有效深度等于 2 倍的齿顶高，则

排量 = 齿槽容积 + 轮齿体积

即相当于有效齿高和齿宽所构成的平面所扫过的环形体积，则

$$V_t = 2\pi z m^2 b \qquad (3\text{-}20)$$

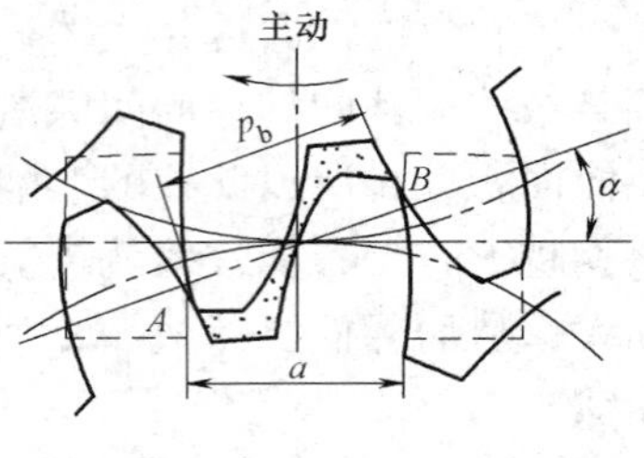

图 3-8　消除困油的措施

实际上因为齿槽容积 > 轮齿体积，所以取

$$V = 6.66 z m^2 b$$

齿轮泵的理论流量为

$$q_t = Vn = 2\pi z m^2 bn$$

齿轮泵的实际流量为

$$q = q_t \eta_v = 2\pi z m^2 bn \eta_v$$

式中，n 是齿轮泵的转速；η_v 是齿轮泵的容积效率。

从上式可以看出流量和各参数的关系：

1）输油量与齿轮模数的平方、转速都成正比。

2）在泵的体积一定时，齿数少模数就大，所以输油量增加，但流量脉动大；齿数增加时，模数就小，输油量减少，流量脉动也小。

3.2.5 内啮合齿轮泵

内啮合齿轮泵有渐开线齿形内啮合齿轮泵和摆线齿形内啮合齿轮泵（转子泵）两种。内啮合齿轮泵的工作原理和外啮合齿轮泵完全相同。渐开线齿轮泵主要由小齿轮、内齿环和月牙形隔板等组成，月牙形隔板将吸油腔和压油腔隔开，如图 3-9a 所示。而在摆线齿轮泵中，内外转子相差一齿且有一偏心距，故不需设置隔板，如图 3-9b 所示。

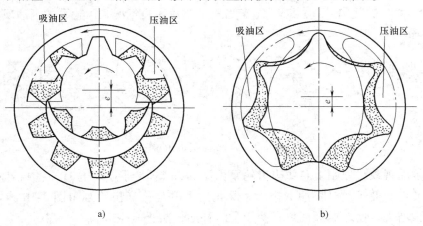

图 3-9　内啮合齿轮泵
a）渐开线齿轮泵　b）摆线齿轮泵

内啮合齿轮泵结构紧凑，尺寸小，质量轻，由于齿轮转向相同，故磨损小、使用寿命长，并且运转平稳，噪声小，流量脉动小。但齿形复杂，加工精度高，所以加工困难，价格昂贵。故内啮合齿轮泵远不如外啮合齿轮泵使用普遍。

3.3　叶片泵

叶片泵按转子转一周密封腔吸油和排油的次数来分类，可分为单作用式叶片泵和双作用式叶片泵两大类。

3.3.1　单作用式叶片泵

1. 单作用式叶片泵的工作原理

单作用叶片泵主要由转子1、定子2、叶片3和端盖等组成，如图3-10所示。转子安放在定子中间（定子的工作表面为一个内圆柱面），并与定子有一偏心距 e，转子上开有沟槽，叶片装在转子上的沟槽内，当正常运转时，叶片可在槽中灵活地滑动。转子由传动轴控制，在传动轴的带动下旋转，在旋转的过程中由于离心惯性和叶片根部油液的作用，叶片顶部紧贴在定子内表面上，这样，在定子、转子、每两个叶片和两侧配油盘之间，就形成了一个密封的工作腔。当转子按图3-10所示方向旋转时，在旋转过程中右边的叶片逐渐伸出，密封工作腔的容积逐渐加大，从而产生真空（油箱中的油液与大气相通），油箱中的油液由吸油口经配油盘的吸油窗口（图3-10中的虚线弧形槽）被吸入密封工作腔中，从而完成吸油。相反，在旋转过程中左边的叶片被定子内表面逐渐推入转子的槽内，密封工作腔的容积逐渐减小，腔内油液受到挤压，经配油盘的压油窗口排出泵外，从而完成压油。在吸油区和压油区之间，各有一段封油区将它们相互隔开，以保证正常工作。这种泵的转子每转一周，每个密封工作腔完成吸油和压油动作各一次，所以称为单作用式叶片泵。由于转子上受到的径向液压力是不平衡的，故又称为非平衡式叶片泵。

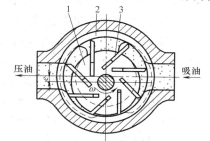

图 3-10　单作用叶片泵
1—转子　2—定子　3—叶片

2. 单作用式叶片泵的排量及流量计算

单作用式叶片泵的排量及流量计算图如图3-11所示。设定子内径为 D，半径为 R，宽度为 b，转子直径为 d，转子与定子之间的偏心距为 e，则密封工作腔的最大容积 V_1 和密封工作腔的最小容积为 V_2 为

$$V_1 = \pi (R+e)^2 b$$
$$V_2 = \pi (R-e)^2 b$$

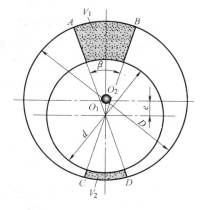

图 3-11　单作用叶片泵排量及流量计算图

密封工作腔在一转中的容积变化量 ΔV 为

$$\Delta V = V_1 - V_2 = \pi(R+e)^2 b - \pi(R-e)^2 b$$
$$= \pi b[(R+e)^2 - (R-e)^2]$$

故单作用式叶片泵的理论排量 V_t 为

$$V_t = 2\pi Deb \tag{3-21}$$

实际流量为

$$q_V = 2\pi Debn\eta_V \tag{3-22}$$

式中，n 是叶片泵转速；η_V 是叶片泵的容积效率。

3.3.2 限压式变量叶片泵

由单作用式叶片泵的理论排量计算公式 $V_t = 2\pi Deb$ 可知，如果改变叶片泵的偏心距 e，则其排量将发生变化，故将这种排量（或流量）可以改变的液压泵称为变量泵。限压式变量叶片泵是一种自动调节式变量泵，它能根据外负载的大小自动调节泵的排量，按其压力反馈作用的不同可分为外反馈和内反馈限压式变量叶片泵。

1. 外反馈限压式变量叶片泵

外反馈限压式变量叶片泵的工作原理如图 3-12 所示，1 为柱塞的调节螺钉，2 为弹簧的调节螺钉，3 为调压弹簧。转子的中心固定，而定子可以左右移动，其中心为 O_1。定子的右边有一个限压弹簧，左边有一个调节螺钉，调节最大偏心距 e_{max}。当 e_{max} 调定后，在限压弹簧的作用下，定子被推向左边，使定子与转子之间保持一个偏心距 e_0。当转子逆时针方向旋转时，转子上部为吸油区，下部为压油区。定子左边有一反馈柱塞缸，其油腔与泵的压油腔相通。设反馈柱塞的截面积为 A，则作用在定子上的反馈力为 pA。当反馈力 pA 小于限压弹簧的预紧力 F_s 时，弹簧将定子推向最左边，此时偏心距达到最大值 e_{max}，泵的输出流量也达到最大值。当 $pA = F_s$ 时，反馈力等于弹簧力，此时的 p 值为限定工作压力。当泵的压力升高到 $pA > F_s$ 时，反馈力克服弹簧预紧力将定子向右推移，使偏心距 e_0 减小，泵的输出流量也随之减小。压力越高，偏心距 e_0 越小，输出流量也越小。当压力大到一定值时，偏心距 e_0 变得非常小，产生的液压油全部用于补偿泵的内泄，泵的输出流量降为零，不管负载再如何增加，泵的输出压力也不会再升高，这就是外反馈限压式变量叶片泵的工作原理。限压式变量叶片泵的特性曲线如图 3-13 所示，图中 p_B 为泵的限定压力，q_t 为泵的理论流量。

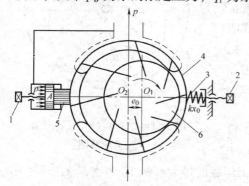

图 3-12　外反馈限压式变量叶片泵的工作原理
1—柱塞的调节螺钉　2—弹簧的调节螺钉　3—调压弹簧
4—定子　5—柱塞　6—转子

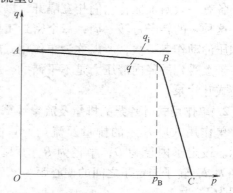

图 3-13　限压式变量叶片泵的特性曲线

2. 限压式变量叶片泵的特点和用途

限压式变量叶片泵能够按照压力自动调节流量，不仅减少功率损耗，还可减少油液发热，但结构复杂，外形尺寸大，作相对运动的机件多，泄漏较大，轴上受不平衡径向液压力作用，噪声较大，容积效率和机械效率都比较低，流量脉动和困油现象也较严重。但组合机床的液压系统等多采用限压式变量叶片泵，主要原因是可简化系统结构，因此得到广泛的应用。

3.3.3 双作用式叶片泵

1. 双作用式叶片泵的工作原理

双作用叶片泵的工作原理如图 3-14 所示，泵也是由定子 1、转子 2、叶片 3 和配流盘（图中未画出）等组成。转子和定子中心重合，定子内表面近似为椭圆柱形，该椭圆形由两段半径为 R 的大圆弧、两段半径为 r 的小圆弧和四段过渡曲线所组成。当转子转动时，叶片在离心力和（建压后）根部压力油的作用下，在转子槽内作径向移动而压向定子内表面，由叶片、定子的内表面、转子的外表面和两侧配油盘间形成若干个密封空间。当转子按图 3-14 所示方向旋转时，处在小圆弧上的密封空间经过渡曲线而运动到大圆弧的过程中，叶片外伸，密封空间的容积增大，要吸入油液；从大圆弧经过渡曲线运动到小圆弧的过程中，叶片被定子内壁逐渐压进槽内，密封空间容积变小，将油液从压油口压出。因而，当转子每转一周，每个工作空间要完成两次吸油和压油，所以称之为双作用叶片泵。这种叶片泵由于有两个吸油腔和两个压油腔，并且各自的中心夹角是对称的，所以作用在转子上的油液压力相互平衡，因此双作用叶片泵又称为卸荷式叶片泵。为了要使径向力完全平衡，密封空间数（即叶片数）应当是双数。

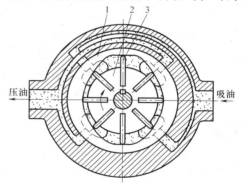

图 3-14　双作用叶片泵的工作原理
1—定子　2—转子　3—叶片

2. 双作用式叶片泵排量及流量的计算

双作用式叶片泵的流量计算如图 3-15 所示。设定子长半径为 R，短半径为 r，转子半径为 r_0，宽度为 b，密封工作腔最大容积为 V_1，最小容积为 V_2，由图 3-16 可知

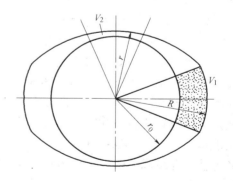

图 3-15　双作用式叶片泵的流量计算图

$$V_1 = (\pi R^2 - \pi r_0^2) b$$
$$V_2 = (\pi r^2 - \pi r_0^2) b$$
$$\Delta V = V_1 - V_2 = \pi R^2 b - \pi r^2 b$$

由于每转中密封工作腔吸油和压油各两次，若不考虑叶片厚度，则理论排量 V_t 为

$$V_t = 2\pi (R^2 - r^2) b \tag{3-23}$$

实际上，由于叶片有一定厚度 δ，叶片所占空间不起作用，故精确计算排量时应加以修正。设叶片倾角为 θ，则因叶片所占体积而造成的排量损失 V' 为

$$V' = \frac{2b(R-r)}{\cos\theta}\delta$$

因此，考虑叶片厚度时的理论排量 V_t 和实际流量 q_V 为

$$V_t = 2b\left[\pi(R^2-r^2) - \frac{R-r}{\cos\theta}\delta\right] \tag{3-24}$$

$$q_V = 2b\left[\pi(R^2-r^2) - \frac{R-r}{\cos\theta}\delta\right]n\eta_V \tag{3-25}$$

式中，n 是叶片泵的转速；η_V 是叶片泵的容积效率。

3. 叶片泵的优缺点及其应用

叶片泵的主要优点有：输出流量比齿轮泵均匀，运转平稳，噪声小；工作压力较高，容积效率也较高；单作用式叶片泵易于实现流量调节，双作用式叶片泵则因转子所受径向液压力平衡，使用寿命长；结构紧凑，轮廓尺寸小而流量较大。

但叶片泵也有如下缺点：自吸性能较齿轮泵差，对吸油条件要求较严格，其转速必须在 $500 \sim 1500\text{r/min}$ 范围内；对油液污染较敏感，叶片容易被油液中杂质咬死，工作可靠性较差；结构较复杂，零件制造精度要求较高，价格较高。

叶片泵一般用于中压（6.3MPa）液压系统中，在机床控制中应用十分广泛。特别是双作用式叶片泵因流量脉动很小，在精密机床中得到广泛使用。

3.4　柱塞泵

柱塞泵按柱塞放置的不同，可分为径向柱塞泵（柱塞沿径向放置）和轴向柱塞泵（柱塞轴向布置）两大类，而轴向柱塞泵又可分为斜盘式轴向柱塞泵和斜轴式轴向柱塞泵。

3.4.1　轴向柱塞泵

轴向柱塞泵主要由配油盘、柱塞、缸体、倾斜盘等组成，其特点就是缸体与传动轴同轴心线，通过倾斜盘使柱塞相对缸体做往复运动。

1. 轴向柱塞泵的工作原理

轴向柱塞泵的工作原理如图 3-16 所示。配油盘 4 上的两个弧形孔（见左视图）为吸、排油窗口 a 与 b，斜盘 1 与配油盘均固定不动，柱塞 2 和缸体 3 之间形成密封空间。传动轴通过键带动缸体 3 和柱塞 2 旋转，当柱塞从图 3-16 所示最下方的位置向上方转动时，柱塞被滑靴（其头部为球铰连接）从柱塞孔中拉出，使柱塞与柱塞孔组成的密封工作容积加大而产生真空，油液通过配油盘的吸油窗口被吸进柱塞孔内，从而完成吸油过程。当柱塞从图示最上方的位置向下方转动时，柱塞被斜盘的斜面通过滑靴压进柱塞孔内，使密封工作容积减小，油液受压，通过配油盘的排油窗口排出泵外，从而完成排油过程。缸体旋转一周，每个柱塞各完成一次吸油和排油，而油箱要与大气压相通是柱塞泵正常工作的外部条件。

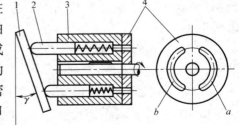

图 3-16　轴向柱塞泵的工作原理
1—斜盘　2—柱塞　3—缸体　4—配油盘

2. 轴向柱塞泵的排量及流量计算

轴向柱塞泵的流量计算简图如图 3-17 所示。设柱塞数为 z，柱塞的直径为 d，柱塞孔的分布圆直径为 D，斜盘的倾角为 γ，则柱塞的行程 h 为

$$h = D\tan\gamma$$

一个柱塞的排量 V_i 为

$$V_i = \frac{\pi}{4}d^2 h = \frac{\pi}{2}d^2 R\tan\gamma$$

设泵的转速为 n，容量效率为 η_V，则泵的理论排量为 V_t 为

$$V_t = zV_i = \frac{\pi}{4}d^2 Dzn\tan\gamma \tag{3-26}$$

泵的实际流量 q 为

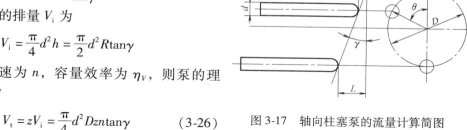

图 3-17　轴向柱塞泵的流量计算简图

$$q = \frac{\pi}{4}d^2 Dzn\eta_V\tan\gamma \tag{3-27}$$

由式（3-27）可知，改变斜盘的倾角 γ，泵的输出流量就可以改变，即轴向柱塞泵可作双向变量泵。

3. 轴向柱塞泵的结构特点

（1）柱塞和柱塞孔的加工、装配精度高　柱塞上开设均压槽，以保证轴孔的最小间隙和良好的同心度，使泄漏流量减小。

（2）缸体端面间隙的自动补偿　由图 3-16 可见，使缸体紧压配油盘端面的作用力，除机械装置或弹簧的推力外，还有柱塞孔底部台阶面上所受的液压力，此液压力比弹簧力大很多，而且随泵的工作压力增大而增大。由于缸体始终受力紧贴着配流盘，就使端面间隙得到了补偿。

（3）滑履结构　在斜盘式轴向柱塞泵中，如果各柱塞球形头部直接接触斜盘而滑动，即为点接触式，这种形式的液压泵，因接触应力大极易磨损，故只能用在 $p < 10\text{MPa}$ 的场合。当工作压力增大时，通常都在柱塞头部装一滑履，如图 3-18 所示。滑履按静压原理设计，缸体中的压力油经柱塞球头中间小孔流入滑履油室，致使滑履和斜盘间形成液体润滑，因此改善了接触应力。使用这种结构的轴向柱塞泵压力可达 32MPa 以上，流量也可以很大。

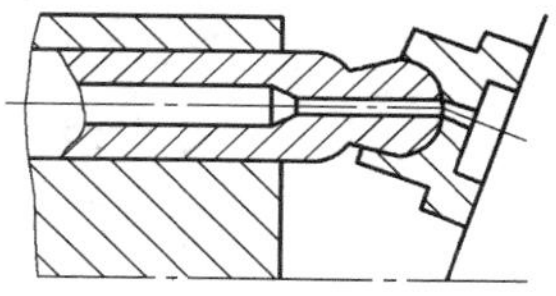

图 3-18　滑履结构

（4）吸油辅助设备　轴向柱塞泵没有自吸能力，靠加设辅助设备，采用回程盘或在每个柱塞后加返回弹簧，也可在柱塞泵前安装一个辅助泵提供低压油液强行将柱塞推出，以便吸油充分。

（5）变量机构　变量轴向柱塞泵中的主体部分大致相同，其变量机构有各种结构形式，有手动、手动伺服、恒功率、恒流量、恒压变量等。图 3-19 所示的是手动伺服变量机构简图，该机构由缸筒 1、活塞 2 和伺服阀组成。活塞 2 的内腔构成了伺服阀的阀体，并有 c、d 和 e 三个孔道分别通向缸筒 1 的下腔 a、上腔 b 和油箱。主体部分的斜盘 4 或缸体通过适当的机构与活塞 2 下端相连，利用活塞 2 的上下移动来改变倾角。当用手柄操纵伺服阀阀芯 3

向下移动时，上面的阀口打开，a 腔中压力油经孔道 c 通向 b 腔，活塞因上腔面积大于下腔的面积而向下移动，活塞 2 移动时又使伺服阀上的阀口关闭，最终使活塞 2 停止运动。同理，当阀芯向上移动时，下面的阀口打开，b 腔经孔道 d 和 e 接通油箱，活塞在 a 腔压力油的作用下向上移动，并在该阀口关闭时自行停止运动。变量机构就是这样依照伺服阀的动作来实现其控制的。

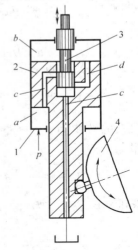

图 3-19　手动伺服变量机构
1—缸筒　2—活塞　3—伺服阀阀芯
4—斜盘

4. 典型轴向柱塞泵的结构举例

图 3-20 所示为 SCY 14—1 型手动变量直轴式轴向柱塞泵的结构简图，它由主体部分和变量部分组成。中间泵体 1 和前泵体 5 为主体部分，左部为变量部分。泵轴 6 通过花键带动缸体 3 旋转，使轴向均匀分布在缸体上的七个柱塞 7 绕泵轴轴线旋转。每个柱塞的头部都装有滑履 9，滑履与柱塞采用球面副连接，可以任意转动。弹簧 2 的作用力通过钢球和回程盘 10 将滑履压在斜盘 11 的斜面上。当缸体转动时，该作用力使柱塞完成回程吸油动作。柱塞的排油行程则是由斜盘斜面通过滑履推动来完成的。圆柱滚子轴承 8 用以承受缸体的径向力，缸体的轴向力由配流盘 4 承受，配油盘上开有吸、压油窗口，分别与前泵体上的吸、压油口相通。

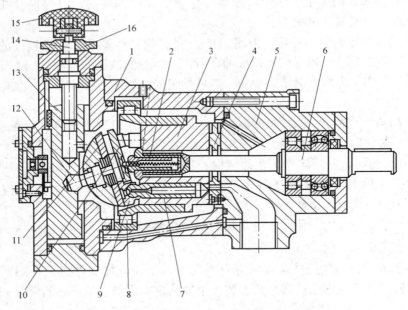

图 3-20　SCY14—1 型手动变量直轴式轴向柱塞泵的结构简图
1—中间泵体　2—弹簧　3—缸体　4—配油盘　5—前泵体　6—泵轴　7—柱塞　8—圆柱滚子轴承
9—滑履　10—回程盘　11—斜盘　12—销轴　13—变量活塞　14—螺杆　15—手轮　16—锁紧螺母

左边的变量机构用来改变斜盘倾角的大小，以调节泵的流量。调节流量时，先松开锁紧螺母 16，然后转动手轮 15，螺杆 14 随之转动，从而推动变量活塞 13 上下移动，斜盘倾角

γ 随之改变。γ 的变化范围为 $0° \sim 20°$。流量调定后旋转锁紧螺母 16 将螺杆锁紧，以防止松动。这种变量机构结构简单，但手动操纵力大，通常只能在停机或泵压较低的情况下才能实现变量。

3.4.2 径向柱塞泵

径向柱塞泵主要由柱塞、转子、定子、衬套和配流轴等组成。图 3-21 所示为配油盘式径向柱塞泵的结构简图。

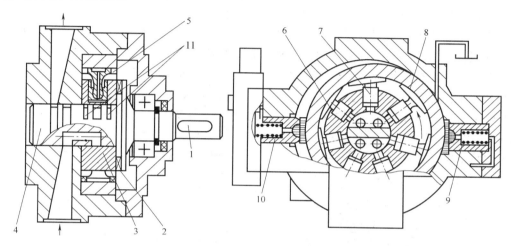

图 3-21 配油盘式径向柱塞泵的结构简图
1—传动轴 2—离合器 3—缸体 4—配油轴 5—压环
6—滑履 7—柱塞 8—定子 9、10—控制活塞 11—平衡油槽

图 3-22 所示为径向柱塞泵的工作原理图。转子 2 上径向排列着柱塞孔，柱塞 1 可在其中自由滑动。衬套 3 固定在转子孔内，并随转子一起旋转，配油轴 5 固定不动。当转子顺时针方向旋转时，柱塞随转子一起旋转，在惯性作用下紧压在定子 4 的内壁上。由于转子与定子之间存在偏心距 e，所以柱塞在旋转的同时作往复运动，通过配油盘上的 a 吸油孔、b 排油腔、d 吸油孔、c 排油腔完成吸、排油过程。转子每转一周，每个柱塞吸、排油各一次。移动定子改变偏心距 e，便可改变泵的排量。

3.4.3 柱塞泵的特点

由于柱塞泵的柱塞与缸体内孔均是圆柱表面，因此加工方便，配合精度高，密封性好，所以柱塞泵具有压力高、结构紧凑、效率高及流量易于调节等优点。缺点是自吸性差，对油液污染敏感，结构复杂，成本高，常用于高压、大流量和变量的液压系统中，如拉床、液压机、起重设备等液压系统。

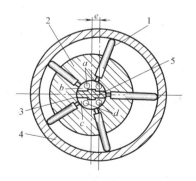

图 3-22 径向柱塞泵的工作原理
1—柱塞 2—转子 3—衬套 4—定子
5—配油轴
a、d—吸油孔 b、c—排油腔
e—偏心距

3.5 螺杆泵

螺杆泵流量均匀，理论上无脉动，噪声低，自吸性能好，并且对油液的污染不敏感，但螺杆的结构复杂，加工精度高，且加工困难，所以螺杆泵主要是用于对流量、压力的均匀性和工作平稳性有较高要求的精密机床液压系统中。

图 3-23 所示为三螺杆泵，螺杆泵主要由泵体的后盖 1、泵体 2、和前盖 5 组合而成，主动螺杆 3 和两根从动螺杆 4 与泵体一起组成密封工作腔。螺杆泵实质上是一种外啮合的螺线齿轮泵，三个互相啮合的双线螺杆装在壳体内，主动螺杆 3 为凸螺杆；两根从动螺杆 4 为凹螺杆。三根螺杆的外圆与壳体对应弧面保持着良好的配合，其间隙很小。在横截面内，它们的尺廓由几对共轭摆线组成，螺杆的啮合线将主动螺杆和从动螺杆的螺旋槽分割成多个相互隔离的密封工作腔。随着螺杆按图 3-23 所示逆时针方向旋转，这些密封工作腔一个接一个地在左端形成，并不断地从左向右移动，至右端消失。主动螺杆每转一周，每个密封工作腔移动一个螺旋导程。密封工作腔在左端形成时容积逐渐增大并吸油，在右端消失时，容积逐渐缩小而将油液压出。螺杆泵的螺杆直径越大，螺杆越长，吸油口和压油口之间的密封层越多，密封就越好，泵的额定压力就越高。

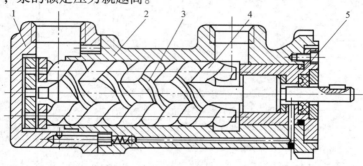

图 3-23　三螺杆泵

1—后盖　2—泵体　3—主动螺杆　4—从动螺杆　5—前盖

螺杆泵具有流量均匀，噪声低，自吸性能好，对油液污染不敏感等优点。缺点是螺杆本身结构复杂，加工较困难。

3.6 液压泵的选用

3.6.1 液压泵的选择原则

首先根据需要，看是否要求变量，如果要求使用变量泵则径向柱塞泵、轴向柱塞泵和单作用式叶片泵可作为首先选择对象；其次是看工作压力，一般低压系统或辅助装置选用低压齿轮泵，中压系统多选用叶片泵，高压系统多选用柱塞泵；再次看实际的工作环境，齿轮泵的抗污染环境是最好的；然后对比噪声指数，低噪声泵有内啮合齿轮、双作用叶片泵和螺杆泵，双作用叶片泵和螺杆泵的瞬时流量最均匀；最后对比各种泵的效率，轴向柱塞泵的总效率最高；同一结构的泵，排量大的泵总效率高，同一排量的泵在额定工况下总效率最高。

常用液压泵的技术性能比较及应用范围见表3-1。

表3-1　常用液压泵的技术性能及应用范围

类型 项目	齿轮泵	双作用叶片泵	限压式变量 叶片泵	轴向柱塞泵	径向柱塞泵	螺杆泵
工作压力/MPa	20	6.3~2.1	<7	20~35	10~20	<10
容积效率	0.70~0.95	0.85~0.95	0.60~0.90	0.90~0.97	0.95	0.70~0.95
总效率	0.65~0.90	0.65~0.85	0.55~0.85	0.80~0.90	0.90	0.70~0.85
流量调节	不能	不能	能	能	能	不能
自吸性	好	较差	较差	较差	差	好
对油液污染的 敏感性	不敏感	敏感	敏感	敏感	敏感	不敏感
噪声	大	小	较大	大	大	很小
应用范围	机床、工程机械、农机、航空机械、船舶等方面	机床、注塑机、液压机、起重运输机械、运输装卸机和工程机械等	机床、注塑机、高精度平面磨床和组合机床等	工程、锻压、矿山、起重、运输等机械	机床、液压机、压力机、拉床、船舶等	精密机床、精密机械、食品机械、化工机械、石油机械、纺织机械等

3.6.2　液压泵的工作压力

液压泵的工作压力 p_B 应满足液压系统中执行机构所需的最大工作压力 p_{max}，即

$$p_B \geqslant K p_{max}$$

式中，K 是管道压力损失系数，一般取 $K = 1.1 \sim 1.5$。

3.6.3　液压泵的流量

液压泵的流量 q_{VB} 应满足液压系统中同时工作的执行机构所需的最大流量之和 $\sum qv_{max}$，即

$$q_{VB} \geqslant K \sum qv_{max}$$

式中，K 是系统泄露系数，一般取 $K = 1.1 \sim 1.3$。

3.6.4　配套电动机的选用

液压泵配套电动机功率 P（kW）的计算公式为

$$P = \frac{p q_{VB}}{6 \eta_B} \times 10^{-7}$$

式中，$p q_{VB}$ 是液压泵同一时间压力与流量乘积的最大值；η_B 是液压泵的总功率。

在液压泵产品样本中，往往附有配套电动机功率数值，这个数值是在额定压力和流量下所需的功率，实际应用中可能达不到，故可根据实际情况计算选用合适的电动机。

3.7 液压泵常见故障及维修

3.7.1 不出油、输油量不足及压力跟不上

1. 故障分析

当液压泵正常工作时，出现了液压泵不出油、输油量不足及压力跟不上的现象时，一般从以下几个方面进行分析：

1）电动机转向不对。

2）吸油管或过滤器被堵塞。

3）轴向间隙或径向间隙过大。

4）连接处泄露或是系统中混入了空气。

5）油液粘度太大或油液的油温升得太高。

2. 解决方法

当液压泵正常工作时，出现了油泵不出油、输油量不足及压力跟不上的现象时，则可以通过以下的方法来进行解决：

1）检查电动机的转向是否正确。

2）疏通管道，清洗过滤器，更换新的油液。

3）检查相关零件，并及时更换有关零件。

4）紧固各连接处螺钉，避免泄露，防止空气混入系统中。

5）正确选用油液，控制油液的温度。

3.7.2 噪声严重、压力波动厉害

1. 故障分析

当液压泵正常工作时，出现噪声严重、压力波动厉害的现象时，一般从以下几个方面进行分析：

1）吸油管及过滤器堵塞或过滤器容量小造成的；

2）吸油管密封处漏气或油液中有气泡造成的；

3）泵与联轴节不同心造成的；

4）油位低造成的；

5）油温低或粘度高造成的；

6）泵轴承受到了损坏造成的。

2. 解决方法

当液压泵正常工作时，出现了噪声严重、压力波动厉害的现象时，则可以通过以下的方法来进行解决：

1）正确选用过滤器并经常清洗过滤器，使吸油管畅通。

2）在连接部位或密封处加油可以减小噪声，还可以拧紧接头或更换密封圈。

3）当泵与联轴节不同心时，则需调整，使其同心。

4）当油位低时，则需及时加油。

5）当油温低时，则把油液加热到适当的温度。

6）检查泵轴承部分油液的温度。

3.7.3 泵轴颈油封漏油

1. 故障分析

当液压泵正常工作时，出现了泵轴颈油封漏油现象时，则漏油管道液体的阻力增大，使泵体内的压力升高到超过油封许用的承受压力。

2. 解决方法

当液压泵正常工作时，出现了泵轴颈油封漏油现象时，则需检查柱塞泵泵体上的泄油口是否用单独油管直接接油箱。如果发现把几台柱塞泵的泄露油管并联在一根同直径的总管后再接通油箱，或者把柱塞泵的泄油管接到总回油管上，则应予以改正。最好的方法是在泵泄露油口处接一个压力表，以检查泵体内的压力，其压力值应小于0.08MPa。

3.8 液压马达

液压马达是液压系统的执行装置，其作用是将液体的压力能转换为机械能从而对负载做功，液压马达与液压泵的区别在于作用上相反，结构上相似，原理上互逆。

3.8.1 液压马达的分类

1）按转速分。可分为高转速液压马达和低速大转矩液压马达，高转速液压马达按结构不同又可分为齿轮式液压马达、叶片式液压马达和柱塞式液压马达三种；而低速大转矩液压马达按结构不同又可分为轴向式液压马达和径向式液压马达。

2）按排量是否可调分。可分为定量液压马达和变量液压马达。

3.8.2 叶片式液压马达

叶片式液压马达的工作原理如图3-24所示。当压力油从油口 a 进入时，叶片8两侧所受液压力平衡，不产生转矩，而叶片1和7由于一侧受压力油作用，另一侧为低压回油口 b 和 d，所受液压力不平衡，故产生转矩，其中叶片1产生顺时针转矩，叶片7产生逆时针转矩。由图3-24可见，叶片1伸出较长，作用面积大，所产生顺时针转矩也大；而叶片7伸出较短，作用面积小，所产生逆时针转矩也小。在这两个转矩的联合作用下，转子按顺时针方向转动，其转矩为两叶片产生的转矩之差。同样，压力油从油口 c 进入时，叶片5和3产生的转矩之差亦推动转子顺时针方向转动，故液压马达的输出转矩是

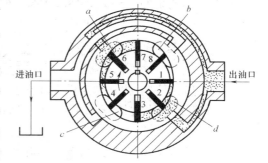

图3-24 叶片式液压马达的工作原理

两组叶片产生的转矩之和。定子内表面的长短半径差值越大，输入液压油的压力越高，输出转矩也就越大。若改变进油方向，液压马达便反向转动。叶片式液压马达通常为双作用式定量液压马达，其输出转矩的大小取决于输入油压的高低，而输出转速的高低取决于输入流量

的大小。

3.8.3 径向柱塞马达

如图 3-25 所示，当压力油经固定的配流轴窗口进入缸体柱塞孔时，压力油便将柱塞推向定子内壁。由于缸体与定子之间存在偏心距 e，在柱塞与定子接触处，定子对柱塞的反作用力 F_N 不通过缸体中心，F_N 可分解为缸体径向力 F_S 和切向力 F_T，其值分别为

$$F_S = p\frac{\pi}{4}d^2$$

$$F_T = F_S\tan\gamma$$

式中，p 是油液压力；d 是柱塞直径；γ 是 F_N 与 F_S 的夹角，与偏心距 e、定子内半径及柱塞位置有关。

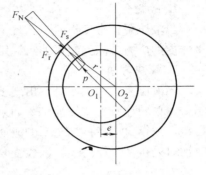

图 3-25 径向柱塞马达的工作原理

切向力 F_T 对缸体产生一力矩，使缸体旋转并通过传动轴输出转矩。压油区内各个柱塞在不同位置产生的切向力不同；各柱塞所产生的转矩之和即为液压马达的输出转矩。

3.8.4 液压马达与液压泵的结构差异

液压马达在结构上与液压泵存在许多差异，主要有以下几点：

1）液压马达是依靠输入压力油来起动的，密封容腔必须有可靠的密封。

2）液压马达往往要求能正、反转，因此它的配流机构应该对称，进、出油口的大小相等。

3）液压马达是依靠泵输出压力来进行工作的，不需要具备自吸能力。

4）液压马达要实现双向转动，高、低压油口要能相互变换，故采用外泄式结构。

5）液压马达应有较大的起动转矩，为使起动转矩尽可能接近工作状态下的转矩，要求马达的转矩脉动小，内部摩擦小，齿数、叶片数、柱塞数比泵多一些。同时，马达轴向间隙补偿装置的压紧力系数也比泵小，以减小摩擦。

虽然马达和泵的工作原理是可逆的，但由于上述原因，即使同类型的泵和马达也一般不能通用。

本 章 习 题

3-1 构成容积泵的基本条件是什么？

3-2 液压泵的常用类型有哪些？哪些是定量泵？哪些是变量泵？其符号分别是什么？

3-3 比较双作用叶片泵与单作用叶片泵在结构和工作原理方面的异同。

3-4 什么是齿轮泵的困油现象？轴向柱塞泵是否也有困油现象？为什么？

3-5 高速马达主要有哪些基本形式？低速马达主要有哪些基本形式？各自的主要特点是什么？

3-6 已知齿轮泵齿数为 17，模数为 3mm，齿宽为 30mm，齿轮泵的转速为 1500r/min，

泵在正常工作时，额定压力下输出的流量为 30L/min。试求齿轮泵的容积效率为多少？

3-7　已知单作用叶片泵的转子外径为 75mm，定子内径为 82mm，叶片的宽度为 25mm，在保证定子和转子之间的最小间隙为 0.2mm 时，此泵的最大排量为多少？

3-8　某齿轮液压马达的排量为 10mL/r，供油压力为 $100 \times 10^5 Pa$，流量为 24L/min，总效率为 75%。试求液压马达输出的理论转矩、理论转速和实际功率各为多少？

第 4 章　液压执行元件

液压缸是液压系统中的执行元件，是把液体的压力能转换成机械能的能量转换装置，用来驱动工作机构实现直线往复远动或往复摆动。

4.1　液压缸的类型及特点

液压缸有多种形式，按结构形式可分为活塞缸、柱塞缸和复合式缸，其中活塞缸又分为单杆活塞缸和双杆活塞缸两种，复合式缸有活塞缸和活塞缸的组合、活塞缸和柱塞缸的组合、活塞缸和机械结构的组合等。液压缸按作用方式可分为双作用液压缸和单作用液压缸两种，单作用式液压缸油液只通缸的一腔，使活塞（或柱塞）做单方向运动，活塞（柱塞）反向运动须靠外力（弹簧或自重）来实现；双作用式液压缸，缸两个方向运动都是靠压力油控制来实现。常用液压缸的类型与符号见表 4-1。

表 4-1　常用液压缸的类型与符号

名　称	符　号	说　明
单作用单杆缸		单作用单杆缸，靠弹簧力返回行程，弹簧腔带连接油口
双作用单杆缸		双作用单杆缸
双作用双杆缸		双作用双杆缸，活塞杆直径不同，双侧缓冲，右侧带调节
双作用膜片缸		带行程限制器的双作用膜片缸
单作用膜片缸		活塞杆终端带缓冲的单作用膜片缸，排气口不连接
单作用柱塞缸		单作用缸，柱塞缸
单作用伸缩缸		单作用伸缩缸
双作用伸缩缸		双作用伸缩缸
双作用带状无杆缸		双作用带状无杆缸，活塞两端带重点位置缓冲

（续）

名　　称	符　　号	说　　明
双作用缆绳式无杆缸		双作用缆绳式无杆缸,活塞两端带可调节终点位置缓冲
形成两端定位的双作用缸		形成两端定位的双作用缸
双杆双作用缸		双杆双作用缸,左终点带内部限位开关,内部机械控制,右终点有外部限位开关,由活塞杆触发
单作用压力介质转换器		单作用压力介质转换器,将气体压力转换成等值的液体压力,反之亦然
单作用增压器		单作用增压器,将气体压力 p_1 转换为更高的液体压力 p_2

4.1.1　活塞式液压缸

1. 双杆活塞液压缸

（1）双杆活塞液压缸结构　双杆活塞液压缸在缸的两端都有活塞杆伸出，如图4-1所示。它主要由活塞1、压盖2、缸盖3、缸体4、活塞5、密封圈6等组成。缸体固定在床身上，活塞杆和支架连在一起，这样活塞杆只受拉力，因而可做得较细。缸体4与缸盖3采用法兰连接，活塞5与活塞杆1采用锥销联接。

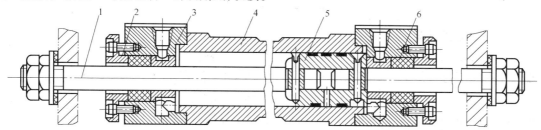

图 4-1　双杆活塞液压缸
1—活塞　2—压盖　3—缸盖　4—缸体　5—活塞　6—密封圈

（2）双杆活塞液压缸的运动速度和推力　双杆液压缸，通常是两个活塞杆相同，活塞两端的有效面积相同。如果供油压力和流量不变，则活塞往复运动的作用力 F 为

$$F = (p_1 - p_2)A = (p_1 - p_2)\frac{\pi}{4}(D^2 - d^2)\tag{4-1}$$

式中，p_1 是液压缸进油压力；p_2 是液压缸回油腔背压力。

由此可知，缸在左右两个方向上所输出的推力是相等的。

速度 v 方向如图4-2所示，其值为

$$v = \frac{4q}{\pi(D^2 - d^2)}\tag{4-2}$$

式中，A 是活塞有效作用面积；D 是活塞直径；d 是活塞杆直径。

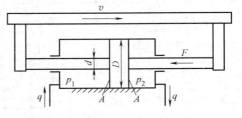

由此可知，缸在左右两个方向上输出的速度相等。

（3）双杆活塞缸的固定方式　若将缸体固定在床身上，如图 4-3a、b 所示，活塞杆和工作台相连，缸的左腔进油，则推动活塞向右运动；反之，缸的右腔进油，推动活塞向左运动。其运动范围为活塞有效行程的三倍，这种连接占地面积较大，一般用

图 4-2　双杆活塞液压缸计算简图

于中、小型设备。若将活塞杆固定在床身上如图 4-4a、b 所示，缸体与工作台相连时，其运动范围为液压缸有效行程的二倍，这种连接占地面积小，常用于大、中型设备中。

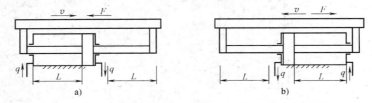

图 4-3　缸体固定

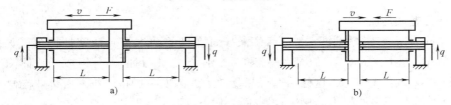

图 4-4　活塞杆固定

2. 单杆活塞液压缸

（1）单杆活塞液压缸的结构　单杆液压缸仅在液压缸的一侧有活塞杆。图 4-5 所示是工程机械设备常用的一种单杆活塞液压缸，主要由缸底 1、活塞 2、O 形密封圈 3、Y 形密封圈 4、缸体 5、活塞杆 6、导向套 7、缸盖 8、防尘圈 9 和缓冲装置 10 等组成。两端进、出油口都可以进、排油，实现双向的往复运动，同双杆活塞液压缸一样为双作用液压缸。

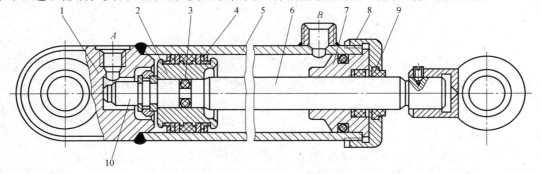

图 4-5　单杆活塞液压缸

1—缸底　2—活塞　3—O 形密封圈　4—Y 形密封圈　5—缸体　6—活塞杆　7—导向套
8—缸盖　9—防尘圈　10—缓冲装置

（2）单杆活塞液压缸的运动速度和推力　由于液压缸两腔的有效面积不等，因此它在两个方向输出的推力 F_1、F_2 及速度 v_1、v_2 也不等，其值与方向如图4-6所示。

$$F_1 = p_1 A_1 - p_2 A_2 = \frac{\pi}{4} D^2 p_1 - \frac{\pi}{4}(D^2 - d^2) p_2 = \frac{\pi}{4}\left[(p_1 - p_2)D^2 + p_2 d^2\right] \quad (4-3)$$

$$F_2 = p_1 A_2 - p_2 A_1 = \frac{\pi}{4} D^2 p_2 = \frac{\pi}{4}\left[(p_1 - p_2)D^2 - P_1 d^2\right] \quad (4-4)$$

$$v_1 = \frac{qv}{A_1} = \frac{4qv}{\pi D^2} \quad (4-5)$$

$$v^2 = \frac{qv}{A_2} = \frac{4qv}{\pi(D^2 - d^2)} \quad (4-6)$$

式中，v_1、v_2 是活塞往复运动的速度；F_1、F_2 是活塞输出的推力；A_1、A_2 是无杆腔和有杆腔的面积；D 是活塞直径（缸体内径）；d 是活塞杆直径。

（3）单杆活塞液压缸的固定方式　单杆活塞液压缸的固定方式如图4-7所示。

若将缸体固定在床身上（见图4-7a），活塞杆和工作台相连，缸的左腔进油，则推动活塞向右运动；反之，缸的右腔进油，推动活塞向左运动。若将活塞杆固定在床身上（见图4-7b），缸体与工作台相连。这两种连接方式的液压缸运动范围都是两倍的行程。

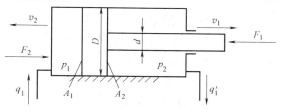

图4-6　单杆活塞液压缸计算简图

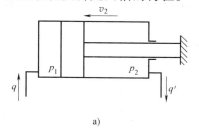
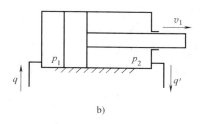

a)　　　　　　　　　　　　b)

图4-7　单杆活塞液压缸的固定方式

（4）单杆活塞液压缸的差动连接　单杆活塞液压缸的差动连接如图4-8所示。当单杆活塞液压缸两腔互通，都通入压力油，由于无杆腔面积大于有杆腔面积，两腔互通压力且相等，活塞向右的作用力大于向左的作用力，这时活塞向右运动，并使有杆腔的油流入无杆腔，这种连接称为差动连接。

差动连接时，活塞杆运动速度为 v_3，输出的推力为 F_3，与非差动连接液压油进入无杆腔时的运动速度 v_1 和输出的推力 F_1 相比，速度变快，推力变小，此时有杆腔流出的流量为 $q' = v_3 A_2$，流入无杆腔的流量为

$$q + q' = v_3 A_1 \quad (4-7)$$

所以

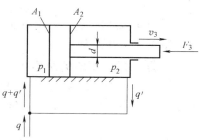

图4-8　单杆活塞液压缸的差动连接

$$v_3 = \frac{q}{A_1 - A_2} = \frac{4q}{\pi d^2} \qquad (4\text{-}8)$$

$$F_3 = p\frac{\pi d^2}{4} \qquad (4\text{-}9)$$

单杆活塞液压缸的差动连接的特点是活塞伸出运动速度较大而推力较小，这种连接方式可用于工作机构的快进，不增加泵容量和功率。

4.1.2 柱塞式液压缸

由于活塞式液压缸内壁精度要求很高，当缸体较长时，孔的精加工较困难，故改用柱塞缸。因柱塞缸内壁不与柱塞接触，缸体内壁可以粗加工或不加工，只要求柱塞精加工即可。

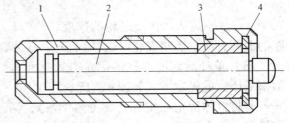

1. 柱塞式液压缸的结构与特点

柱塞式液压缸的结构如图 4-9 所示，它由缸体 1、柱塞 2、导向套 3 和弹簧卡圈 4 等组成，其特点如下：

图 4-9　柱塞式液压缸的结构
1—缸体　2—柱塞　3—导向套　4—弹簧卡圈

1）柱塞与缸筒无配合关系，缸筒内孔不需精加工，具有加工工艺性好、成本低的优点，适用于行程较长的场合。

2）为减轻重量，减少弯曲变形，柱塞常做成空心。

3）柱塞缸只能作单作用缸，即只能实现一个方向的运动，回程要靠外力（如弹簧力、重力）或成对使用。

2. 柱塞式液压缸的推力和运动速度

柱塞式液压缸的推力和运动速度简图如图 4-10 所示。

由图 4-10 可知，柱塞输出的力和速度分别为

$$F = pA = p\frac{\pi}{4}d^2 \qquad (4\text{-}10)$$

$$v = \frac{q}{A} = \frac{4q}{\pi d^2} \qquad (4\text{-}11)$$

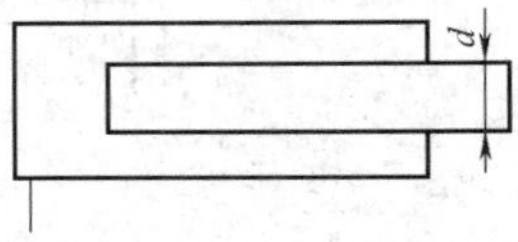

图 4-10　柱塞式液压缸的
推力和运动速度简图

式中，v 是柱塞缸的输出速度；d 是柱塞直径；p 是压力。

4.1.3 摆动式液压缸

摆动式液压缸是输出转矩并实现往复摆动的执行元件，也称为摆动液压马达，分为单叶片式和双叶片式两种。

1. 摆动式液压缸的结构

如图 4-11 所示，摆动式液压缸主要由定子块、缸体、转子、叶片、左右支承盘等主要部件组成。定子块 1 固定在缸体 2 上，叶片 6 和转子 5 连接在一起，当油口相继通压力油时叶片便带动转子作往复摆动。

2. 单叶片式摆动液压缸

图 4-12 所示为单叶片式摆动液压缸，当通入液压油时，它的主轴能输出摆动运动，摆

动角度小于300°，最终输出的是转矩和角速度。单叶片式摆动液压缸常用于辅助装置如送料和转位装置、液压机械手及间歇进给机构。

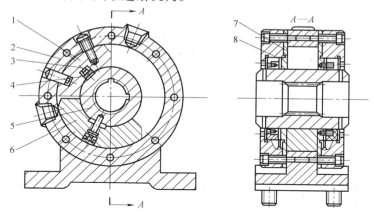

图 4-11　摆动式液压缸的结构

1—定子块　2—缸体　3—弹簧　4—密封镶条　5—转子　6—叶片　7—支承盘　8—盖板

3. 双叶片式摆动液压缸

图 4-13 所示为双叶片式摆动液压缸，双叶片式摆动液压缸的摆动角度一般小于 150°。在相同条件下，双叶片式摆动液压缸输出的转矩是单叶片式摆动液压缸的 2 倍，而输出的角速度是单叶片式摆动液压缸的一半。

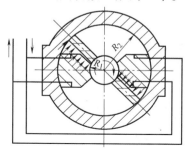

图 4-12　单叶片式摆动液压缸

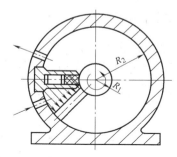

图 4-13　双叶片式摆动液压缸

4.1.4　增压缸

增压缸是活塞缸和柱塞缸组合的复合缸，其示意图如图 4-14 所示。但它不是能量转换装置，只是一个增压器件。

由于活塞的有效面积大于柱塞面积，所以向活塞无杆腔输入低压油时，其关系为

$$\frac{\pi}{4}D^2 p_1 = \frac{\pi}{4}d^2 p_2$$

$$p_2 = \left(\frac{D}{d}\right)^2 p_1 \qquad (4-12)$$

式中，$(D/d)^2$ 是大活塞和小活塞的面积比；p_1、p_2 分别为输入和输出压力。

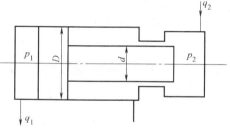

图 4-14　增压缸示意图

一般增压缸作为中间环节，常用于低压系统要求有局部高压油路的场合。

4.1.5 伸缩缸

伸缩缸由两个或多个活塞式缸套装而成，如图 4-15 所示。它的前一级活塞缸的活塞是后一级活塞的缸筒，这种伸缩缸的各级活塞依次伸出，可获得很长的行程。活塞伸出的顺序从大到小，相应的推力也是由大变小，而伸出速度则由慢变快。空载缩回的顺序一般从小到大，缩回后缸的总长较短、结构紧凑，常用于工程机械及自动生产线步进式输送装置。

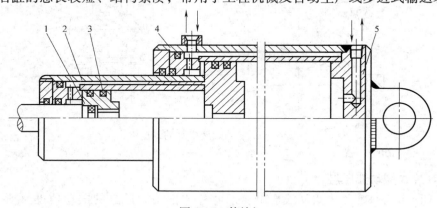

图 4-15　伸缩缸

1—活塞　2—套筒　3—O 形密封圈　4—缸筒　5—缸盖

4.1.6 齿条活塞缸

齿条活塞缸由带有齿条杠的双活塞缸和齿轮、齿条机构所组成，如图 4-16 所示。它将活塞的直线往复运动转变为齿轮的旋转运动，常用于机床的进给机构上。

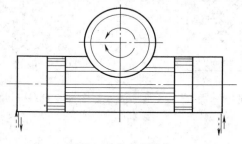

图 4-16　齿条活塞缸

4.2　液压缸的结构

4.2.1　液压缸的典型结构举例

液压缸主要由缸体、缸盖、活塞、活塞杆、密封装置、缓冲装置和排气装置等组成。图 4-17 所示为一个常用的双作用单活塞杆的结构图，它是由缸底 20、缸筒 10、缸盖兼导向套 9、活塞 11 和活塞杆 18 组成。缸筒一端与缸底焊接，另一端缸盖（导向套）与缸筒用卡键 6、套 5 和弹簧挡圈 4 固定，以便拆装检修，两端设有油口 A 和 B。活塞 11 与活塞杆 18 利用卡键 15、卡键帽 16 和弹簧挡圈 17 连在一起。活塞与缸孔的密封采用的是一对 Y 形聚氨酯密封圈 12，由于活塞与缸孔有一定间隙，采用由尼龙 1010 制成的耐磨环（又叫支承环）13 定心导向。活塞杆 18 和活塞 11 的内孔由密封圈 14 密封。较长的导向套 9 则可保证活塞杆不偏离中心，导向套外径由 O 形圈 7 密封，而其内孔则由 Y 形密封圈 8 和防尘圈 3 分别防止油外漏和灰尘带入缸内。缸与杆端销孔与外界连接，销孔内有尼龙衬套抗磨。

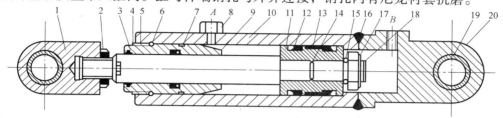

图 4-17　双作用单活塞缸的结构

1—前盖　2—锁紧螺母　3—防尘圈　4—弹簧挡圈　5—套　6、15—卡键　7—O 形圈　8—Y 形密封圈

9—缸盖兼导向套　10—缸筒　11—活塞　12—Y 形聚氨酯密封圈　13—支承环　14—密封圈

16—卡键帽　17—弹簧挡圈　18—活塞杆　19—耳环衬套圈　20—缸底

4.2.2　液压缸的组成

从上面所述的液压缸典型结构中可以看到，液压缸的结构基本上可以分为缸筒和缸盖、活塞和活塞杆、密封装置、缓冲装置和排气装置五个部分，分述如下。

1. 缸筒和缸盖

一般来说，缸筒和缸盖的结构形式和其使用的材料有关，对于缸筒材料一般选用高强度铸铁，但当压力超过 10MPa 时，则需选用无缝钢管，缸筒与端盖的连接形式及其优缺点见表 4-2。

表 4-2　缸筒与端盖的连接形式及其优缺点

法　兰　式		螺　纹　式	
	优点：结构简单、加工方便、维修方便 缺点：高压，需焊接法兰盘，较复杂		优点：重量轻、外径小 缺点：端部复杂、装卸不安全，需专用工具
半　环　式		拉　杆　式	
	优点：结构简单紧凑、工艺性好、装卸方便 缺点：因为有键槽存在，所以键槽削弱了缸体强度		优点：通用性好，结构简单，缸体加工方便 缺点：端盖体积大，重量大，拉杆受力后会产生拉伸变形
焊　接　式			
	优点：尺寸小，结构简单，工艺性好，便于维修 缺点：焊接时会产生变形，并且易造成硬化		

2. 活塞与活塞杆

可以把短行程的液压缸的活塞杆与活塞做成一体，这是最简单的形式。但当行程较长时，这种整体式活塞组件的加工较复杂，所以常把活塞与活塞杆分开制造，然后再连接成一体。

（1）活塞与活塞杆的材料　活塞常用灰铸铁、耐磨铸铁和铝合金等材料制造；活塞杆材料一般选用 35 钢和 45 钢。

（2）活塞与活塞杆的连接形式及优缺点　见表 4-3。

表 4-3　活塞与活塞杆的连接形式及优缺点

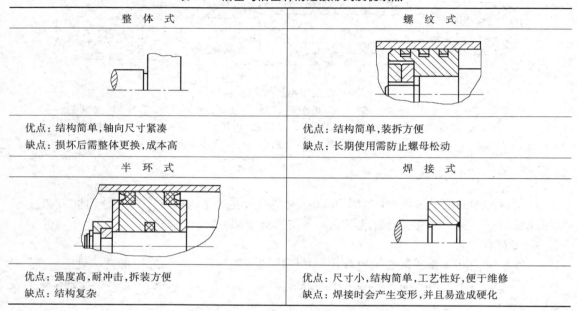

整 体 式	螺 纹 式
优点：结构简单，轴向尺寸紧凑 缺点：损坏后需整体更换，成本高	优点：结构简单，装拆方便 缺点：长期使用需防止螺母松动
半 环 式	焊 接 式
优点：强度高，耐冲击，拆装方便 缺点：结构复杂	优点：尺寸小，结构简单，工艺性好，便于维修 缺点：焊接时会产生变形，并且易造成硬化

3. 密封装置

液压缸中常见的密封装置如图 4-18 所示。图 4-18a 所示为间隙密封，它依靠运动间的微小间隙来防止泄漏；为了提高这种装置的密封能力，常在活塞的表面上制出几条细小的环形槽，以增大油液通过间隙时的阻力；间隙密封结构简单，摩擦阻力小，可耐高温，但泄漏大，加工要求高，磨损后无法恢复原有能力，只有在尺寸较小、压力较低、相对运动速度较高的缸筒和活塞间使用。图 4-18b 所示为摩擦环密封，它依靠套在活塞上的摩擦环（尼龙或其他高分子材料制成），在 O 形密封圈弹力作用下贴紧缸壁而防止泄漏；摩擦环密封效果较好，摩擦阻力较小且稳定，可耐高温，磨损后有自动补偿能力，但加工要求高，装拆较不便，适用于缸筒和活塞之间的密封。图 4-18c、图 4-18d 所示为密封圈（O 形圈、V 形圈等）密封，它

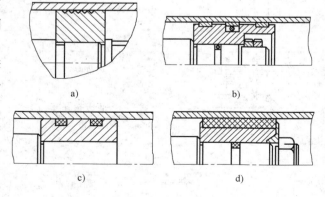

图 4-18　液压缸中常见的密封装置
a）间隙密封　b）摩擦环密封　c）O 形圈密封　d）V 形圈密封

利用橡胶或塑料的弹性使各种截面的环形圈贴紧在静、动配合面之间来防止泄漏；密封圈密封结构简单，制造方便，磨损后有自动补偿能力，性能可靠，在缸筒和活塞之间、缸盖和活塞杆之间、活塞和活塞杆之间、缸筒和缸盖之间都能使用。

对于活塞杆外伸部分来说，由于它很容易把脏物带入液压缸，使油液受污染，使密封件磨损，因此常需在活塞杆密封处增添防尘圈，并放在向着活塞杆外伸的一端。

4. 缓冲装置

（1）设置目的　缓冲装置设置的目的是防止缸中运动部件在行程终端发生碰撞以致受到损坏。

（2）缓冲原理　缓冲柱塞接近缸盖时，在排油腔产生足够大的缓冲压力（回油阻力），从而降低活塞的运动速度，避免发生碰撞。

（3）常用的缓冲装置

1）圆柱环状缝隙缓冲装置　如图4-19a所示，当缓冲柱塞进入缸盖内孔时，被封闭的油液必须通过间隙才能排出，从而增大了回油阻力，使活塞速度降低。这种结构因节流面积不变，所以随活塞速度的降低，其缓冲作用也逐渐减弱。

2）圆锥环状缝隙缓冲装置　如图4-19b所示，缓冲柱塞改为圆锥式，截流面积随行程的增加而减小，其缓冲效果较好。

3）可变节流沟缓冲装置　如图4-19c所示，在缓冲柱塞上开有轴向三角沟，当缓冲柱塞进入缸盖内孔后其截流面积越来越小，缓冲压力变化较平稳。

4）可调节流孔式缓冲装置　如图4-19d所示，通过调节节流口的大小来控制缓冲压力，以适应不同负载对缓冲的要求，当将节流螺钉调整好以后可像环状缝隙缓冲装置那样工作，并有类似特性。当活塞反向运动时，高压油从单向阀进入液压缸，会产生启动缓慢的现象。

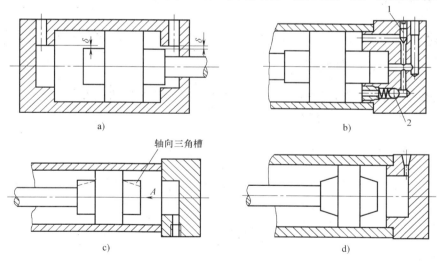

图4-19　液压缸的缓冲装置

4.2.3　排气装置

1. 排气的必要性

液压缸在安装过程中或长时间停放重新工作时，液压缸里和管道系统中会渗入空气，为了防止执行元件出现爬行、噪声和发热等不正常现象，必须设置排气装置。

2. 排气方法

一般可在液压缸的最高处设置进出油口把空气带走，也可在最高处设置如图 4-20a 所示的排气孔或专门的放气阀（见图 4-20b、c）。

对于稳定性要求不高的液压缸，往往不设专门的排气装置，而是采用排气孔法进行排气。将排气孔置于缸体两端的最高处，这样也能利用液流将空气带到油箱而排出。但对于稳定性要求较高的液压缸，常常在液压缸的最高处设专门的排气装置，如排气塞、排气阀等。图4-20b 所示为排气塞，松开螺钉即可排气，将气排完后拧紧螺钉，液压缸便可正常工作。

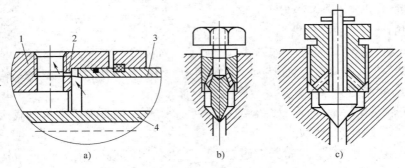

图 4-20　排气装置
1—缸盖　2—排气孔　3—缸体　4—活塞杆

4.3　液压缸的设计与计算

液压缸的主要尺寸包括：液压缸内径 D、活塞杆直径 d 和液压缸缸体长度 L。

4.3.1　液压缸内径 D 的确定

1. 根据最大总负载和选取的最大工作压力来确定液压缸的内径 D

以单杆缸为例：无杆腔进油时，由公式

$$A = \frac{F}{p}$$

又因为

$$A = \frac{\pi}{4}D^2$$

所以

$$D = \sqrt{\frac{4F_1}{\pi(p_1 - p_2)}} - \sqrt{\frac{p_2 d^2}{p_1 - p_2}}$$

有杆腔进油时

$$D = \sqrt{\frac{4F_2}{\pi(p_1 - p_2)}} + \sqrt{\frac{p_1 d^2}{p_1 - p_2}}$$

若初步选取回油压力 $p_2 = 0$，则上面两个式子可简化为

无杆腔

$$D = \sqrt{\frac{4F_1}{\pi p_1}}$$

有杆腔
$$D = \sqrt{\frac{4F_2}{\pi p_1} + \sqrt{d^2}}$$

式中，A 是液压缸的面积；D 是液压缸的内径；d 是活塞杆的直径。

2. 根据执行机构的速度要求和选定的液压泵流量来确定液压缸的内径 D

无杆腔
$$D = \sqrt{\frac{4q}{\pi v_1}}$$

有杆腔
$$D = \sqrt{\frac{4q}{\pi v_1} + d^2}$$

计算所得的液压缸内径应圆整为标准系列值。

4.3.2 活塞杆直径 d

活塞杆直径可根据工作压力或设备类型选取，当液压缸的往复速度比有一定要求时，还可以由式（4-7）计算活塞杆直径 d，即

$$d = D \sqrt{\frac{\varphi - 1}{\varphi}}$$

式中，φ 为速度比，计算公式为 $\varphi = \dfrac{D^2}{D^2 - d^2}$，计算所得的活塞杆直径 d 亦应圆整为标准系列值。

4.3.3 液压缸长度 L

液压缸长度 = 活塞宽度 + 活塞行程 + 导向套长度 + 活塞杆密封长度 + 其他长度

其中，活塞宽度 = $(0.6 \sim 1)D$；导向套长度为 = $(0.6 \sim 1.5)d$。为减少加工难度，一般液压缸缸筒长度不应大于内径的 20 倍。

4.3.4 液压缸强度和刚度校核

液压缸的强度和刚度校核包括缸壁强度、活塞杆强度和压杆稳定性及螺纹强度等项内容。

1. 缸体的壁厚校核

在中、低压系统中，液压缸的壁厚往往由结构、工艺上的要求来确定，一般不作计算。只有压力较高和直径较大时，才有必要校核缸壁最薄处的壁厚强度。

（1）薄壁缸体 当缸体内径 D 和壁厚 δ 之比 $D/\delta > 10$ 时，称为薄壁缸体，可按下式校核

$$\delta \geqslant \frac{p_y D}{2[\sigma]} \tag{4-13}$$

式中，δ 为缸体的壁厚；p_y 为缸体试验压力：当缸体额定压力 $p_n \leqslant 16\text{MPa}$ 时，$p_y = 1.5p_n$，当缸体额定压力 $p_n > 16\text{MPa}$ 时，$p_y = 12.5p_n$；D 为缸体内径；$[\sigma]$ 为缸体材料的许用应力，可查液压设计手册。

（2）厚壁缸体 当缸体壁较厚时，即 $D/\delta < 10$，可按下式校核

$$\delta \geqslant \frac{D}{2}\left(\sqrt{\frac{[\sigma] + 0.4p_y}{[\sigma] - 1.3p_y}} - 1\right) \tag{4-14}$$

2. 液压缸缸盖固定螺栓直径 d_1 的校核

因为液压缸缸盖固定螺栓在工作过程中同时承受拉应力和切应力，所以可直接按下式校核

$$d_1 > \sqrt{\frac{5.2KF}{\pi z \left[\sigma\right]}}$$

3. 活塞杆稳定性验算

当液压缸承受轴向压缩载荷时，若 $l/d < 10$ 时，无需验算；若 $l/d > 10$ 时，应该验算，可按材料力学有关公式进行计算。

4.4 液压缸常见故障及分析

4.4.1 爬行现象

1. 故障分析

当液压缸在正常使用时，出现了爬行现象，则可以从以下八个方面进行分析：

1）空气侵入。

2）液压缸端盖密封圈压得太紧或太松。

3）活塞杆和活塞不同心。

4）活塞杆全长或出现局部弯曲。

5）液压缸的安装位置发生偏移。

6）液压缸内径直线性不良。

7）缸内出现腐蚀或拉毛现象。

8）双活塞杆两端螺帽拧得太紧，使其同心度不良。

2. 解决方法

如果液压缸在正常使用时，出现了爬行现象，可以通过下述方法进行解决：

1）增设排气装置，如无排气装置，可开动液压系统以最大行程使工作部件快速运动，强迫排出空气。

2）调整密封圈，使它不紧不松，保证活塞杆能来回用手平稳地拉动而无泄露现象。

3）校正液压缸与活塞杆的同心度。

4）校直活塞杆。

5）检查液压缸与导轨的平行性并校正。

6）镗磨修复，重配活塞。

7）轻微者修去锈蚀和毛刺，严重者需要镗磨。

8）螺母不宜拧得太紧，一般用手旋紧即可，以保持活塞杆处于自然状态。

4.4.2 冲击现象

1. 故障分析

当液压缸在正常使用时，出现了冲击现象，则可以从下面两个方面进行分析：

1）靠间隙密封的活塞和液压缸间隙不合适，节流阀失去节流作用。

2）端头缓冲的单向阀失灵，缓冲不起作用。

2. 解决方法

如果液压缸在正常使用时，出现了冲击现象，则可以通过下面介绍的方法来进行解决：

1）按规定调整活塞与液压缸的间隙，减少泄漏现象。

2）修正研配单向阀与阀座。

4.4.3　推力不足或工作速度逐渐下降甚至停止现象

1. 故障分析

当液压缸在正常使用时，出现了推力不足或工作速度逐渐下降甚至停止现象时，则可以从下面五个方面进行分析：

1）液压缸和活塞配合间隙太大或 O 形密封圈损坏，造成高低压腔互通。

2）由于工作时经常用工作行程的某一段，造成液压缸孔径直线性不良，致使液压缸两端高低压油互通。

3）缸端油封压得太紧或活塞杆出现弯曲，使摩擦力或阻力增加。

4）油液泄露过多。

5）油温太高，粘度减小，靠间隙密封或密封质量差的液压缸运行速度变慢。若液压缸两端高低压油腔互通，也会出现运行速度逐渐减慢直至停止。

2. 解决方法

如果液压缸在正常使用时，出现了推力不足或工作速度逐渐下降甚至停止现象，可通过下述方法进行解决：

1）单配活塞或液压缸的间隙或更换 O 形密封圈。

2）镗磨修复液压缸孔径，单配活塞。

3）放松油封，以不漏油为限，校直活塞杆。

4）寻找泄露部位，紧固各结合面。

5）分析发热原因，设法散热降温，如密封间隙过大，则需单配活塞或增装密封杆。

本 章 习 题

4-1　试述液压缸的分类及特点。

4-2　双杆活塞液压缸和双作用式单活塞杆液压缸各有什么特点？

4-3　什么是差动连接？差动连接具有怎样的特点？

4-4　液压缸常用的密封方式有哪几种？

4-5　液压缸设置缓冲结构的作用是什么？安装排气塞的作用是什么？

4-6　如图 4-21 所示，液压缸往返运动速度相等（返回油路图中未示出）。已知活塞直径 $D = 0.2\text{m}$，供给液压缸的流量 $q = 6 \times 10^{-4}\text{m}^3/\text{s}$（36L/min），试解答：

1）求液压缸的运动速度 v，并用箭头标出其运动方向。

2）求有杆腔的排油量 $q_{回}$。

4-7　图 4-22 所示的差动连接中，若液压缸左腔有效作用面积 $A_1 = 4 \times 10^{-3}\text{m}^2$，右腔有效作用面积 $A_2 = 2 \times 10^{-3}\text{m}^2$，输入压力油的流量 $q_v = 4.16 \times 10^{-4}\text{m}^3/\text{s}$，压力 $p = 1 \times 10^6\text{Pa}$。

试求：

1）活塞向右运动的速度。

2）活塞可克服的阻力。

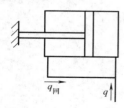

图 4-21　4-6 题图

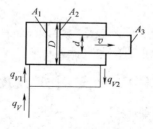

图 4-22　4-7 题图

第5章 液压控制阀

5.1 概述

液压控制阀简称液压阀，是液压传动系统中的控制调节元件，用于控制或调节油液流动的方向、压力或流量，以满足执行元件所需要的运动方向、力（或力矩）和速度，使整个液压系统能按要求协调地进行工作。液压阀性能的优劣、工作是否可靠，对整个液压系统能否正常工作将产生直接影响。

5.1.1 液压控制阀的分类

1. 根据结构形式分类

液压控制阀根据结构形式不同，可分为滑阀式、锥阀式、球阀式、膜片式、喷嘴挡板式等。

2. 根据用途分类

根据用途不同，液压控制阀可分为方向控制阀、压力控制阀、流量控制阀三类。

（1）方向控制阀　用来控制液压系统中油液流动方向，以满足执行元件运动方向的要求，如单向阀、换向阀等。

（2）压力控制阀　用来控制液压系统中的工作压力，或通过压力信号实现控制，如溢流阀、减压阀、顺序阀、压力继电器、组合式压力控制阀等。

（3）流量控制阀　用来控制液压系统中油液的流量，以满足执行元件调速的要求，如节流阀、调速阀等。

上述三类阀可以互相组合，即将其中某些阀组合起来装在一个阀体内构成复合阀，以减少管路连接，使结构更为紧凑，提高系统效率。例如单向阀与减压阀、顺序阀或节流阀组合在一起可以分别构成单向减压阀、单向顺序阀、单向节流阀。

3. 根据安装连接方式分类

根据安装连接方式不同，液压控制阀可分为螺纹式（管式）连接型、板式连接型、法兰式连接型、叠加式连接型、插装式连接型等。

（1）螺纹式（管式）连接　该类阀的油口为螺纹孔，可直接利用油管同其他元件连接，并固定在管路上。该连接方式结构简单、制造方便、重量轻，但拆卸不便，布置分散，且刚性差，仅用于简单液压系统。

（2）板式连接　该类阀的各油口布置在同一安装面上，且为光孔。它用螺钉固定在与阀各油口有对应螺纹孔的连接板上，再通过板上的孔道或与板连接的管接头和管道同其他元件连接。还可把几个阀用螺钉分别固定在一个集成块的不同侧面上，由集成块上加工出的孔道连接各阀组成回路。由于折卸阀时不必折卸与阀相连的其他元件，故这种连接方式应用最广泛。

（3）法兰式连接　该类阀在其油口上制出法兰，通过法兰与管道连接。一般通径大于

$\phi32mm$ 的大流量阀采用法兰式连接，该类阀的各油口均布置在同一安装面上，油口不加工螺纹，而是用螺钉将其固定在有对应油口的连接板上，再通过板上的螺纹孔与管道或其他元件连接。把几个阀用螺钉分别固定在一个通道体的不同侧面上，由通道体上加工出的孔道连接各阀，组成液压集成块，再由集成块的上下面互相连接，组合成系统，就可实现无管集成化连接。由于拆卸方便，连接可靠，刚性好，这种连接方式在机床行业中应用最广泛。

（4）叠加式连接 该类阀的各油口通过阀体上下两个结合面与其他阀相互叠装连接，从而组成回路。阀体内除装有完成自身功能的阀芯外，还加工有油路通道。这种连接结构紧凑，压力损失小，在工程机械中应用较多。

（5）插装式连接 该类阀是将仅由阀芯和阀套等组成的插装式阀芯单元组件，插装在专门设计的公共阀体的预制孔中，再用联接螺纹或盖板固定成一体，并通过阀体内通道把各插装式阀连通组成回路。公共阀体起到阀体和管路通道的双重作用。这是一种能灵活组装、具有一定互换性的新型连接方式，在高压大流量系统中得到广泛应用。

4. 根据控制方式分类

根据控制方式的不同，液压控制阀可分为定值或开关控制阀、比例控制阀、伺服控制阀三类。

（1）定值或开关控制阀 借助手轮、手柄、凸轮、弹簧、电磁铁等来开、关流体通道，定值控制流体的压力或流量。包括普通控制阀、插装阀、叠加阀。

（2）比例控制阀 输出量与输入量成比例，多用于开环控制系统。包括普通比例阀和带反馈的比例阀。

（3）伺服控制阀 以系统输入信号和反馈信号的偏差信号作为阀的输入信号，成比例地控制系统的压力、流量，多用于要求高精度、快速响应的闭环控制系统。包括机液伺服阀、电液伺服阀等。

5.1.2 对液压阀的基本要求

由于液压阀不是对外做功的元件，而是用来实现执行元件所要求的变向、力（或力矩）和速度的要求，因此对液压控制阀的共同要求主要有以下几点：

1）动作灵敏，使用可靠，工作时冲击振动小，使用寿命长。

2）油液通过阀时液压损失要小，密封性能好。

3）结构简单紧凑，安装、维护、调整方便，成本低，通用性好。

5.1.3 液压控制阀的参数与型号

阀的参数主要有规格参数和性能参数，这些参数在出厂标牌上均已注明，是选用液压阀的基本依据。

规格参数表示阀的大小，规定其适用范围。一般用阀进、出油口的名义通径表示，单位为 mm。旧国标中阀的规格参数主要是额定流量。

性能参数表示阀工作的品质特征，包括最大工作压力、开启压力、允许背压、压力调整范围、额定压力损失、最小稳定流量等。这些参数除在产品说明书、标牌上指明外，也反映在阀的型号中。

型号是液压阀的名称、种类、规格、性能、辅助特点等内容的综合标志，用一组规定的字母、数字、符号来表示。型号是行业技术语言的重要部分，也是选用、购销、技术交流过程中常用的依据。详细可查阅机械设计手册。

5.2　方向控制阀

在液压系统中，控制工作液体流动方向的阀称为方向控制阀，简称方向阀。方向控制阀的工作原理是利用阀芯和阀体相对位置的改变，实现油路的接通或断开，以满足系统对油液流向的控制要求。方向控制阀分为单向阀和换向阀两类。

5.2.1　单向阀

单向阀分为普通单向阀和液控单向阀。

1. 普通单向阀

普通单向阀控制油液只能按某一方向流动，而反向截止，简称单向阀。单向阀结构如图5-1 所示，它由阀体 1、阀芯 2、弹簧 3 等组成。当系统压力油从 P_1 进入时，油液压力克服弹簧力，推动阀芯右移，打开阀口，油液从 P_2 流出，当油液从反向进入时，油液压力和弹簧力将阀芯压紧在阀座上，阀口关闭，油液不能通过。

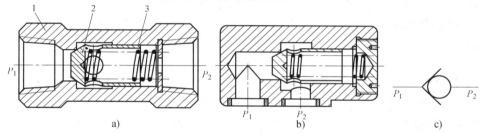

图 5-1　单向阀

a）管式连接　b）板式连接　c）图形符号

1—阀体　2—阀芯　3—弹簧

为了保证单向阀工作灵敏、可靠，单向阀的弹簧应较软，其开启压力一般为 0.035 ~ 0.1MPa。若将弹簧换为硬弹簧，则可将其作为背压阀用，背压力一般为 0.2 ~ 0.6MPa。

对单向阀的主要性能要求如下：

1）动作灵敏，工作时无撞击和噪声。

2）通过液流时压力损失要小，而反向截止时密封性要好；单向阀的弹簧在保证能克服阀芯摩擦力和重力（即惯性力）而复位的前提下，弹簧刚度应尽可能小，从而减小其压力损失。

3）一般而言，弹簧的开启压力为 0.035 ~ 0.1MPa，若将软弹簧更换成合适的硬弹簧安装在液压系统的回油路上，可做背压阀使用，其压力通常为：0.2 ~ 0.6MPa

2. 液控单向阀

图 5-2a 所示为液控单向阀的结构。当控制油口 K 不通压力油时，油液只可以从 P_1 进入、P_2 流出，此时阀的作用与单向阀相同；当控制口 K 通以压力油时，推动活塞 1 并通过

顶杆 2 使阀芯 3 右移，阀即保持开启状态，液流双向都能自由通过。一般控制油的压力不应低于油路压力的 30% ~ 50%。图 5-2b 所示为液控单向阀的图形符号。

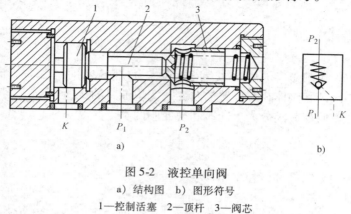

图 5-2 液控单向阀

a）结构图 b）图形符号

1—控制活塞 2—顶杆 3—阀芯

液控单向阀具有良好的单向密封性，常用于执行元件需要长时间保压、锁紧的情况下。这种阀也称为液压锁。

普通单向阀可以装在泵的出口处，防止系统中的流体冲击影响泵工作，还可以用来分隔通道，防止管路间的相互干扰。液控单向阀通常用于保压、锁紧和平衡回路，用于对液压缸进行锁闭、保压，也用于防止立式液压缸停止时的自动下滑。

5.2.2 换向阀

换向阀的作用是利用阀芯位置的变动，改变阀体上各油口的通断状态，从而控制油路连通、断开或改变液流方向。换向阀的用途十分广泛，种类也很多，其分类见表 5-1。

表 5-1 换向阀的分类

分 类 方 式	类 型
按操纵方式	手动、机动、电动、液动、电液动
按工作位置数和通路数	二位二通、二位三通、三位四通、三位五通等
按结构形式	滑阀式、转阀式、锥阀式
按阀的安装方式	管式、板式、法兰式等

由于滑阀式换向阀数量多，应用广泛，具有代表性，下面以滑阀式换向阀为例说明换向阀的工作原理、图形符号、工作特点和操纵方式等。

1. 换向原理及图形符号

图 5-3 所示为滑阀式换向阀，它是靠阀芯在阀体内作轴向运动，从而使相应的油路接通或断开的换向阀。滑阀式换向阀的阀芯是一个具有多个环形槽的圆柱体，其阀体孔内有若干个沉割槽。每条沉割槽都通过相应的孔道与外部连通，其中 P 为进油口，T 为回油口，而 A 和 B 则与液压缸两腔连通。

当阀芯处于图 5-3a 所示相对于阀体左侧位置时，P 与 B 连通、A 与 T 连通，活塞向左运动；当在其控制方式下使阀芯相对于阀体向右移至右侧位置时，P 与 A 连通、B 与 T 连通，活塞向右运动。如此，通过阀芯相对于阀体的运动，可改变相应油口的连通状态，以达到换向的目的。图 5-3b 所示为滑阀式换向阀的图形符号。

表 5-2 列出了几种常用的滑阀式换向阀的结构原理图及图形符号。图形符号表示的含义为：

（1）位数　即图形符号中的方格数，表示阀芯在阀体内的工作位置数，有几个方格就表示有几个工作位置。

（2）通数　即油口通路数，箭头表示两油口连通，但不表示流向。"⊥"表示油口不通。在每个方格内，箭头两端或"⊥"符号与方格的交点数为油口的通路数。几通就表示

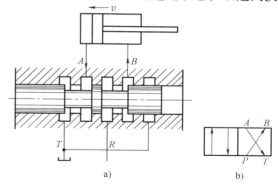

图 5-3　滑阀式换向阀
a）工作原理　b）图形符号

有几根主油管与阀连通。P 表示压力油的进口，T 表示与油箱连通的回油口，A 和 B 表示连接其他工作油路或执行元件的油口。另外可能有泄油口、控制油口，在符号中用虚线表示。

（3）常态位　三位阀的中间格及二位阀侧面画有弹簧的方格为常态位，即阀芯在原始状态下的通路状况。其余方格为经控制操纵后达到的位置。在液压原理图中，换向阀的符号与油路的连接一般应画在常态位上。应注意的是二位二通阀有常开型（常态位置两油口连通）和常闭型（常态位置两油口不连通），要加以区别，而三位阀的中间位置即为常态位。

一个换向阀完整的图形符号还应表示出操纵方式、复位方式和定位方式等。

表 5-2　滑阀式换向阀的结构原理图及图形符号

名　称	结构原理图	图形符号
二位二通		
二位三通		
二位四通		
三位四通		

2. 常用换向阀的操纵方式

换向阀的操纵方式有机动换向、电磁换向、液动换向、电液动换向、手动换向等。

（1）机动换向阀　机动换向阀又称行程换向阀，它依靠安装在运动部件上的挡块或凸轮，推动阀芯移动，实现换向。

图 5-4a 所示为二位二通机动换向阀，在图示位置（常态位），阀芯 3 在弹簧 4 作用下处于上位，P 与 A 不连通；当运动部件上的行程挡块 1 压住滚轮 2 使阀芯移至下位时，P 与 A 连通。

机动换向阀结构简单，换向时阀口逐渐关闭或打开，故换向平稳、可靠、位置精度高。但它必须安装在运动部件附近，一般油管较长。常用于控制运动部件的行程，或快、慢速度的转换。图 5-4b 所示为二位二通机动换向阀的图形符号。

（2）电磁换向阀　电磁换向阀简称电磁阀，它利用电磁铁吸力控制阀芯动作。电磁换向阀包括换向滑阀和电磁铁两部分。

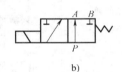

图 5-4　二位二通机动换向阀

a）原理图　b）图形符号

1—行程挡块　2—滚轮　3—阀芯　4—弹簧

电磁铁按使用电源不同可分为交流电磁铁（110V、220V、380V）和直流电磁铁（12V、24V、36V、110V）两种。交流电磁铁的优点是电源简单方便，电磁吸力大，换向迅速；缺点是噪声大，起动电流大，在阀芯被卡住时易烧毁电磁铁线圈。直流电磁铁工作可靠，换向冲击小，噪声小，但需要有直流电源。电磁铁按衔铁是否浸在油里，又分为干式和湿式两种。干式电磁铁不允许油液进入电磁铁内部，因此推动阀芯的推杆处要有可靠的密封。湿式电磁铁可以浸在油液中工作，所以电磁阀的相对运动件之间就不需要密封装置，这就减小了阀芯运动的阻力，提高了滑阀换向的可靠性。湿式电磁铁性能好，但价格较高。

图 5-5a 所示为二位三通电磁换向阀结构图，图示位置为电磁铁不通电状态，即常态位，此时 P 与 A 连通，B 封闭；当电磁铁通电时，衔铁 1 右移，通过推杆 2 使阀芯 3 推压弹簧 4，并移至右端，P 与 B 接通，而 A 封闭。图 5-5b 所示为二位三通电磁换向阀的图形符号。

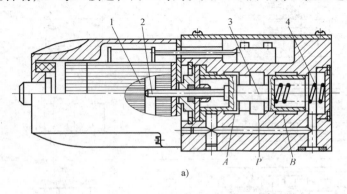

图 5-5　二位三通电磁换向阀

a）结构图　b）图形符号

1—衔铁　2—推杆　3—阀芯　4—弹簧

电磁换向阀就其工作位置来说，有二位、三位等，其中二位阀只有一个电磁铁，工作中靠弹簧复位，三位阀有两个电磁铁，对称分布，其中位的回复也靠弹簧力。图 5-6a 所示为三位四通电磁换向阀；图 5-6b 所示为三位四通电磁换向阀的图形符号。

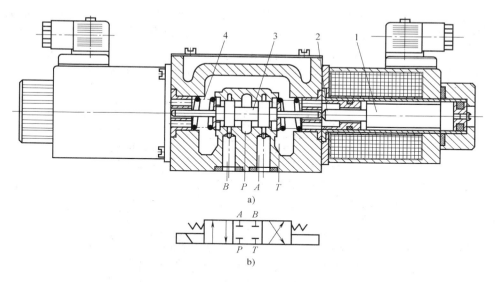

图 5-6　三位四通电磁换向阀
a）结构图　b）图形符号
1—衔铁　2—推杆　3—阀芯　4—弹簧

电磁阀操纵方便，布置灵活，易于实现动作转换的自动化。但因电磁铁吸力有限，换向时有冲击，所以电磁阀只适用于换向不频繁且流量不大的场合。

（3）液动换向阀　液动换向阀利用控制油路的压力油推动阀芯实现换向，因此它可以制造成流量较大的换向阀。

图 5-7a 所示为三位四通液动换向阀结构图。当其两端控制油口 K_1 和 K_2 均不通入压力油时，阀芯在两端弹簧的作用下处于中位；当 K_1 进压力油，K_2 接油箱时，阀芯移至右端，P 与 A 连通，B 与 T 连通；反之，K_2 进压力油，K_1 接油箱时，阀芯移至左端，P 与 B 连通，A 与 T 连通。图 5-7b 为三位四通液动换向阀的图形符号。

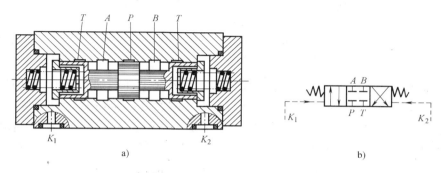

图 5-7　三位四通液动换向阀
a）结构简图　b）图形符号

与电磁换向阀相比，液动换向阀适用于大流量回路（一般阀的通径大于 10mm 时），且换向时间可以调节。液动换向阀经常与机动换向阀或电磁换向阀组合成机液换向阀或电液换向阀，实现自动换向或大流量主油路换向。

（4）电液动换向阀　电液动换向阀是由电磁换向阀和液动换向阀组成的复合阀。电磁换向阀为先导阀，它用来改变控制油路的方向；液动换向阀为主阀，它用来改变主油路的方向。这种阀综合了电磁换向阀和液动换向阀的优点，具有控制方便、流量大的特点。图 5-8a、b、c 所示分别为三位四通电液动换向阀的结构图、图形符号和简化符号。

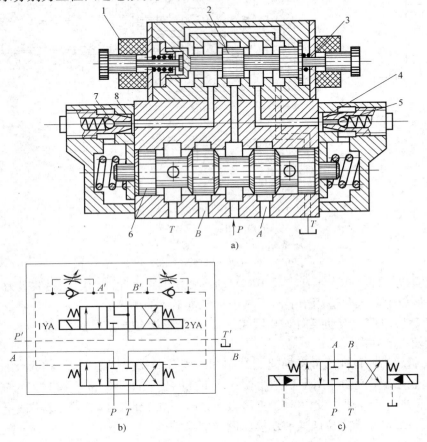

图 5-8　电液动换向阀

a）结构图　b）图形符号　c）简化图形符号

1、3—电磁铁　2—电磁阀阀芯　4、8—节流阀　5、7—单向阀　6—液动阀阀芯

当先导阀的电磁铁 1YA 和 2YA 都断电时，电磁阀阀芯在两端弹簧力作用下处于中位，控制油口 P' 关闭。这时主阀芯两侧的油经两个小节流阀及电磁换向阀的通路与油箱连通，因而主阀芯也在两端弹簧的作用下处于中位。在主油路中 P、A、B、T 互不相通，当 1YA 通电、2YA 断电时，电磁阀阀芯移至右端，电磁阀左位工作，控制压力油经过 $P'\rightarrow A'\rightarrow$ 单向阀 $\rightarrow$ 主阀芯左端油腔，而回油经主阀芯右端油腔 $\rightarrow$ 节流阀 $\rightarrow B'\rightarrow T'\rightarrow$ 油箱。于是，主阀芯在左端液压推力的作用下移至右端，即主阀左位工作，主油路 P 与 A 连通，B 与 T 连通。同理，当 2YA 通电、1YA 断电时，电磁阀阀芯移至左端，电磁阀右位工作，主油路 P 与 B 连

通，A 与 T 连通。液动换向阀的换向速度可由两端节流阀调整，因而可使换向平稳，无冲击。

（5）手动换向阀　手动换向阀如图 5-9 所示，它是用手动杠杆操纵阀芯换位的换向阀，有自动复位式和钢球定位式两种。

图 5-9a 所示为自动复位式换向阀，可用手操作使换向阀左位或右位工作，但当操纵力取消后，阀芯便在弹簧力作用下自动恢复至中位，停止工作。因而适用于换向动作频繁，工作持续时间短的场合。图 5-9b 所示为钢球定位式换向阀，其阀芯端部的钢球定位装置可使阀芯分别停止在左、中、右三个位置上，当松开手柄后，阀仍保持在所需的工作位置上，因而可用于工作持续时间较长的场合。图 5-9c、d 所示分别为手动式和钢球定位式换向阀的图形符号。

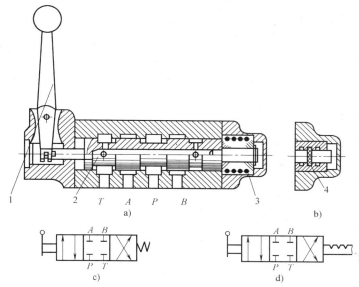

图 5-9　手动换向阀

a）手动自动复位换向阀　b）钢球定位式换向阀　c）手动复位式图形符号　d）钢球定位式图形符号

1—手柄　2—阀芯　3—弹簧　4—钢球

3. 滑阀机能

滑阀式换向阀处于中间位置或原始位置时，各油口的连通方式称为滑阀机能（又称中位机能）。表 5-3 列出了几种常用三位四通换向阀在中位时的结构简图、图形符号、特点及应用。

表 5-3　三位四通换向阀的滑阀机能

形式	结 构 简 图	图 形 符 号	特点及应用
O 型			各油口全部封闭，液压缸被锁紧，液压泵不卸荷，并联缸可运动

（续）

形式	结构简图	图形符号	特点及应用
H型	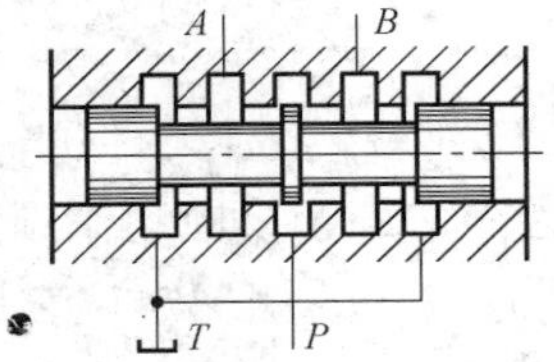	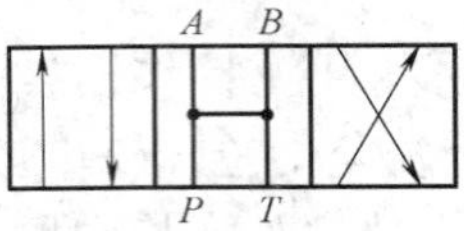	各油口全部连通，液压缸浮动，液压泵卸荷，其他缸不能并联使用
Y型	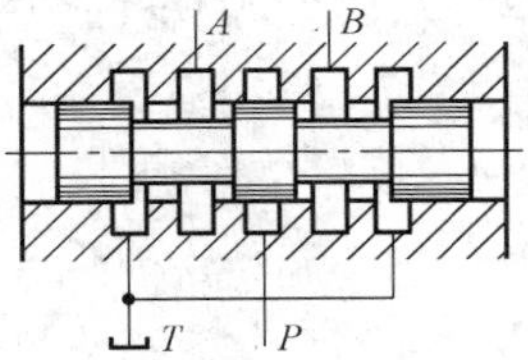	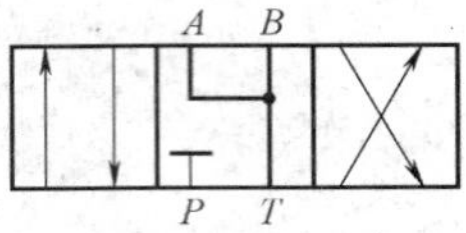	液压缸两腔通油箱，液压缸浮动，液压泵不卸荷，并联缸可运动
P型	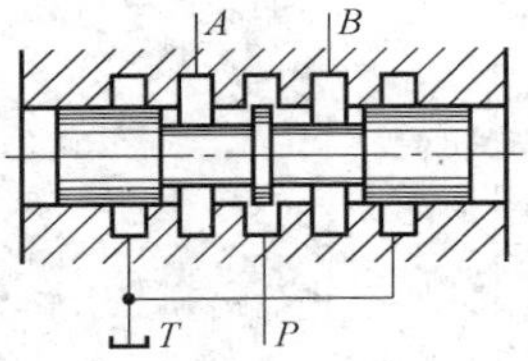	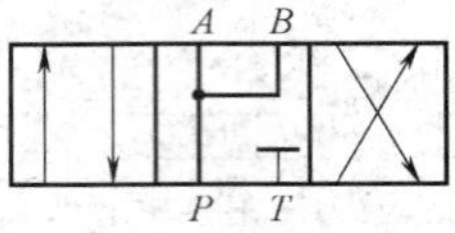	压力油口与液压缸两腔连通，回油口封闭，液压泵不卸荷，并联缸可运动，单杆活塞缸实现差动连接
M型	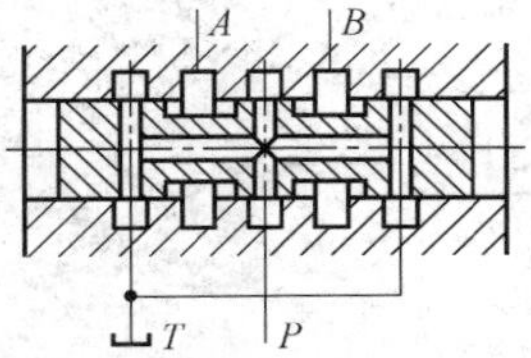	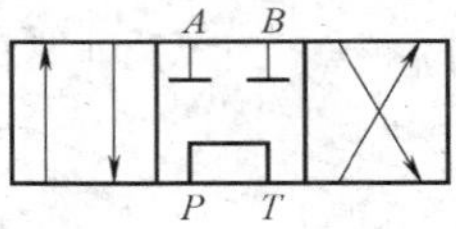	液压缸两腔封闭，液压缸被锁紧，液压泵卸荷，其他缸不能并联使用

5.3 压力控制阀

在液压系统中，控制工作液体压力的阀称为压力控制阀，简称压力阀。它利用作用于阀芯上的液压力和弹簧力相平衡的原理进行工作。按其功能和用途不同分为溢流阀、减压阀、顺序阀和压力继电器等。

5.3.1 溢流阀

溢流阀在液压系统中的功能和用途主要有两个方面：一是起溢流稳压作用，保持液压系统的压力恒定；二是起限压保护作用，防止液压系统过载。溢流阀通常接在液压泵出口处的油路上。根据结构和工作原理不同，溢流阀可分为直动型溢流阀和先导型溢流阀两类。

1. 溢流阀的结构和工作原理

（1）直动型溢流阀　直动型溢流阀是依靠系统中的压力油直接作用在阀芯上而与弹簧

力相平衡，以控制阀芯的启闭动作的溢流阀。

图 5-10a 所示为直动型溢流阀的结构简图，图 5-10b 所示为图形符号。由图可知，P 为进油口，T 为回油口。进油口 P 的压力油经阀芯 3 上的阻尼孔 a 通入阀芯底部，阀芯的下端面便受到压力为 p 的油液的作用，作用面积为 A，压力油作用于该端面上的力为 pA，调压弹簧 2 作用在阀芯上的预紧力为 F_s。当进油压力较小时，阀芯处于下端（图示）位置，P 与 T 断开，即为常闭状态。随着进油压力升高，弹簧被压缩，阀芯上移，打开回油口 T，P 与 T 接通，溢流阀开始溢流。

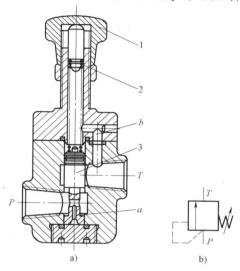

当溢流阀稳定工作时，若不考虑阀芯的自重、摩擦力和液动力的影响，则溢流阀进口压力为

$$p = \frac{F_s}{A}$$

由于 F_s 变化不大，故可以认为溢流阀进口处的压力 p 基本保持恒定，这时溢流阀起定压溢流作用。

调节调压螺母 1 可以改变弹簧的预压缩量，调节 F_s，从而调定溢流阀的工作压力 p。通道 b 使弹簧腔与回油口连通，以排掉泄入弹簧腔的油液，此泄油方式为内泄式。阀芯上阻尼孔 a 的作用是减小油压的脉动，提高阀工作的平稳性。

图 5-10　直动型溢流阀
a）结构简图　b）图形符号
1—调压螺母　2—弹簧　3—阀芯

直动型溢流阀结构简单，制造容易，成本低。但油液压力直接靠弹簧力平衡，所以压力稳定性较差，动作时有振动和噪声。此外，系统压力较高时，要求弹簧刚度大，使阀的开启性能变坏。所以直动型溢流阀只用于低压液压系统，或将阀芯制为锥阀，作为先导阀使用，其结构原理如图 5-11 所示。

（2）先导型溢流阀　图 5-12a、b 所示为先导型溢流阀的结构简图和图形符号，由先导阀和主阀两部分组成。先导阀实际上是一个小流量的直动型溢流阀，阀芯是锥阀，用来调定压力；主阀阀芯是滑阀，用来实现溢流。

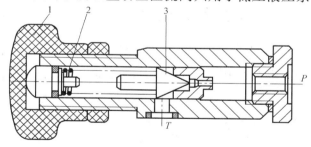

图 5-11　锥阀芯直动型溢流阀
1—调节螺母　2—弹簧　3—锥阀芯

先导型溢流阀是利用主阀芯两端压差作用力与弹簧力平衡原理来进行压力控制的。压力油经进油口 P、通道 a，进入主阀芯 5 底部油腔 A，并经节流小孔 b 进入上部油腔，再经通道 c 进入先导阀右侧油腔 B 给锥阀 3 以向左的作用力，调压弹簧 2 给锥阀以向右的弹簧力。

当油液压力 p 较小时，作用于锥阀 3 上的液压作用力小于弹簧力，先导阀关闭。此时，没有油液流过节流小孔 b，油腔 A、B 的压力相同，在主阀弹簧 4 的作用下，主阀芯处于最下端位置，回油口 T 关闭，没有溢流。

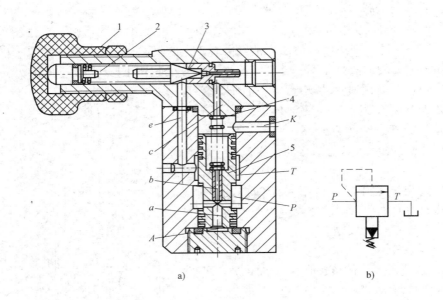

图 5-12 先导型溢流阀

a）结构图   b）图形符号

1—调节螺母   2—调压弹簧   3—先导阀阀芯   4—主阀弹簧   5—主阀芯

当油液压力 p 增大，使作用于锥阀上的液压作用力大于弹簧 2 的弹簧力时，先导阀开启，油液经通道 e、回油口 T 流回油箱。这时，压力油流经节流小孔 b 时产生压力降，使 B 腔油液压力 p_1 小于油腔 A 中油液压力 p，当此压力差产生的向上作用力超过主阀弹簧 4 的弹簧力并克服主阀芯自重和摩擦力时，主阀芯向上移动，进油口 P 和回油口 T 接通，溢流阀溢流。当溢流阀稳定工作时，则溢流阀进口处的压力为

$$p = p_1 + \frac{F_s}{A}$$

由于主阀芯上腔有压力 p_1 存在，且它由先导阀弹簧调定，基本为定值；同时主阀芯上可用刚度较小的弹簧，弹性力 F_s 的变化也较小，所以压力 p 在阀的溢流量变化时变动仍较小。因此，先导型溢流阀克服了直动型溢流阀的缺点，具有压力稳定、波动小的特点，主要用于中、高压液压系统。

2. 溢流阀的应用

溢流阀在液压系统中能分别起到溢流稳压、安全保护、远程调压与多级调压，使泵卸荷以及使液压缸回油腔形成背压等多种作用。

（1）溢流稳压   如图 5-13a 所示，采用定量泵供油系统，液压泵的供油量大于液压缸所需流量，所以在液压缸的进油路或回油路上设置节流阀或调速阀，控制进入液压缸的流量，使液压泵输出的压力油一部分进入液压缸工作，而多余的油液须经溢流阀流回油箱，溢流阀处于其调定压力下的常开状态。调节弹簧的压紧力，也就调节了系统的工作压力。因此，在这种情况下，溢流阀的作用即为溢流稳压。

（2）安全保护   如图 5-13b 所示，采用变量泵供油系统，液压泵供油量随负载大小自动

调节至需要值，系统内没有多余的油液需要溢流，其工作压力由负载决定。溢流阀只有在过载时才打开，对系统起安全保护作用。故该系统中的溢流阀又称作安全阀，且系统正常工作时它是常闭的。

（3）使泵卸荷　如图5-13c所示，当电磁铁通电时，先导型溢流阀的远程控制口 K 与油箱连通，相当于先导阀的调定值为零，此时其主阀芯在进口压力很低时即可迅速抬起，使泵卸荷，以减少能量损耗与泵的磨损。

（4）远程调压　如图5-13d所示，当换向阀的电磁铁不通电时，其右位工作，先导型溢流阀的外控口与低压调压阀连通，当溢流阀主阀芯上腔的油压达到低压阀的调整压力时，主阀芯即可抬起溢流（其先导阀不再起调压作用），即实现远程调压。

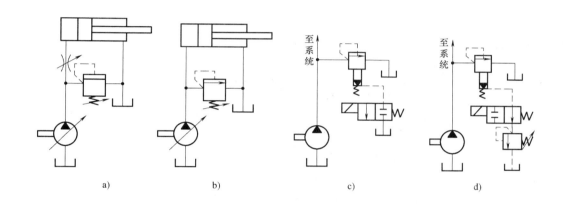

图5-13　溢流阀的应用
a）调压溢流　b）安全保护　c）使泵卸荷　d）远程调压

（5）形成背压　将溢流阀设置在液压缸的回油路上，这样，缸的回油腔只有达到溢流阀的调定压力时，回油路才与油箱连通，使缸的回油腔形成背压，从而避免了当负载突然减小时活塞的前冲现象，提高运动部件运动的平稳性。

（6）多级调压　图5-14a所示为用先导型溢流阀远程控制口控制的四级调压，先导型溢流阀1与溢流阀2、3、4的调定压力都不相同，且阀1调压最高。当系统工作时，若仅电磁铁1YA通电，则系统获得由阀1调定的最高工作压力；若仅1YA、2YA通电，则系统可得到由阀2调定的工作压力；若仅1YA、3YA通电，则系统可得到由阀3调定的工作压力；若仅1YA、4YA通电，则得到由阀4调定的工作压力；若1YA不通电，则阀1的外控口与油箱连通，使液压泵卸荷。这种多级调压及卸荷回路，除阀1以外的控制阀，由于通过的流量很小，仅为控制油路流量，因此可用小规格的阀，结构尺寸较小。图5-14b所示为用直动型溢流阀控制的四级调压，阀1调压最高，且与溢流阀2、3、4的调定压力都不相同，只要控制电磁换向阀电磁铁的通电顺序，就可使系统得到相应的工作压力。这种调压回路的特点是，各阀均应与泵有相同的额定流量，其尺寸较大，因此只适用于流量小的系统。

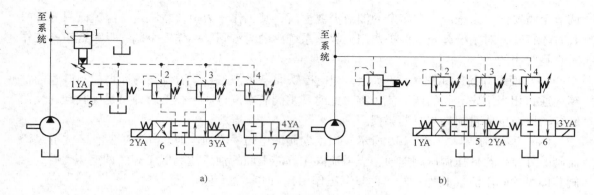

图 5-14　多级调压

a）先导型溢流阀远程多级调压　b）直动型溢流阀多级调压

1—先导型溢流阀　2、3、4—溢流阀　5、6、7—换向阀

5.3.2　减压阀

减压阀的功用是降低液压系统中某一分支油路的压力，使之低于液压泵的供油压力，以满足执行机构（如夹紧、定位油路、制动、离合油路，系统控制油路等）的需要，并保持基本恒定。减压阀根据结构和工作原理不同，分为直动型减压阀和先导型减压阀两类，在此仅介绍先导型减压阀。

先导型减压阀的结构如图 5-15a 所示，其图形符号如图 5-15b 所示。先导型减压阀主要利用油液通过缝隙时的液阻降压。液压系统主油路的高压油液从进油口 P_1 进入减压阀，经节流缝隙 h 减压后的低压油液从出油口 P_2 输出，经分支油路送往执行机构。同时低压油液 p_2 经通道 a 进入主阀芯 5 下端油腔，又经节流小孔 b 进入主阀芯上端油腔，且经通道 c 进入先导阀锥阀 3 右端油腔，给锥阀一个向左的液压力，该液压力与调压弹簧 2 的弹簧力相平衡，从而控制低压油 p_2 基本保持调定压力。

当出油口的油 p_2 低于调定压力时，锥阀关闭，主阀芯上端油腔油液压力 $p_2 = p_3$，主阀弹簧 4 的弹簧力克服摩擦阻力将主阀芯推向下端，节流口 h 增至最大，减压阀处于不工作状态，即常开状态。

当分支油路负载增大时，p_2 升高，p_3 随之升高，在 p_3 超过调定压力时，锥阀打开，少量油液经锥阀口、通道 e，由泄油口 L 流回油箱。由于这时有油液流过节流小孔 b，使 $p_3 < p_2$，在主阀芯上产生压力差 $\Delta p = p_2 - p_3$，当压力差 Δp 所产生的向上的作用力大于主阀芯重力、摩擦力、主阀弹簧的弹簧力之和时，主阀芯向上移动，使节流口 h 减小，p_2 随之下降，直到作用在主阀芯上的各作用力相平衡，主阀芯便处于新的平衡位置。此时，主阀芯受力平衡方程为

$$p_2 A = p_3 A + F_s$$

出口压力为

$$p_2 = p_3 + \frac{F_s}{A} \approx 恒定值$$

式中，F_s 为弹簧预紧力。

先导型减压阀与先导型溢流阀的结构有相似之处，也是由先导阀和主阀两部分组成，两

阀的主要零件可互相通用。其主要区别是：

（1）控制压力的位置不同　减压阀控制出口油液压力，而溢流阀控制进口油液压力。

（2）回油方式不同　由于减压阀的进、出口油液均有压力，所以其先导阀的泄油不能像溢流阀一样流入回油口，而必须设有单独的泄油口。

（3）阀口工作方式不同　减压阀主阀芯在结构中间多一个凸肩（即三节杆），在正常情况下，减压阀阀口开得很大（常开），而溢流阀阀口则关闭（常闭）。

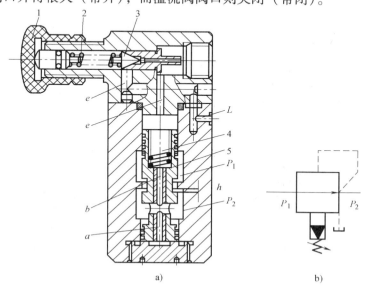

图 5-15　先导型减压阀

a）先导型减压阀　b）图形符号

1—调节螺母　2—调压弹簧　3—锥阀　4—主阀弹簧　5—主阀芯

5.3.3　顺序阀

顺序阀是利用油路中压力的变化控制阀口启闭，以实现执行元件顺序动作的一种压力阀。顺序阀也有直动型和先导型之分；根据控制压力来源不同，可分为内控式和外控式；根据泄油方式不同，可分为外泄式和内泄式。顺序阀基本结构和工作原理与溢流阀类同，对其要求是不工作时密封性要好，工作时油路畅通压力损失小，从阀口不开（不工作）到阀口打开（工作）的过程防止二次压力冲击，阀口过流面积变化应均匀。

1. 顺序阀的结构和工作原理

图 5-16a 为直动型顺序阀的结构图，它由阀体、阀芯、弹簧、控制活塞等零件组成。当其进油口的压力低于弹簧 6 的调定压力时，控制活塞 3 下端油液向上的推力小，阀芯 5 处于最下端位置，阀口关闭，油液不能通过顺序阀流出。当其进油口的压力达到弹簧 6 的调定压力时，阀芯 5 抬起，阀口开启，压力油便能通过顺序阀流出，使阀后的油路工作。这种顺序阀利用其进油口压力控制，称为普通顺序阀（也称为内控式顺序阀），其图形符号如图 5-16b 所示。由于泄油口要单独接回油箱，这种连接方式称为外泄式。

若将下阀盖 2 相对于阀体转过 90°或 180°，将螺塞 1 拆下，在该处接控制油管并通入控制油，则阀的启闭便可由外供控制油控制。这时即成为外控式顺序阀，其图形符号如图5-16c 所示。若再将上阀盖 7 转过 180°，使泄油口处的小孔 a 与阀体上的小孔 b 连通，将泄油口用螺塞封住，并使顺序阀的出油口与油箱连通，则顺序阀就成为卸荷阀，其泄油可由阀的出油口流回油箱，这种连接方式称为内泄式，卸荷阀的图形符号如图5-16d 所示。

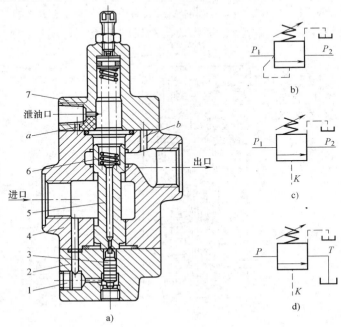

图 5-16　直动型顺序阀

1—螺塞　2—下阀盖　3—控制活塞　4—阀体　5—阀芯　6—弹簧　7—上阀盖

2. 顺序阀的应用

顺序阀既可以用来实现顺序动作，也可以作平衡阀使用。

（1）作顺序阀用　机床夹具上用顺序阀实现工件先定位后夹紧的顺序动作，如图 5-17 所示。当电磁换向阀的电磁铁由通电状态断电时，压力油先进入定位缸的下腔，缸上腔回油，活塞向上运动，实现定位。这时由于压力低于顺序阀的调定压力，因而压力油不能进入夹紧缸下腔，工件不能夹紧。当定位缸活塞停止运动时，油路压力升高到顺序阀的调定压力时，顺序阀开启，压力油进入夹紧缸的下腔，缸上腔回油，活塞向上移动，将工件夹紧。实现了先定位后夹紧的顺序要求。当电磁换向阀的电磁铁在通电时，压力油同时进入定位缸、夹紧缸上腔，两缸下腔回油（夹紧缸经单向阀回油），使工件松开。

（2）作平衡阀用　图 5-18a 所示为采用单向顺序阀作平衡阀。根据用途，要求顺序阀的调定压力应稍大于工作部件的自重在液压缸下腔形成的压力。这样，当换向阀处于中位，液压缸不工作时，顺序阀关闭，工作部件不会自行下滑。当换向阀左位工作时，液压缸上腔通压力油，下腔的背压大于

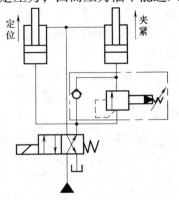

图 5-17　定位、夹紧顺序动作

顺序阀的调定压力时，顺序阀开启，活塞与运动部件下行，由于自重得到平衡，故不会产生超速现象。当换向阀右位工作时，压力油经单向阀进入液压缸下腔，缸上腔回油，活塞及工作部件上行。这种回路采用 M 型中位机能换向阀，可使液压缸停止工作时，缸上下腔油被封闭，从而有助于锁紧工作部件，另外还可以使泵卸荷，以减少能耗。另外，由于下行时回油腔背压大，必须提高进油腔工作压力，所以功率损失较大。它主要用于工作部件重量不变，且重量较小的系统，如立式组合机床、插床和锻压机床的液压系统中均有应用。

图 5-18b 所示为采用外控单向顺序阀作平衡阀，它适用于工作部件的重量变化较大的场合，如起重机立式液压缸的油路。当换向阀右位工作时，压力油进入缸下腔，缸上腔回油，使活塞上升吊起重物。当换向阀处于中位时，缸上腔卸压，液控顺序阀关闭，缸下腔油被封闭，因而不论其重量大小，活塞及工作部件均能停止运动并被锁住。当换向阀右位工作时，压力油进入缸上腔，同时进入液控顺序阀的外控口，使顺序阀开启，液压缸下腔可顺利回油，于是活塞下行，放下重物。由于背压较小，因而功率损失较小。下行时，若速度过快，必然使缸上腔油压降低，顺序阀控制油压也降低，因而液控顺序阀在弹簧力的作用下关小阀口，使背压增加，阻止活塞下降。故也能保证工作安全可靠。但由于下行时液控顺序阀处于不稳定状态，其开口量有变化，故运动的平稳性较差。

以上两种平衡回路，由于顺序阀总有泄漏，故在长时间停止时，工作部件仍会有缓慢下移。为此，可在液压缸与顺序阀之间加一个如图 5-18c 所示的液控单向阀，以减少泄漏影响。

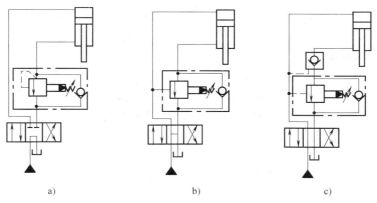

a)　　　　　　　b)　　　　　　　c)

图 5-18　采用顺序阀的平衡回路

5.3.4　压力继电器

压力继电器是将液压信号转换为电信号的转换元件，其作用是根据液压系统的压力变化自动接通或断开有关电路，以实现对系统的程序控制和安全保护功能。

图 5-19a、b 所示为压力继电器的原理图和图形符号。控制油口 K 与液压系统相连通，当油液压力达到调定值（开启压力）时，薄膜 1 在液压作用力作用下向上鼓起，使柱塞 5 上升，钢球 2、8 在柱塞锥面的推动下水平移动，通过杠杆 9 压下微动开关 11 的触销 10，接通电路，从而发出电信号。当控制油口 K 的压力下降到一定数值（闭合压力）时，弹簧 6 和 4（通过钢球 2）将柱塞压下，这时钢球 8 落入柱塞的锥面槽内，微动开关的触销复位，

将杠杆推回，电路断开。发出信号时的油液压力可通过调节螺钉7，改变弹簧6对柱塞5的压力进行调定。开启压力与闭合压力之差值称为返回区间，通过调节螺钉3调整弹簧4的预压缩量，从而改变柱塞移动时的摩擦阻力，可使返回区间在一定范围内改变。

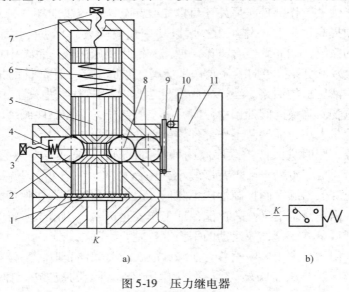

图 5-19　压力继电器

a）原理图　b）图形符号

1—薄膜　2、8—钢球　3、7—调整螺钉　4、6—弹簧　5—柱塞　9—杠杆　10—触销　11—微动开关

5.4　流量控制阀

在液压系统中，通过改变阀口通流截面积来调节通过阀的流量，从而控制执行元件运动速度，这类阀称为流量控制阀，简称流量阀。常用的流量控制阀有节流阀、调速阀等。节流阀是最基本的流量控制阀。

5.4.1　节流阀

1. 流量控制工作原理

油液流经小孔、狭缝或毛细管时，会产生较大的液阻，通流面积越小，油液受到的液阻越大，通过阀口的流量就越小，所以，改变节流口的通流面积，使液阻发生变化，就可以调节流量的大小，这就是流量控制的工作原理。

实验证明，节流口的流量特性可以用下列通式表示

$$q = KA\Delta p^{m}$$

式中，q 表示通过节流口的流量，A 为节流口的通流面积，Δp 表示节流口前后的压力差，K 为流量系数，m 取决于孔口形式。

事实证明，影响通过节流阀流量的因素很多，其中主要有以下几个方面：

1）压力差 Δp 对流量的影响。节流阀两端压力差 Δp 变化时，通过它的流量也随之改变，由流量特性公式可知，通过薄壁小孔的流量受压差的影响最小。

2）温度对流量的影响。油温直接影响到油液的粘度，对于细长孔，油温变化时，流量

也随之改变；对于薄壁小孔，粘度对流量几乎没有影响，故油温变化时，流量只受液体密度的影响，其流量基本不变。

3）孔口形状对流量的影响。节流阀节流口的形式很多，图 5-20 所示为常用的几种节流阀口。在应用中，节流阀口可能因油液中的杂质或由于油液氧化后析出胶状物而局部堵塞，改变原节流口面积的大小，使流量发生变化。尤其阀口开口量较小时，这一影响更为突出。

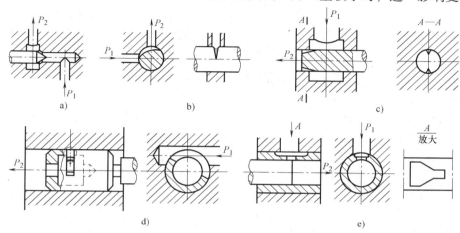

图 5-20　节流口的形式

a）针阀式　b）偏心式　c）轴向三角槽式　d）周向缝隙式　e）轴向缝隙式

2. 节流阀的结构及工作原理

图 5-21a 所示为节流阀的基本结构，其节流口采用轴向三角槽形式；图 5-21b 所示为节流阀的图形符号，压力油从进油口 P_1 流入，经阀芯 3 左端的节流沟槽，从出油口 P_2 流出。转动手柄 1，通过推杆 2 使阀芯 3 作轴向移动，可改变节流口通流截面积，实现流量的调节。弹簧 4 的作用是使阀芯向右抵紧在推杆上。

这种节流阀结构简单，制造容易，体积小，但负载和温度的变化对流量的稳定性影响较大，因此只适用于负载和温度变化不大或执行机构速度稳定性要求较低的液压系统。

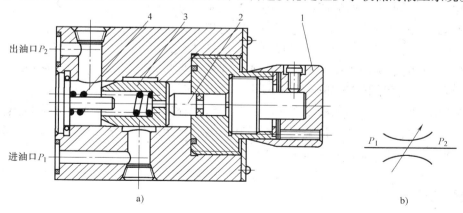

图 5-21　节流阀

a）基本结构　b）图形符号

1—手柄　2—推杆　3—阀芯　4—弹簧

5.4.2　调速阀

使用节流阀对输出元件进行调速，其缺点是：当节流阀开口调定时，负载的变化直接影响其输出速度，所以节流阀只适用于负载变化不大或对稳定性要求不高的场合。调速阀是由一个定差减压阀和一个节流阀串联组合而成。节流阀用来调节流量，定差减压阀用来保证节流阀前后的压力差 Δp 不受负载变化的影响，从而使通过节流阀的流量保持稳定。

图 5-22a 所示为定差减压阀 1 与节流阀 2 串联组成的调速阀的工作原理。若减压阀进口压力为 p_1，出口压力为 p_2，节流阀出口压力为 p_3，则减压阀 a 腔、b 腔油压为 p_2，c 腔油压为 p_3。若减压阀 a、b、c 腔有效工作面积分别为 A_1、A_2、A，则 $A = A_1 + A_2$。节流阀出口的压力 p_3 由液压缸的负载决定。

当减压阀阀芯在其弹簧力 F_s、油液压力 p_2 和 p_3 的作用下处于某一平衡位置时，则有

$$p_2 A_1 + p_2 A_2 = p_3 A + F_s$$

即

$$\Delta p = p_2 - p_3 = \frac{F_s}{A} \approx 常量$$

由于弹簧刚度较低，且工作过程中减压阀阀芯位移很小，可以认为 F_s 基本不变。当负载增加，使 p_3 增大的瞬间，减压阀右腔推力增大，其阀芯左移，阀口开大。阀口液阻减小，使 p_2 也增大，p_2 与 p_3 的差值 $\Delta p = p_2 - p_3$ 保持不变。当负载减小，p_3 减小时，减压阀阀芯右移，p_2 也减小，其差值也

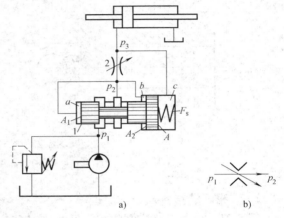

图 5-22　调速阀的工作原理
a) 工作原理　b) 图形符号
1—减压阀阀芯　2—节流阀

不变。因此，当节流阀通流面积 A 不变时，通过它的流量为定值。即无论负载如何变化，只要节流阀通流截面不变，液压缸的速度就会保持恒定值。因此调速阀适用于负载变化较大，速度平稳性要求较高的液压系统。图 5-22b 所示为调速阀的图形符号。

当调速阀的出口堵住时，其节流阀两端压力相等，减压阀阀芯在弹簧力的作用下移至最左端，阀开口最大。因此，当将调速阀出口迅速打开时，因减压阀口来不及关小，不起减压作用，会使瞬时流量增加，使液压缸产生前冲现象。为此有的调速阀在减压阀体上装有能调节减压阀阀芯行程的限位器，以限制和减小这种启动时的冲击。

对速度稳定性要求较高的液压系统，需要用温度补偿调速阀。这种阀中有由热膨胀系数较大的聚氯乙烯做成的推杆，当温度升高时其受热伸长使阀口关小，以补偿因油变稀、流量变大造成的流量增加，维持其流量基本不变。

5.5　比例阀

电液比例阀简称比例阀，它是一种把输入的电信号按比例地转换成力或位移，从而对压力、流量等参数进行连续控制的一种液压阀。

比例阀由直流比例电磁铁与液压阀两部分组成。其液压阀部分与一般液压阀差别不大，而直流比例电磁铁和一般电磁阀所用的电磁铁不同，直流比例电磁铁要求吸力（或位移）与输入电流成比例。比例阀按用途和结构不同可分为比例溢流阀、比例调速阀、比例方向阀三大类。

与普通液压阀相比，比例阀的优点是：油路简化，元件数量少；能简单地实现远距离控制，自动化程度高；能连续地、按比例地对油液的压力、流量或方向进行控制，从而实现对执行机构的位置、速度和力的连续控制，并能防止或减小压力、速度变换时的冲击。

比例阀广泛应用于要求对液压参数连续控制或程序控制，但不需要很高控制精度的液压系统中。

1. 比例溢流阀

用比例电磁铁代替溢流阀的调压手柄，构成比例溢流阀。如图 5-23 所示，其下部为溢流阀，上部为比例先导阀。比例电磁铁的衔铁 4 通过顶杆 6 控制先导锥阀 2，从而控制溢流阀阀芯上腔压力。使控制压力与比例电磁铁输入电流成比例。其中，手调先导阀 9 用来限制比例溢流阀最高压力；远程控制口 K 可进行远程控制。同理也可组成比例顺序阀和比例减压阀。

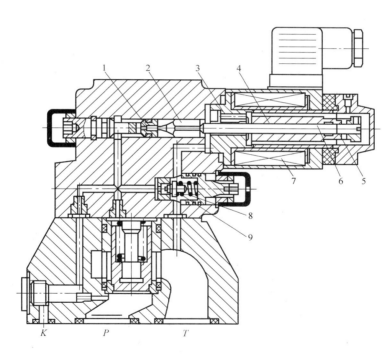

图 5-23　先导型比例溢流阀
1—先导阀座　2—先导锥阀　3—极靴　4—衔铁　5、8—弹簧
6—顶杆　7—线圈　9—手调先导阀

2. 比例调速阀

用比例电磁铁代替节流阀或调速阀的手动调节部分，即成为比例节流阀或比例调速阀。

它能使比例电磁铁输出的推力转变为位移，实现用电信号控制阀的开口度，从而控制油液流量。

图 5-24 所示为电磁比例调速阀的结构原理图，由比例电磁铁和调速阀组成，其工作原理与普通调速阀相同，不同的只是节流阀的开口大小由比例电磁铁控制。当电流输入电磁铁时，由位置输出型比例电磁铁驱动节流阀芯 3 产生位移，节流阀芯上的圆孔与阀套沉割槽构成节流阀口（常闭）；定差减压阀芯 4 上的沉割槽与阀套上的圆孔构成定差减压阀口（常开），定差减压阀芯底端面经动态阻尼孔 5 与阀进口 A 连通，B 为阀的出口。

3. 比例方向阀

用比例电磁铁代替普通二位四通电磁换向阀中的电磁铁，并在制造时严格控制阀芯和阀体上轴肩与凸肩的轴向尺寸，便成为比例方向阀，如图 5-25 所示，其阀芯的行程可以与输入电流对应连续地或按比例地改变。阀芯上的轴肩可以作成三角形阀口，因此，利用比例换向阀，不仅能改变执行元件的运动方向，还能通过控制换向阀的阀芯位置来调节阀口的开口度，从而控制流量，故它兼有方向控制和流量控制双重功能。

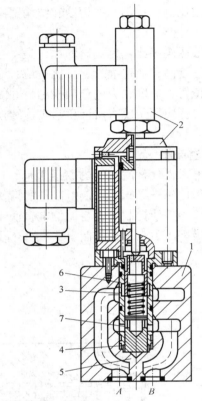

图 5-24　比例调速阀
1—阀体　2—动态位置比例电磁铁　3—节流阀芯
4—定差减压阀芯　5—动态阻尼孔
6—节流阀口　7—减压阀口

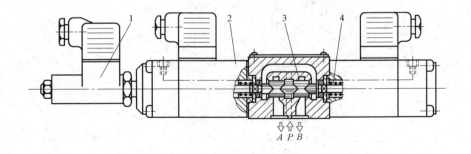

图 5-25　电反馈直动型比例方向阀
1—位移传感器　2—比例电磁铁　3—阀芯　4—弹簧

5.6 插装阀

插装阀是一种以锥阀为基本单元的新型液压元件，由于这种阀具有通、断两种状态，可以进行逻辑运算，故又称为逻辑阀。插装阀与各种先导阀组合，便可组成方向控制阀、压力控制阀和流量控制阀。

插装阀与一般液压阀相比，具有以下优点：

1）插装式元件已标准化，将几个插装式锥阀单元组合到一起便可构成复合阀。

2）通油能力大，特别适用于大流量的场合，插装式锥阀的最大通径可达 250mm，通过的流量可达到 10000L/min。

3）动作速度快，因为它靠锥面密封而切断油路，阀芯稍一抬起，油路立即接通。此外，阀芯行程较短，且比滑阀阀芯轻，因此动作灵敏，特别适合于高速开启的场合。

4）密封性好，泄漏小。

5）结构简单，制造容易，工作可靠，不易堵塞。

6）一阀多能，易于实现元件和系统的标准化、系列化和通用化，并可简化系统。

7）可以按照不同的进出流量分别配置不同通径的锥阀，而滑阀必须按照进出油量中较大者选取。

8）易于集成，通径相同的插装阀集成与等效的滑阀集成相比，前者的体积和重量大大减小，且流量越大，效果越显著。

1. 插装阀的工作原理

插装阀的结构如图 5-26a 所示，它由阀块体 1、插装单元（由阀套 2、阀芯 3、弹簧 4 及密封件组成）、控制盖板 5 和先导控制阀 6 组成。插装阀的工作原理相当于一个液控单向阀。

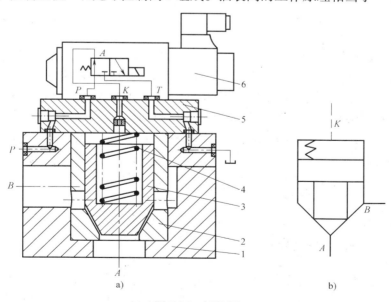

图 5-26　插装阀
a）基本结构　b）图形符号
1—阀块体　2—阀套　3—阀芯　4—弹簧　5—控制盖板　6—先导控制阀

图 5-26 中 A 和 B 为主油路的两个工作油口，K 为控制油口（与先导阀相接）。当 K 口无液压力作用时，阀芯受到的向上的液压力大于弹簧力，阀芯开启，A 与 B 连通，至于液流的方向，视 A、B 口的压力大小而定。反之，当 K 口有液压力作用时，且 K 口的油液压力大于 A 和 B 口的油液压力，才能保证 A 与 B 之间关闭。插装阀的图形符号如图 5-26b 所示。

2. 插装阀的应用

（1）插装式方向控制阀　插装式方向控制阀可以作单向阀用，也可以作换向阀用。

1）作单向阀。将控制油口 K 与 A 或 B 连接，即成单向阀。连接方法不同其导通方式也不同。如图 5-27a 所示，A 与 K 连通，当 $p_A > p_B$ 时，锥阀关闭，A、B 不通；当 $p_A < p_B$ 时，锥阀开启，油液由 B 流向 A。如图 5-27b 所示，B 与 K 连通，当 $p_A < p_B$ 时，锥阀关闭，A、B 不通；当 $p_A > p_B$ 时，锥阀开启，油液由 A 流向 B。

若在控制盖板上接一个二位三通液动换向阀，用以控制插装锥阀控制油口 K 的通油状态，即成为液控单向阀，如图 5-28 所示，当换向阀的控制油口 K 不通压力油，换向阀为左位（图 5-28 示位置）时，油液只能由 A 流向 B；当换向阀的控制油口 K 通入压力油，换向阀为右位时，锥阀上腔与油箱连通，油液也可由 B 流向 A。

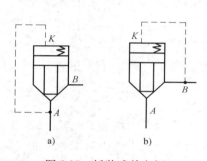

图 5-27　插装式单向阀

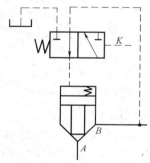

图 5-28　插装式液控单向阀

2）作换向阀。用小规格二位三通电磁换向阀来控制油口 K 的通油状态，即成为能通过高压大流量的二位二通换向阀，如图 5-29 所示。当电磁换向阀左位（图示位置）时，油液只能由 B 流向 A；当电磁铁通电换为右位时，油口 K 与油箱连通，油液也可由 A 流向 B。

（2）插装式压力控制阀　对插装式锥阀的控制油口 K 的油液进行压力控制，即可构成各种压力控制阀，其结构原理如图 5-30 所示。用直动型溢流阀作为先导阀来控制插装式主阀，在不同的油路连接下便构成不同的插装式压力阀。在图 5-30a 中，插装锥阀 1 的 B 油口与油箱接通，其控制油口 K 与先导阀 2 相连，先导阀 2 的出油口与油箱接通，这样就构成了插装式溢流阀。即当插装锥阀与油口 A 连接的油腔压力升高到先导阀 2 的调定压力时，先导阀打开油液流过主阀芯阻尼孔 a 时造成两端压力差，使

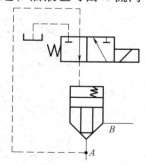

图 5-29　插装式二位二通换向阀

主阀芯抬起，油口 A 的压力油便经主阀开口由油口 B 溢回油箱，实现稳压溢流。如果用比例溢流阀代替直动型溢流阀，则可构成插装式比例溢流阀；若主阀采用油口常开的圆锥阀芯，可构成插装式减压阀。

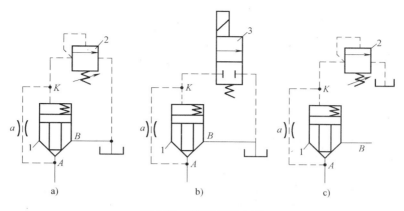

图 5-30　插装式压力阀

a）插装式溢流阀　b）插装式卸荷阀　c）插装式顺序阀

1—锥阀　2—先导阀　3—电磁阀

在图 5-30b 中，插装锥阀 1 的 B 油口与油箱接通，其控制油口 K 接二位二通电磁换向阀 2，即构成了插装式卸荷阀。当电磁阀 2 通电，使锥阀控制油口 K 接通油箱时，锥阀芯抬起，A 口油液便在很低的油压下流回油箱，实现卸荷。在图 5-30c 中，插装锥阀 1 的 B 油口接压力油路，控制油口 K 接先导阀 2，便构成插装式顺序阀。即当 A 油口压力达到先导阀的调定压力时，先导阀打开，控制油口的油液经先导阀流回油箱，油液流过主阀芯阻尼孔 a，造成主阀两端压差，使主阀芯抬起，油口 A 压力油便经主阀开口由 B 流入阀后的压力油路。

（3）插装式流量控制阀　在插装锥阀的盖板上，增加阀芯行程调节装置，调节阀芯开口的大小，就构成了一个插装式可调节流量阀，如图 5-31 所示，其锥阀芯上开有三角槽，用以调节流量。若在插装节流阀前串联一差压式减压阀，就可组成插装调速阀。若用比例电磁铁取代插装节流阀的手调装置，即可组成插装比例节流阀。不过在高压大流量系统中，为减少能量损失，提高效率，仍采用容积调速。

由于插装式阀液压系统所用的电磁铁数目较一般液压系统有所增加，因而主要用于流量较大系统或对密封性能要求

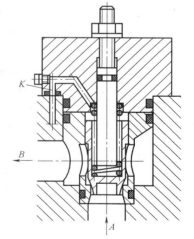

图 5-31　插装式可调节流量阀

较高的系统，对于小流量以及多液压缸无单独调压要求的系统和动作要求简单的液压系统，不宜采用插装式锥阀。

5.7　叠加阀

叠加式液压阀简称叠加阀，它是在板式阀集成化基础上发展起来的集成式液压元件。它既具有板式液压阀的功能，又有自身的特性，即阀体本身除容纳阀芯外，还兼有通道体的作用，每个阀体上都制造有公共油液通道，各阀芯相应油口在阀体内与公共油道相接，从而能

用其阀体的上、下安装面进行叠加式无管连接，组成集成化液压系统。

叠加阀与一般液压阀基本相同，只是在具体结构和连接尺寸上有些不同，在规格上它自成系列。

用叠加阀组成的液压系统，具有以下特点：

1）结构紧凑，体积小，质量轻，安装简便，装配周期短。

2）若液压系统有变化，改变工况需要增减元件时，组装方便迅速。

3）元件之间实现无管连接，消除了因油管、管接头等引起的泄漏、振动和噪声。

4）整个系统配置灵活，外观整齐，维护保养容易。

5）标准化、通用化和集成化程度高。

6）回路形式少，通径较小，品种规格尚不能满足较复杂和大功率液压系统的需要。

叠加阀现有五个通径系列：$\phi6mm$、$\phi10mm$、$\phi16mm$、$\phi20mm$、$\phi32mm$，额定压力为 20MPa，额定流量为 10～200L/min。叠加阀按功用的不同分为压力控制阀、流量控制阀和方向控制阀三类，其中方向控制阀仅有单向阀类，主换向阀不属于叠加阀。

1. 叠加阀的结构及工作原理

叠加阀的工作原理与一般液压阀相同，只是具体结构有所不同。下面以溢流阀为例，说明其结构和工作原理。

图 5-32a 所示为 Y1-F10D-P/T 先导型叠加溢流阀，其型号含义是：Y 表示溢流阀，F 表示压力等级（20MPa），10 表示 $\phi10mm$ 通径系列，D 表示叠加阀，P/T 表示进油口为 P、回油口为 T。它由先导阀和主阀两部分组成，先导阀为锥阀，主阀相当于锥阀式的单向阀。其工作原理是：压力油由进油口 P 进入主阀阀芯 6 右端的 e 腔，并经阀芯上阻尼孔 d 流至阀芯 6 左端 b 腔，再经小孔 a 作用于锥阀阀芯 3 上。当系统压力低于溢流阀调定压力时，锥阀关闭，主阀也关闭，阀不溢流；当系统压力达到溢流阀的调定压力时，锥阀阀芯 3 打开，b 腔的油液经锥阀口及孔 c 由油口 T 流回油箱，主阀阀芯 6 右腔的油经阻尼孔 d 向左流动，于是使主阀阀芯的两端油液产生压力差。此压力差使主阀阀芯克服弹簧 5 而左移，主阀阀口打开，实现了自油口 P 向油口 T 的溢流。调节弹簧 2 的预压缩量便可调节溢流阀的调整压力，即溢流压力。图 5-32b 所示为叠加式溢流阀的图形符号。

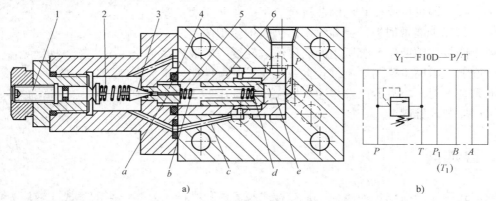

图 5-32　叠加式溢流阀

a）结构图　b）图形符号

1—推杆　2—弹簧　3—锥阀阀芯　4—阀座　5—弹簧　6—主阀阀芯

2. 叠加阀的组装

叠加阀自成体系，每一种通径系列的叠加阀，其主油路通道和螺钉孔的大小、位置、数量都与相应通径的板式换向阀相同。因此，将同一通径系列的叠加阀互相叠加，可直接连接而组成集成化液压系统。

图5-33所示为叠加式液压装置示意图，最下面的是底板，底板上有进油孔、回油孔和通向液压执行元件的油孔，底板上面第一个元件一般是压力表开关，然后依次向上叠加各压力控制阀和流量控制阀，最上层为换向阀，用螺栓将它们紧固成一个叠加阀组。一般一个叠加阀组控制一个执行元件。如果液压系统有几个需要集中控制的液压元件，则用多联底板，并排在上面组成相应的几个叠加阀组。

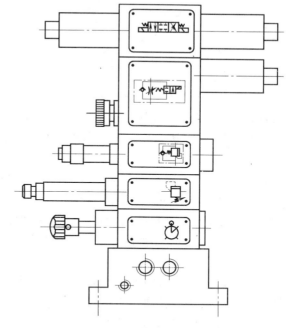

图5-33　叠加式液压装置示意图

本 章 习 题

一、填空题

5-1　液压控制阀是液压系统的_____元件，根据用途和工作特点不同，控制阀可分为三类：_____控制阀、_____控制阀、_____控制阀。

5-2　根据改变阀芯位置的操纵方式不同，换向阀可分为_____、_____、_____和_____等。

5-3　压力控制阀的共同特点是：利用_____和_____平衡的原理进行工作。

5-4　溢流阀安装在液压系统的泵出口处，其主要作用是_____和_____。

5-5　在液压传动系统中，要降低整个系统和工作压力，采用_____阀；而降低局部系统的压力，采用_____阀。

5-6　流量阀是利用改变它的通流_____来控制系统工作流量，从而控制执行元件的运动_____，在使用定量泵的液压系统中，为使流量阀能起节流作用，必须与_____阀联合使用。

二、判断题

5-7　单向阀的作用要变换液流流动方向，接通或关闭油路。(　　)

5-8　调节溢流阀中弹簧压力 F_s，即可调节系统压力的大小。(　　)

5-9　先导型溢流阀只适用于低压系统。(　　)

5-10　若把溢流阀当作安全阀使用，系统正常工作时，该阀处于常闭状态。(　　)

三、选择题

5-11 为了实现液压缸的差动连接，采用电磁换向阀的中位滑阀必须是_____；要实现泵卸荷，可采用三位换向阀的_____型中位滑阀机能。

A. O 型　　　　　　B. P 型　　　　　　C. M 型　　　　　　D. Y 型

5-12 调速阀工作原理上最大的特点是_____。

A. 调速阀进口和出口油液的压差 Δp 保持不变

B. 调速阀内节流阀进口和出口油液的压差 Δp 保持不变

C. 调速阀调节流量不方便

5-13 在减压回路中，当支路工作压力高于预调压力时，减压阀主阀口的节流缝隙 δ _____。

A. 开大　　　　　　B. 关小　　　　　　C. 保持常值

5-14 液压机床起动时，运动部件产生突然前冲的现象通常是_____。

A. 正常现象，随后会自行消除　　　　B. 油液混入空气

C. 液压缸的缓冲装置出故障　　　　　D. 系统其他部分有故障

四、问答题

5-15 试比较普通单向阀和液控单向阀的区别。

5-16 画出以下各种名称方向阀的图形符号：二位四通电磁换向阀、二位五通手动换向阀、三位四通电液动换向阀（O 型机能）、二位二通液动阀、二位三通行程换向阀、液控单向阀。

5-17 比较直动型溢流阀、减压阀、顺序阀的异同：

类型	图形符号	主要功用	控制信号来源	进出油压	常态启闭	泄油方式
溢流阀						
减压阀						
顺序阀						

5-18 为什么节流阀可以反接而调速阀不能反接？

5-19 先导型比例溢流阀与先导型溢流阀有何异同？

5-20 试解释叠加阀型号 Y1-F10D-P/T 表示的含义，以及该阀在使用过程中的优点。

五、分析题

5-21 试分析图 5-34 所示回路，当回路正常工作和处于卸荷状态时，压力表 A 能显示出哪些读数（压力）？

5-22 一夹紧回路如图 5-35 所示，若溢流阀的调定压力为 5MPa，减压阀的调定压力为 2.5MPa。试分析活塞快速运动时和夹紧工件后，A、B 两点的压力各为多少？

5-23 图 5-36a、b 所示分别为两个不同调定压力的减压阀串联、并联情况，阀 1 调定压力小于阀 2。试分析出口压力取决于哪一个减压阀？为什么？

5-24 如图 5-37a、b 所示，节流阀串联在液压泵和执行元件之间，调节节流阀的通流面积，能否改变执行元件的运动速度？简述理由。

5-25 试分析图 5-38 所示插装式锥阀可以组成何种类型的液压阀，并画出相应一般液压阀的图形符号。

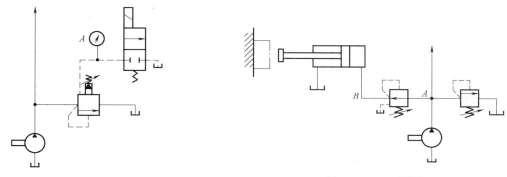

图 5-34 5-21 题图　　　　　　　　　　图 5-35 5-22 题图

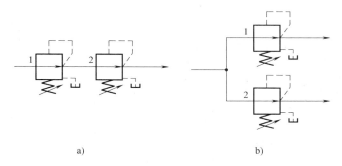

a)　　　　　　　　　　　b)

图 5-36 5-23 题图

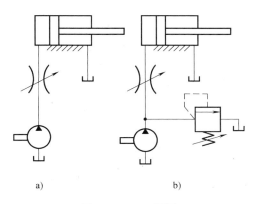

a)　　　　　　　　b)

图 5-37 5-24 题图

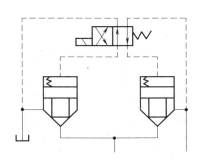

图 5-38 5-25 题图

第6章 液压辅助元件

液压辅助元件是液压系统中的重要组成部分，包括蓄能器、过滤器、油箱、管件等元件。在液压系统中液压辅助元件不参与能量转换，也不参与压力、方向、速度的控制，但又是不可缺少的元件（或装置），能够保证液压系统可靠、稳定、持久地工作。液压辅助元件对液压系统的工作性能、噪声、温升、可靠性等有着直接的影响，因此也需要给予关注。

6.1 蓄能器

6.1.1 蓄能器的功用

蓄能器能够储存能量和必要时释放能量。它能够实现短时间内协助泵供油，在液压系统中可以作应急能源紧急使用；能够吸收液压冲击和压力脉动；可以维持系统压力，实现保压补充泄漏。

6.1.2 蓄能器的类型及特点

按照结构形式式不同，蓄能器分为重锤式、弹簧式和充气式三类。而充气式的蓄能器，根据液体与气体隔离的方式不同，又分为活塞式、隔膜式和气囊式三种。各种形式的蓄能器如图6-1所示。

1. 重锤式蓄能器

（1）结构 如图6-2所示，重锤式蓄能器主要由柱塞、液压油、重物、缸体组成。

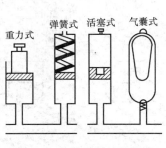

图 6-1 各种形式的蓄能器

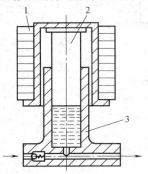

图 6-2 重锤式蓄能器
1—重物 2—柱塞 3—缸体

（2）工作原理 重锤式蓄能器利用重物的势能的变化来储存、释放液压能。当液压油充入蓄能器时，油液推动柱塞上升，在重物的作用下以一定压力储存起来，此时，重物势能小于油压，完成储油。释放能量时，柱塞随重物一起下降，液压油排出，此时，重物势能大于油压，完成能量释放。

（3）性能特点　重锤式蓄能器结构简单，压力稳定，但结构尺寸大而笨重，运动惯性大，反应不灵敏，易产生泄漏，常用于少数大型固定设备的液压系统。

2. 弹簧式蓄能器

（1）结构　弹簧式蓄能器由弹簧、活塞、缸体、液压油三部分组成，如图6-3所示。

（2）工作原理　弹簧式蓄能器利用弹簧的伸缩来储存和释放能量。弹簧力通过活塞作用在液压油上。在储油时，液压油流入，弹簧势能小于油压；在释放能量时，液压油流出，弹簧势能大于油压。

（3）性能特点　弹簧式蓄能器结构简单，反应较灵敏，但容量小，易内泄并有压力损失，不适于高压和高频动作的场合。一般用于小容量、低压系统，起蓄能和缓冲作用。

3. 充气式蓄能器

（1）气瓶式蓄能器

1）结构。气瓶式蓄能器的结构如图6-4所示，在气瓶式蓄能器中，气体和液压油是直接接触的，所以又称直接接触式蓄能器。

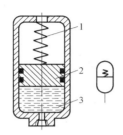

图6-3　弹簧式蓄能器
1—弹簧　2—活塞　3—液压油

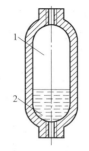

图6-4　气瓶式蓄能器
1—气体　2—液压油

2）工作原理。当气瓶式蓄能器的气压小于油压，液压油流入，完成储油；当气压大于油压，液压油流出，可以释放能量。

3）性能特点。气瓶式蓄能器容量大，但由于气体混入油液中，影响系统工作的平稳性，而且耗气量大，需经常补气，仅适用于中、低压大流量系统。

（2）活塞式蓄能器

1）结构。活塞式蓄能器利用缸中浮动的活塞使气体和液压油分隔开，比气瓶式蓄能器多了一个活塞，如图6-5所示。

2）工作原理。活塞式蓄能器的活塞上部为压缩空气，气体由气阀充入，其下部经油孔通向系统。活塞随下部液压油的储存和释放而在缸筒内来回滑动。当气压小于油压，完成储油；当气压大于油压，完成释放能量。

3）性能特点。活塞式蓄能器结构简单，工作可靠，安装容易，维修方便，寿命长。活塞惯性和摩擦力会影响蓄能器动作的灵敏性，而且活塞不能完全将气体和液压油完全隔开，一旦磨损，会使气液混合。一般用于蓄能或吸收压力脉动。

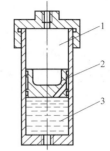

图6-5　活塞式蓄能器
1—气体　2—活塞　3—液压油

（3）气囊式蓄能器

1）结构。气囊式蓄能器由充气阀、壳体、皮囊、进油阀组成，如图 6-6 所示。气体和液压油由皮囊隔开，皮囊用耐油橡胶制成，固定在壳体上部，皮囊内充入氮气。壳体下端的进油阀是一个用弹簧加载的菌形阀。

2）工作原理。气囊式蓄能器的液压油通过进油阀进入蓄能器压缩气囊，气囊内的气体被压缩而储存能量，此时气压小于油压；当系统压力低于蓄能器压力时，气囊膨胀，气体压力大于油压，液压油输出，释放能量。

3）性能特点。气囊式蓄能器质量轻、尺寸小、安装容易、维护方便、惯性小、反应灵敏，但气囊制造困难。气囊式蓄能器既可用于蓄能，又可用于缓和冲击、吸收脉动，目前应用比较广泛。

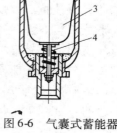

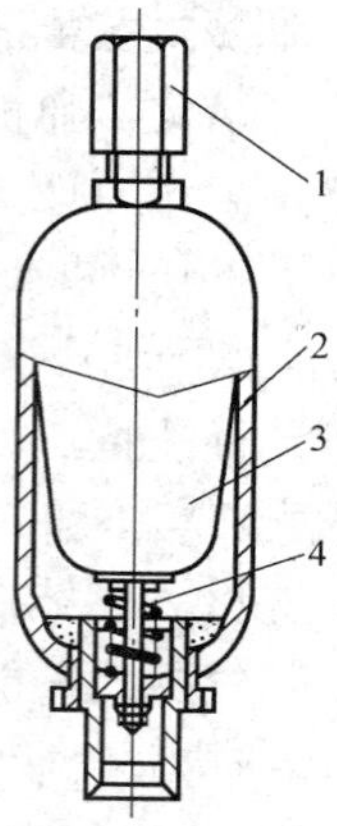

图 6-6　气囊式蓄能器
1—充气阀　2—壳体
3—皮囊　4—进油阀

6.1.3　蓄能器容量计算

容量是选用蓄能器的依据，其计算视用途而异，下面以气囊式蓄能器为例加以说明。蓄能器的工作状态如图 6-7 所示。

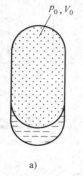 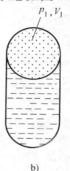 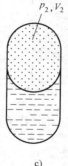

p_0, V_0　　　　p_1, V_1　　　　p_2, V_2

a)　　　　　　　　b)　　　　　　　　c)

图 6-7　蓄能器的工作状态
a）充气时　b）蓄能时　c）放能时

1. 作蓄能使用时蓄能器容量的计算

蓄能器存储和释放的压力油容量和气囊中气体体积的变化量相等，而气体状态变化应符合玻义耳气体定律。

$$p_0 V_0^n = p_1 V_1^n = p_2 V_2^n = C \tag{6-1}$$

式中，p_0 是气囊工作前的充气压力；V_0 是气囊工作前的充气体积（蓄能器的容量）；p_1 是蓄能器储油结束时的压力；V_1 是气囊被压缩后相应于 p_1 的气体体积；p_2 是蓄能器向系统供油时的压力；V_2 是气囊膨胀后相应于 p_2 时的气体体积。

体积差 $\Delta V = V_2 - V_1$ 为供给系统的油液，代入式（6-1），得

$$V_0 = \frac{\Delta V \left(\dfrac{p_2}{p_0} \right)^{\frac{1}{n}}}{1 - \left(\dfrac{p_2}{p_1} \right)^{\frac{1}{n}}} \tag{6-2}$$

充气压力 p_0 在理论上可与 p_2 相等，但为了保证在 p_2 时蓄能器仍有能力补偿系统泄露，则应使 $p_0 < p_2$，一般取 $p_0 = (0.8 \sim 0.85)p_2$，$0.9p_2 > p_0 > 0.25p_1$。如已知 V_0，也可反过来求出供油时的供油体积，即

$$\Delta V = p_0^{\frac{1}{n}} V_0 \Big[\Big(\frac{1}{p_2} \Big)^{\frac{1}{n}} - \Big(\frac{1}{p_1} \Big)^{\frac{1}{n}} \Big] \tag{6-3}$$

在以上各式中，n 是与气体变化过程有关的指数，当蓄能器用于保压和补充泄露时，气体压缩过程缓慢，与外界热交换得以充分进行，可认为是等温变化过程，这时取 $n = 1$；当蓄能器作辅助或应急动力源时，释放液体的同时，气体快速膨胀，热交换不充分，这时可视为绝热过程，取 $n = 1.4$。在实际工作中，气体状态的变化在绝热过程和等温过程之间，因此，$n = 1 \sim 1.4$。

2. 吸收冲击时蓄能器的容量计算

当蓄能器用于吸收冲击时，其容量的计算与管路布置、液体流态、阻尼及泄露大小等因素有关，准确计算比较困难，一般按经验公式计算缓冲最大冲击力时所需要的蓄能器最小容量，即

$$V_0 = \frac{0.004qp_1(0.0164L - t)}{p_1 - p_2} \tag{6-4}$$

式中，p_1 是允许的最大冲击力（MPa）；p_2 是阀口关闭前管内压力（MPa）；q 是阀口关闭前管道的流量（L／min）；V_0 是用于冲击的蓄能器的最小容量（L）；L 是发生冲击的管长，即液压油源到阀口的管道长度（m）；t 是阀口关闭的时间（s），突然关闭时取 $t = 0$。

3. 吸收压力脉动时蓄能器的容量计算

吸收压力脉动时蓄能器的容量一般采用下面经验公式计算

$$V_0 = \frac{qi}{0.6k} \tag{6-5}$$

式中，q 是液压泵的排量（L/r）；$i = \Delta q/q$ 是排量变化率，Δq 是最大瞬时排量与平均排量之差；$k = \Delta p/p_p$ 是液压泵的压力脉动率，Δp 是压力脉动单侧振幅，p_p 为泵出口平均压力。

使用时取蓄能器的充气压力 $p_0 = 0.6p_v$，p_v 为系统工作压力。

6.1.4　蓄能器的使用和安装

蓄能器在安装时，应根据蓄能器具体的功能而定。安装时应注意下列问题：

1）蓄能器一般应垂直安装，油口向下。

2）必须用支架或支板将蓄能器固定，且安装位置便于检查、维修，并远离热源。

3）用作降低噪声、吸收脉动和冲击的蓄能器应尽可能靠近振源。

4）蓄能器与管路之间应安装截止阀，供充气或检修时用，与液压泵之间应安装单向阀，防止油液倒流保护泵与系统。

6.2　过滤器

6.2.1　过滤器功用及性能要求

1. 功用

在液压系统中，液压油会存在污染，污染物的存在会加速液压元件的磨损或造成系统堵

塞等，使系统产生故障，而过滤器可以过滤除掉液压油中的杂质，保持液压油液清洁。

2. 性能要求

1）过滤精度要高。过滤精度是滤芯滤除杂质的颗粒尺寸的大小。用直径 d 来表示滤除精度，过滤精度可以分为 4 级，粗（$d \geq 0.1mm$）、普通（$d \geq 0.01mm$）、精（$d \geq 0.005mm$）、特精（$d \geq 0.001mm$）。颗粒越小，其过滤精度越高。一般情况下，高压系统采用精密级过滤，中、低压系统则用普通级过滤。

2）通流能力要大。通流能力为在一定的压降下通过过滤器的最大流量，它与滤芯的过滤面积成正比。

3）强度要高。滤芯要具有足够的机械强度，防止在液体压力作用下损坏过滤器。

4）易于清洗和更换，便于拆装与维护。

6.2.2 过滤器的类型

根据过滤材料的过滤原理不同，过滤器可分为表面型、纵深型和吸附型过滤器。

根据滤芯材料和结构形式不同，过滤器可分为网式、线隙式、纸芯式、烧结式和磁性过滤器等。下面介绍几种不同的过滤器。

1. 网式过滤器

（1）特征　网式过滤器是用金属网包在支架上而制成的。过滤精度为 $80 \sim 180 \mu m$。由金属网、开有圆形窗孔的金属或塑料圆筒形骨架、上下盖板组成，结构如图 6-8 所示。

（2）性能特点　网式过滤器结构简单，清洗方便，通流能力大，压降小，但过滤精度低，一般安装在液压泵的吸油口上做粗滤来保护液压泵。

2. 线隙式过滤器

（1）特征　线隙式过滤器的特形金属线缠绕在筒形骨架上，制成滤芯，由端盖、壳体、带孔眼的筒形骨架和绕在骨架外的金属绕线组成。利用线间间隙过滤杂质。过滤精度为 $30 \sim 100 \mu m$，结构如图 6-9 所示。

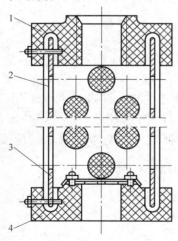

图 6-8　网式滤油器

1—上盖　2—金属网　3—骨架　4—下盖

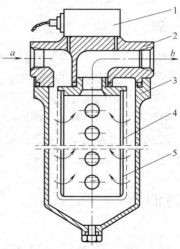

图 6-9　线隙式过滤器

1—污染指示器　2—端盖　3—壳体
4—筒形骨架　5—金属绕线

（2）性能特点　结构简单，过滤精度较高，通流能力大，但不易清洗，一般用于低压回路或辅助回路，装在油泵的吸入口、压力管路和回油管路上。

3. 金属烧结式过滤器

（1）特征　金属烧结式过滤器的滤芯是由颗粒状锡青铜粉末压制后烧结而成，利用颗粒之间的微小间隙过滤，如图6-10所示。

（2）性能特点　金属烧结式过滤器强度高，抗冲击性能好，耐蚀性好，耐高温，过滤精度高，制造简单；但易堵塞，难清洗，颗粒会脱落。一般用于精密过滤。

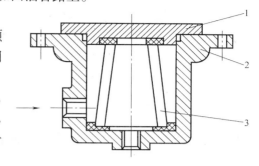

图6-10　烧结式过滤器
1—端盖　2—壳体　3—滤芯

4. 纸质过滤器

（1）特征　纸质过滤器以平纹或波纹的酚醛树脂或木浆作为过滤材料，用微孔过滤纸折叠成星状绕在骨架上形成，利用滤纸的微孔进行过滤，如图6-11所示。

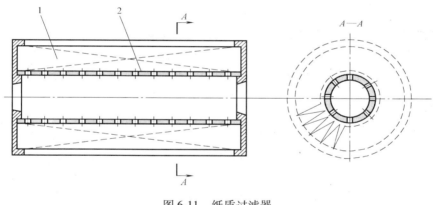

图6-11　纸质过滤器
1—滤纸　2—骨架

（2）性能特点　纸质过滤器结构紧凑，质量轻，过滤精度高，但通流能力小，强度低，易堵塞，无法清洗，需经常更换滤芯，特别适用于精滤。

5. 磁性过滤器

磁性过滤器是利用磁铁吸附油液中的铁质微粒，常与其他滤芯做成复合式过滤器。

6.2.3　过滤器的安装

（1）安装在泵的吸油口处　主要保护液压泵，要求具有很大的通油能力和较小的阻力，一般采用过滤精度不高的网式过滤器。

（2）安装在压油管路上　保护除泵和溢流阀以外的所有元件，由于过滤器是在高压下工作，滤芯需要具有较高的机械强度，应并联一安全阀防止过滤器堵塞。

（3）安装在回油管路上　起间接过滤作用，回油压力较低，需要的过滤器强度不用太高，一般与过滤器并联安装一背压阀，当过滤器堵塞达到一定压力值时，背压阀打开。

（4）安装在系统的分支旁油路　主要安装在溢流阀的回油路上，对油液起过滤清洗作用。

（5）单独过滤系统　在大型液压系统中，液压泵和过滤器单独组成一个独立于系统之外的过滤回路，可以连续清除系统内的杂质，保证系统内清洁。

（6）安装时的注意事项　一般过滤器只能单方向使用，即进出油口不可反接，以利于滤芯清洗和安全。必要时可增设单向阀和过滤器，以保证双向过滤，目前双向过滤器已问世。

6.3　油箱、热交换器及压力表辅件

6.3.1　油箱

1. 功用及结构

油箱的主要功用是储存油液，同时还起着散热、分离油液中空气、沉淀油液中的杂质等作用。液压系统中采用的油箱有总体式和分离式两种。

总体式油箱是利用机器设备的机体内腔作油箱。其优点是：结构紧凑，漏油易于回收；缺点是：维修不方便，散热条件差，油的温升和液压源的振动对机器工作精度有影响。

分离式油箱是单独设置一个油箱，与主机分开。其优点是：维修调试方便，减少了油液发热和液压源振动对机器工作精度的影响；缺点是：占地面积较大。分离式油箱在组合机床、自动线和精密机械设备上应用广泛。分离式油箱的结构如图 6-12 所示。

2. 油箱设计

（1）油箱容积计算　油箱的容积是油箱设计时需要确定的主要参数，油箱体积大时散热效果好，但用油多，成本高；油箱体积小时，占用空间少，成本降低，但散热条件不足。

油箱容积的估算经验公式为

$$V = \alpha q \tag{6-6}$$

式中，V 是油箱的容积（L）；q 是液压泵的总额定流量（L/min）；α 是经验系数（min），其数值确定如下：对低压系统，$\alpha = 2 \sim 4$min，对中压系统，$\alpha = 5 \sim 7$min，对中、高压或高压大功率系统，$\alpha = 6 \sim 12$min。

油箱容量应能保证液压系统工作时其最低液面高于过滤器上端 200mm 以上，以防止泵吸入空气；液压系统停止工作时，其最高液面不超过油箱高度的 80%；而当液压系统中的油箱全部返回油箱时，油液不能溢出油箱外。

（2）油箱结构设计

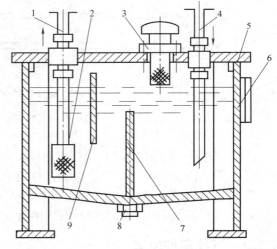

图 6-12　分离式油箱简图

1—吸油管　2—过滤器　3—空气过滤器
4—回油管　5—上盖　6—油面指示器
7、9—隔板　8—放油阀

1）油箱的结构设计应注意以下几点：

①吸油管与回油管距离尽可能远。用隔板将吸油侧与回油侧分开，可以增加油箱内油液的清洁度。

②吸油管入口处装粗过滤器。在最低液面时，过滤器和回油管端均应没入油中，以免液压泵吸入空气或回油混入气泡。回油管端口切成45°，并面向箱壁。管端与箱底、壁面间距离均不宜小于管径的3倍。

③防污密封。为防止污物进入油箱，油箱上各盖板、管口处都要妥善密封。注油器上要加过滤器，通气孔上须设置空气过滤器。

④设置放油阀与液位计。为了更好地散热和便于维护，箱底与地面间距离至少应在150mm以上。箱底应适度倾斜，在最底部放置放油阀。箱体上在注油口的附近设液位计。

⑤清洗窗的设置。油箱一般用2.5～4mm厚的钢板焊成。大尺寸油箱要加焊角板、肋板，以增加刚度。当液压泵及其驱动电动机和其他液压件都要装在油箱上时，油箱顶盖要相应加厚。大容量油箱的侧壁通常要开清洗窗口，清洗窗口平时用侧盖密封，清洗时再取下。

⑥油温控制。如果需要安装热交换器，必须考虑好安装位置以及测温、控制等措施。

2）油箱的长、宽、高尺寸是根据油箱的有效容积来确定的，设计时应结合系统的发热、散热量热平衡原则来计算。油箱的长、宽、高比例约在1:1:1到1:2:3之间。

3）油箱内常设隔板将回油区与吸油区隔开，防止回油被直接吸入，有利于散热、杂质沉淀和气泡的逸出。隔板的高度为油面高度的2/3～3/4。

6.3.2　热交换器

冷却器和加热器统称为热交换器。在液压系统中安装冷却器可以进行散热，控制油液的温度在允许的最高温度之下。安装加热器可以提高油液的温度，以防在低温下油液粘度过大，造成液压系统不能正常启动。

冷却器有水冷式和风冷式。液压系统中应用最多的是多管式水冷却器；结构最简单的是蛇形管式冷却器，直接安装在油箱内，冷却水通过蛇形管实现冷却，这种冷却器冷却效率较低，耗水量大，运转费用高。

在液压系统中采用最多的加热器是电加热器。

6.3.3　压力表辅件

1. 压力表

用在液压系统和局部的回路上，通过压力表进行观测，来调整和控制液压系统及各个工作点的压力。最常用的为弹簧弯管式压力表。

压力表有普通压力表和标准压力表。普通压力表用于一般压力测量，而标准压力表用于精确测量或检验普通压力表的精度。

2. 压力表开关

压力表开关用于接通或断开压力表与测量点的通路。压力表开关中有一过流通道，可有效防止压力表指针剧烈摆动。

压力表开关按其测量点的数目，分为一点、三点和六点；按连接方式分为管式和板式。多点压力表开关可以使一个压力表和液压系统中几个被测量油路相通，以分别测量几个油路的压力。

6.4 管件

管件包含管道、管接头和法兰，用来连接液压元件、输送液压油，要求具有足够的强度、良好的密封性，压力损失要小，拆装方便。

6.4.1 油管

1. 油管的种类

钢管主要应用于高压、中压系统中，是目前液压系统中应用最广泛的一种管件。承受能力强、价格低廉、强度高、刚度好，但装配和弯曲较困难。

铜管一般用在液压装置内部难装配的地方或中低压系统中。铜管有黄铜管和纯铜管，应用最多的是纯铜管。铜管装配方便，易弯曲；但强度较低，抗振能力差，材料价格较高，易使油液氧化等。

尼龙管多用在低压系统，用于替代铜管。尼龙管是一种乳白色半透明的新型管材，承压能力在 2.8~8MPa 之间。其价格低廉、弯曲方便，但寿命较短。

塑料管一般应用在回油路和泄油路中，塑料管承压能力低，长期使用易老化，但价格低，安装方便。

橡胶管用于两个相对运动件之间的连接，有高压管和低压管两种。高压管用耐油橡胶和钢丝编制而成，价格高，用于高压回路；低压管用耐油橡胶和帆布制成，用于回油管路。

2. 油管尺寸的确定

油管尺寸主要是确定油管内径和管壁的厚度。

油管的内径 d 和壁厚可采用下列两式计算，并圆整为标准数值，即

$$d = 2\sqrt{\frac{q}{\pi[v]}} \qquad (6-7)$$

式中，d 是油管内径；q 是管路中油液的流量；$[v]$ 是允许流速，推荐值为：吸油管 $[v]$ = 0.5~1.5m/s，回油管 $[v]$ = 1.5~2m/s，压力油管 $[v]$ = 2.5~5m/s（若压力在 6MPa 以上，取 $[v]$ = 5m/s；在 3~6MPa 之间，取 $[v]$ = 4m/s；在 3MPa 以下，取 $[v]$ = 2.5~3m/s），控制油管 $[v]$ = 2~3m/s，橡胶软管 $[v]$ < 4m/s。

油管的壁厚根据液体的工作压力、工作条件和使用材料的强度来确定，按下式计算

$$\delta = \frac{pdn}{2[\sigma_b]} \qquad (6-8)$$

式中，δ 是油管壁厚；p 是油管工作压力，7MPa ≤ p ≤ 17.5MPa；d 是油管内径；n 是安全系数，对于钢管，当 p < 7MPa 时，n = 8，当 7MPa ≤ p ≤ 17.5MPa 时，n = 6，当 p ≥ 17.5MPa 时，n = 4；$[\sigma_b]$ 是管道材料的许用抗拉强度，可由材料手册查出。

6.4.2 管接头

管接头是连接油管和液压元件或阀板的可拆卸的连接件，要具有拆装方便、密封性好、连接可靠、外形尺寸小、压降小、工艺性好等特点。

管接头按接头的通路分为直通式、角通式、三通和四通式；按接头与阀体或阀板的连接方式分为螺纹式、法兰式等；按油管与接头的连接方式分为扩口式、焊接式、卡套式、扣压式、快换式等，见表6-1。

表6-1   液压系统中常用的管接头

名称	结构简图	说明
焊接式管接头	球形头	连接牢固,利用球面进行密封,简单可靠;焊接工艺必须保证质量,必须采用壁厚钢管。装拆不方便
扩口式管接头	油管 管套	用油管管端的扩口在管套的压紧下进行密封,结构简单。适用于钢管、薄壁钢管、尼龙管和塑料管等低压管道的连接
卡套式管接头	油管 卡套	用卡套卡住油管进行密封,轴向尺寸要求不严,装拆方便;对油管径向尺寸要求较高,为此要求用冷拔无缝钢管
伸缩管接头		用于两个元件有相对直线运动要求时管道连接的场合;管接头的结构类似于一个柱塞缸;移动管的外径必须精密加工,固定管的管口处需加粗,并设置导向部分和密封装置

6.5 密封装置

6.5.1 密封装置的功用

密封装置是用来防止液压油的泄漏，泄露分为内泄和外泄，泄露会使油液发热和容积效率降低；外泄会污染环境。

6.5.2 密封装置的要求

对密封装置的要求是：

1）密封装置能够随着压力升高而自动提高密封性能。

2）保证密封装置和运动件之间的摩擦力要小，磨损后能够在一定程度上自动补偿。

3）要求密封装置价格低廉，维护方便。

6.5.3 密封装置的形式

1. 间隙密封

（1）密封原理 密封装置是利用相对运动零件配合面之间的微小间隙来防止泄漏。

（2）平衡槽作用 自动对中心，减小摩擦力；增大泄漏阻力，减小偏心量，提高密封性能；储存油液，自动润滑。

（3）特点应用 结构简单，摩擦阻力小，耐高温，但泄漏较大，并且随着时间的增加而增加，加工要求高。主要用于尺寸小、压力低、速度高的液压缸或各种阀的圆柱配合副中。

2. 密封圈密封

密封圈密封的类型有 O、L、X、Y、V 形和组合式等，材料主要有耐油橡胶、尼龙。

（1）O 形密封圈 O 形密封圈是利用密封圈的安装变形来实现密封的。O 形圈截面为圆形，结构简单，制造方便，密封性能好，摩擦力小，如图 6-13 所示。所以一般安装在外圆或内圆上截面为矩形的沟槽内，以实现密封。一般由橡胶制成，压力高时，应设置挡圈（塑料、尼龙）。它既可用于动密封，又可用于静密封。

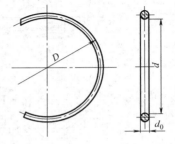

图 6-13　O 形密封圈

（2）唇形密封圈

1）Y 形密封圈　Y 形密封圈受油压作用使两唇张开并贴紧在轴或孔的表面实现密封，如图 6-14 所示。根据截面长宽比例不同将 Y 形密封圈分为宽断面和窄断面两种。Y 形圈靠唇边张开后实现密封，安装时唇边必须对着液压油腔。Y 形圈密封可靠，摩擦力小，寿命长，常用于速度较高的液压缸。当压力 $p < 20\mathrm{MPa}$，温度 T 在 $-300 \sim 1000\text{℃}$，速度 $v < 0.5/\mathrm{s}$ 可以采用宽断面 Y 形密封圈；当压力 $p < 32\mathrm{MPa}$，温度 T 在 $-300 \sim 1000\text{℃}$ 可采用窄断面 Y 形密封圈。

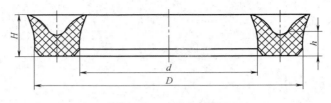

图 6-14　Y 形密封圈

2）V 形密封圈　V 形密封圈的截面为 V 形，由支承环、密封环、压紧环叠合而成，开口面向高压侧，如图 6-15 所示。当压紧环压紧密封环时，支承环使密封环产生变形而实现密封。V 形密封圈是组合装置，密封效果良好，耐高压，寿命长。增加密封环可提高密封效果，但摩擦阻力和尺寸会增大，成本高，故常用于压力 $p < 50\mathrm{MPa}$、温度为 $-400 \sim 800\text{℃}$、运动速度较低的场合实现密封。

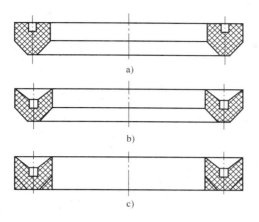

图 6-15　V 形密封圈

a）支承环　b）密封环　c）压紧环

本 章 习 题

6-1　蓄能器的种类有哪些？哪一种蓄能器应用最为广泛？

6-2　蓄能器的容量为 5L，预充气压为 2.5MPa，当工作压力从 7MPa 变化到 3MPa 时，蓄能器释放出多少升油（按等温过程）？

6-3　过滤器有何作用？对它的一般要求是什么？

6-4　叙述油箱的构造和各部分的作用。

6-5　油管和管接头有哪些类型，分别适用于什么场合？

第7章　液压基本回路

所谓液压基本回路，是指能够实现某种特定功能的液压元件的组合，它是由一些液压元件与液压辅助元件按照一定关系构成的油路结构。一个完整的液压系统，是多个相互联系的基本回路的组合。液压基本回路因在系统中所起的作用不同有多种类型，其中按控制方式来分，可分为压力控制回路、速度控制回路、方向控制回路、多执行元件控制回路。

7.1　方向控制回路

液压执行元件除了在输出速度或转速、输出力或转矩方面有要求外，对其运动方向、停止及其停止后的定位等性能也有不同的要求。通过控制进入执行元件液流的通、断或改变方向来实现液压系统执行元件的启动、停止或改变运动方向的回路统称为方向控制回路。常用的方向控制回路有启停回路、换向回路和锁紧回路等。

7.1.1　启停回路

液压系统中虽然可用起动和停止液压泵电动机的方法使执行元件启动或停止，但这对电动机和电网都不利。因此在液压系统中设置启动和停止的回路来实现这一要求更为合理。使执行元件停止运动主要有以下几种方法：

1. 控制油流的启停回路

使用换向阀切断压力油源，从而使得执行元件停止运动，是液压系统中常用的方法。图7-1 所示为使用二位二通电磁换向阀控制的启停回路，当换向阀电磁铁断电时，换向阀工作于常态（即接通状态），使系统处于接通状态，执行元件启动；反之，当电磁铁通电时，换向阀处于断开状态，系统停止运动。这种回路对二位二通换向阀的要求较高，并要求换向阀有较大的通流量，所以一般只用于低压、小流量系统。在实际应用中，更常用的是中位机能为"O、Y"等型的换向阀，在中位时使进油口断开，从而使执行元件停止运动。

2. 控制油压的启停回路

这种回路常用方法是将液压泵卸荷控制，由于卸荷后系统油液无压力或压力较低，执行元件自然停止运动。使用这类回路，可避免压力油经溢流阀回油而引起的能量损失，防止油液发热。实际应用中，三位阀中位机能为 H、M 型等的换向阀都可达到使泵卸荷的目的。

3. 要求准确定位的启停回路

在机床系统中，有时会要求执行元件必须有准确的停车位置，从而提高机床的加工精度，实际应用中，常常采用固定挡铁限位停留的方法达到这一要求。例如组合机床动力滑台液压系统中就使用了固定挡铁停留，这种方法可使停留位置精度达到 0.02mm。

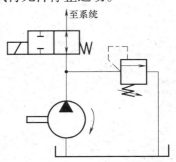

图 7-1　控制油流的启停回路

7.1.2 换向回路

在实际应用中，常常要求执行元件在一定的位置或时间改变其输出的运动方向或转向，将可使执行元件改变输出方向或转向的基本回路统称为换向回路。换向回路的类型很多，以下仅介绍几种在机床系统中常用的换向回路。

1. 采用换向阀的换向回路

采用不同操纵形式的三通以上的换向阀都可以使执行元件直接实现换向。其中二位换向阀只能使执行元件实现正、反向换向运动；三位阀除了能够实现正、反向换向运动，还可利用中位机能使系统获得不同的控制特性，如锁紧、卸荷、浮动等。对于利用重力或弹簧力回程的单作用液压缸，用二位三通阀就可使其换向，如图 7-2 所示。

在换向回路的控制过程中，采用电磁阀换向较方便，但电磁阀动作快，换向有冲击，换向定位精度低，可靠性相对较低，且交流电磁铁频繁切换易烧坏线圈。采用电液换向阀，可通过调节单向节流阀（阻尼器）来控制换向时间，其换向冲击较小，换向控制力较大，但换向定位精度低，换向时间长，不宜频繁切换；采用机动阀换向，可以通过工作机构的挡块和杠杆，直接控制换向阀换向，这样既省去了电磁阀换向的行程开关、继电器等中间环节，换向频率也不会受电磁铁的限制，换向过程平稳、准确、可靠，但机动阀必须安装在工作机构附近，且当工作机构运动速度很低、行程挡块推动杠杆带动换向阀阀芯移至中间位置时，工作机构可能因失去动力而停止运动，出现换向死

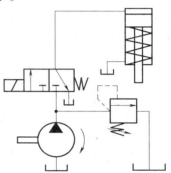

图 7-2 单作用液压缸换向回路

点，使执行机构停止不动；而当工作机构运动速度较高时，又可能因换向阀芯移动过快而引起换向冲击。由此可见，采用任何单一换向阀控制的换向回路，虽然使回路简单，控制方便，但都很难实现高性能、高精度、准确的换向控制。

2. 采用机-液复合换向阀的换向回路

对一些需要频繁连续往复运动、且对换向过程又有很多要求的工作机构，例如，外圆磨床工作台，必须采用复合换向控制的方式，常用机动滑阀作先导阀，由它控制一个可调式液动换向阀实现换向。

图 7-3 所示为采用机-液复合换向阀控制的时间控制式换向回路，工作时，由执行元件带动的工作台上的撞块拨动机动先导阀，机动先导阀使控制油路换向，进而使液动主阀换位，最终达到执行元件反向运动的目的。

执行元件的换向过程可分解为制动、停止和反向启动三个阶段。当主阀 2 开始向左移动时，通过主阀右台阶上的锥面（又叫制动锥）

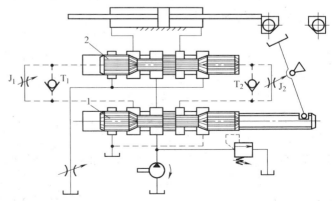

图 7-3 时间控制式机-液换向回路

使回油路通道逐渐关闭,这一阶段是对执行元件的制动过程;主阀到达中位时,因使用了P型换向阀,液压缸回油路全部关闭,执行元件在浮动状态下停止运动;当主阀继续向左移动时,使油路反向接通,执行元件开始作反向运动。这三个阶段转换的快慢取决于主阀2的移动速度,而主阀的运动速度又取决于控制油路中的节流阀J_1和J_2。由于这一回路调整的是换向阀移动速度,即调节了主阀从一端向另一端运动的时间,故称为时间控制式换向回路,其适用于普通平面磨床、牛头刨床等液压系统中。

时间控制式换向回路存在的缺点是控制时间调定后就不能再变化,这样执行元件运动速度较高时,停止时在惯性力作用下冲出量较大,反之,冲出量较小,从而造成换向精度不高。实际应用中,为解决这一问题,常常采用图7-4所示的回路。

这种回路主回油路回油时,先通过先导阀中部锥面与阀体上环形槽所形成的开口,然后再回油。当撞块碰到杠杆,使先导阀开始向右移动时,主油路流经换向阀的开口逐渐关小,起制动作

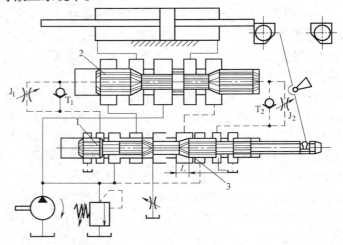

图7-4 行程控制式机-液换向回路
1、2—主阀 3—制动锥

用,执行元件运动速度高,阀开口关得快;反之,关得较慢。在速度变化时,换向位置(完全停止时的位置)基本保持不变,换向精度高。但这种回路的缺点是执行元件速度较快时,容易引起制动冲击。由于这种回路依靠执行元件本身的相对运动位置(行程)控制换向,故又称为行程控制式换向回路,其适用于换向精度要求较高、工作台往复运动速度较低的内、外圆磨床液压系统中。

以上两种回路的主要区别在于时间控制制动式换向的主油路只受主换向阀的控制,液压缸的回油只经过主换向阀(液动换向阀),不经过先导阀(机动阀),换向过程中没有先导换向阀的预制动作用;而行程控制制动式换向的主油路不仅要经过主换向阀,其回油还受先导阀的控制,换向时在挡铁和杠杆的作用下,先导阀阀芯上的制动锥可逐渐将液压缸的回油通道关小,当工作部件实现预制动,当工作台运动的速度变得很小的时候,主油路才开始换向。当节流阀J_1、J_2的开口调定后,不论工作台原来的速度快慢如何,前者工作台制动的时间基本不变,而后者工作台预先制动的行程基本不变。

3. 采用双向变量泵的换向回路

在闭式回路中,可用双向变量泵改变供油方向来直接实现液压缸(马达)换向。图7-5所示回路是采用双向变量泵的换向回路,执行元件是单杆双作用液压缸5,活塞向右运动时,其进油流量大于排油流量,双向变量泵1吸油侧流量不足,可用辅助泵2通过单向阀3来补充;变更双向变量泵1的供油方向,活塞向左运动时,排油流量大于进油流量,双向变量泵1吸油侧多余的油液通过由单杆双作用液压缸5进油侧压力控制的二位二通阀4和溢流阀6排回油箱;溢流阀6和8既可使活塞向左或向右运动时泵吸油侧有一定的吸入压力,又

可使活塞运动平稳。溢流阀 7 是防止系统过载的安全阀。这种回路适用于压力较高、流量较大的场合。

7.1.3 锁紧回路

锁紧回路的功能是通过切断执行元件的进油、出油通道来使它停在任意位置，并可防止停止运动后，因外界因素而发生窜动、下滑现象。

1. 采用换向阀的锁紧回路

使液压缸锁紧的最简单的方法是利用三位换向阀的 M 型或 O 型中位机能来封闭缸的两腔，使活塞在行程范围内任意位置停止。图 7-6 所示是采用 M 型换向阀的锁紧回路，这类回路由于滑阀的内泄漏，不能长时间保持停止位置不动，锁紧精度不高。

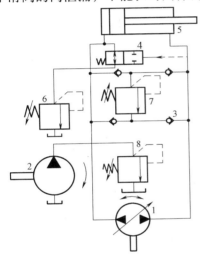

图 7-5　采用双向变量泵的换向回路

1—双向变量泵　2—辅助泵　3—单向阀
4—二位二通阀　5—单杆双作用液压泵
6、7、8—溢流阀

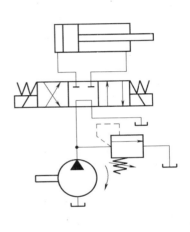

图 7-6　采用 M 型换向阀的锁紧回路

2. 采用单向阀的锁紧回路

图 7-7 所示是采用单向阀的锁紧回路，在图示工作状态下，活塞只能向左运动，向右则由单向阀锁紧；当电磁阀切换后，活塞向右运动，向左则由单向阀锁紧，当活塞运动到液压缸的终端时，则能双向锁紧。同时，单向阀还有在停车时防止空气进入液压系统的作用，并可防止执行元件和管路等处的冲击压力对液压泵的影响。这种回路的缺点是在中间位置不能进行双向锁定，故只适用于一些稳定性要求不高的简单液压系统。

3. 采用液压锁的锁紧回路

在实际应用中，最常用的方法是采用液控单向阀（又叫液压锁）作锁紧元件，采用液压锁的锁紧回路如图 7-8 所示，在液压缸的两侧油路上各串接一液控单向阀，当主换向阀工作于左位（或右位）时，进油路上的单向阀正向导通，回油路上的单向阀由连接在进油路上的液控油路打开，处于接通状态，进行回油，执行元件正常工作运动；当换向阀处于中位时，由于采用 H 型换向阀，系统卸荷，两单向阀都处于反向截止状态，活塞可以在行程的任何位置上长期锁紧，不会因外界原因而窜动，其锁紧精度只受液压缸的泄漏和油液压缩性的影响。这种回路为了保证锁紧迅速、准确，换向阀应采用 H 型或 Y 型中位机能。图 7-8 所示回路常用于汽车起重机的支腿油路和飞机起落架的收放油路上。

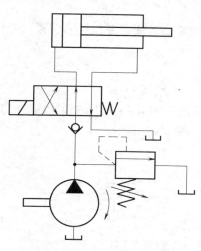

图 7-7　采用单向阀的锁紧回路

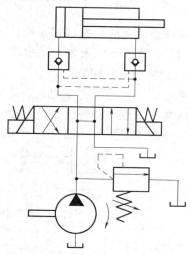

图 7-8　采用液压锁的锁紧回路

7.2　压力控制回路

压力控制回路是利用压力控制阀来控制或调节整个液压系统或液压系统局部油路上的工作压力，以满足液压系统不同执行元件对工作压力的不同要求。压力控制回路主要有调压回路、减压回路、卸荷回路、平衡回路、保压回路等。

7.2.1　调压回路

液压系统的压力必须与负载相适应，才能达到动力损耗小，油液发热少的目的，这可通过调压回路来实现。调压回路用来调定或限制液压系统的最高工作压力，或者使执行元件在工作过程的不同阶段能够实现多种不同的压力变换。这一功能一般由溢流阀来实现，在定量泵供油的液压系统中，因泵的供油量始终大于执行元件所需流量，故多余部分要通过溢流阀流回油箱，工作时溢流阀始终能够处于溢流状态，并保持溢流阀进口的压力基本不变；在变量泵供油系统中，依靠溢流阀在调定压力下溢流并稳压的特点，来限定最高压力，防止系统过载。所以将溢流阀并接在液压泵的出油口，就能达到调定液压泵出口压力基本保持不变的目的。另外，若系统需要两种以上的压力，则可采用多级调压回路。

1. 单级调压回路

单级调压回路中使用的溢流阀可以是直动式溢流阀，也可以是先导式溢流阀。如图 7-9 所示，在定量泵供油系统中，进入执行元件的流量由节流阀 2 调节，在转速一定的情况下，定量泵输出的流量基本不变，且总是大于系统需要的流量，当改变节流阀 2 的开口大小来调节液压缸运动速度时，由于要排掉定量泵输出的多余流量，溢流阀 1 始终处于开启溢流状态，使系统工作压力稳定在溢流阀 1 调定压力值附近。

如果在先导型溢流阀 1 的远控口处接上一个远程调压阀 3，则回路压力可由远程调压阀 3 调节，实现对回路压力的远程调压控制，但此时要求主溢流阀 1 必须是先导式溢流阀，且主溢流阀 1 的调定压力必须大于远程调压阀 3 的调定压力，否则远程调压阀 3 将不起远程调压作用。

2. 多级调压回路

多级调压回路是依靠溢流阀、换向阀等相互组合作用，从而达到系统在两种以上的工作压力下按要求切换工作的目的。图 7-10 所示为使用先导式溢流阀、三位四通电磁换向阀及其他溢流阀组成的三级调压回路。主溢流阀 1 的远控口通过三位四通电磁换向阀 4 分别接到具有不同调定压力的远程调压溢流阀 2 和 3 上。当阀 4 处于中位时，系统工作压力由主溢流阀 1 调定；当阀 4 处于左位时，阀 2 接通主溢流阀 1 的远程控制口，系统压力由阀 2 调定；当阀 4 处于右位时，阀 3 接通主溢流阀 1 的远程控制口，此时系统压力由阀 3 调定。

在这一类回路中，要求远程调压阀的调定压力必须小于主阀的调定压力。在图 7-10 所示回路中，要求阀 2 和阀 3 的调定压力必须小于阀 1 的调定压力，其实质是用三个先导阀分别对一个主溢流阀进行控制，通过一个主溢流阀的工作，使系统得到三种不同的调定压力，并且三种调压情况下绝大部分溢流量都经过阀 1 的主阀阀口流回油箱，只有极少部分经过阀 2、阀 3 或阀 1 的先导阀流回油箱。多级调压多用于动作复杂，负载、流量变化较大的系统，可达到功率合理匹配、节能、降温的作用。

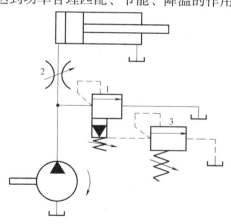

图 7-9　单级调压回路

1—溢流阀　2—节流阀　3—远程调压阀

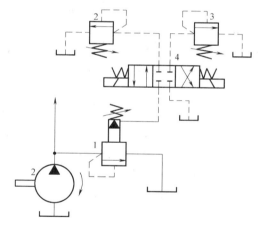

图 7-10　多级调压回路

1—主溢流阀　2、3—远程调压溢流阀
4—三位四通电磁换向阀

3. 采用电液比例溢流阀的无级调压回路

当需要对一个动作复杂的液压系统进行更多级压力控制时，采用上述多级调压回路虽然能够实现这一功能要求，但回路的组成元件多，油路结构复杂，而且系统的压力变化级数有限。

在实际应用中，采用电液比例溢流阀可实现一定范围内压力的连续无级调节，且回路的结构比多级调压回路简单许多。图 7-11 所示为通过电液比例溢流阀进行无级调压的无级调压回路，系统根据液压执行元件工作过程各个阶段的不同压力要求，通过输入装置将需要的多级压力所对应的电流信号输入到比例溢流阀的控制器中，即可达到调节系统工作压力的目的。

7.2.2 减压回路

减压回路的功能在于使系统某一支路上具有低于系统压力的稳定工作压力，如在机床的工件夹紧、导轨润滑及液压系统的控制油路中常需用减压回路。最常见的减压回路是在所需低压的支路上串接定值减压阀。根据支路要求，减压回路也可分为单级减压回路和多级减压回路等类型。

1. 单级减压回路

如图 7-12 所示，液压泵的工作压力由溢流阀 1 调定，支路压力由定值减压阀 2 调定，并低于系统工作压力。回路中的单向阀 3 用于防止当主油路压力由于某种原因低于定值减压阀 2 的调定值时，单向阀反向截止，使液压缸 4 的工作压力不受干扰，从而达到液压缸 4 在短时间内保压作用。

2. 多级减压回路

图 7-13 所示为用先导式减压阀与开停阀、远程调压阀（溢流阀）组成的二级减压回路。正常工作时，液压泵的最大工作压力由溢流阀 1 调定，支路压力由先导式减压阀 2 或远程调压阀 3 调定，此时要求远程调压阀 3 的

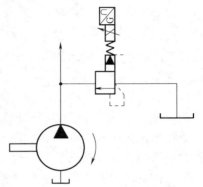

图 7-11　采用电液比例溢流阀的
无级调压回路

调定压力必须低于先导式减压阀 2 的调定压力。当定值减压阀 5 断电时，远程调压阀 3 被断开，不起作用，支路压力由先导式减压阀 2 调定；当定值减压阀 5 通电时，远程调压阀 3 接通先导式减压阀 2 的远程控制口，支路压力由远程调压阀 3 调定，从而达到二级调压的目的。在实际应用中，减压回路也可以采用比例减压阀来实现无级减压。

对于减压回路，要使减压阀能稳定工作，要求系统工作时的最低调定压力应高于支路调定压力 0.5MPa，并使支路压力不低于 0.5MPa，当减压回路中的执行元件需要进行调速时，调速元件应连接在减压阀的后面，以防止减压阀的泄漏对执行元件速度的影响。同时应注意，由于减压阀工作时存在阀口压力损失和泄漏口的容积损失，这种回路不宜在需要压力降低很多或流量较大的场合使用。

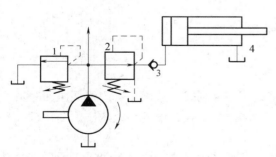

图 7-12　单级减压回路
1—溢流阀　2—定值减压阀
3—单向阀　4—液压缸

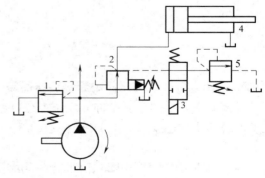

图 7-13　多级减压回路
1—溢流阀　2—先导式减压阀　3—远程
调压阀　4—液压缸　5—定值减压阀

7.2.3 增压回路

当液压系统中某一支路对压力油要求压力较高，但流量又不要求太大时，如果采用高压泵供油不经济，或者没有系统要求的高压泵时，可采用增压回路。这种回路不仅节省能源，而且工作可靠，噪声小。增压回路中实现油液压力放大的主要元件是增压器，以下介绍两种常用的增压回路。

1. 单作用增压器增压回路

图 7-14 所示为使用单作用增压器的增压回路，当换向阀处于右位时，增压器 1 输出压力为 $p_2 = p_1 A_1 / A_2$ 的压力油，并进入工作缸 2；当换向阀处于左位时，工作缸 2 靠弹簧力回程，高位油箱 3 的油液在大气压力作用下经单向阀向增压器 1 右腔补油。这种回路适用于单向作用力大、行程小、作业时间短的场合，如制动器、离合器等。但采用这种增压方式液压缸不能获得连续稳定的高压油源。

2. 双作用增压器增压回路

图 7-15 所示为采用双作用增压器的增压回路。

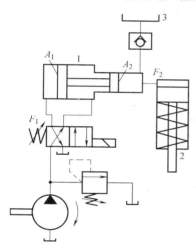

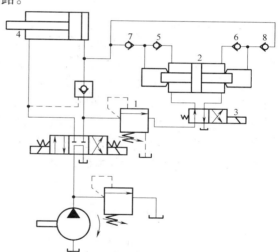

图 7-14　单作用增压器的增压回路
1—增压器　2—工作缸　3—高位油箱

图 7-15　双作用增压器的增压回路
1—顺序阀　2—增压器　3—换向阀
4—工作缸　5~8—单向阀

当工作缸 4 向左运动遇到较大负载时，系统压力升高，油液经顺序阀 1 进入双作用增压器 2，增压器活塞不论向左或向右运动，均能输出高压油，只要换向阀 3 不断切换，增压器 2 就不断往复运动，高压油就连续经单向阀 7 或 8 进入工作缸 4 右腔，此时单向阀 5 或 6 有效地隔开了增压器的高、低压油路。工作缸 4 向右运动时增压回路不起作用。这种回路能连续输出高压油，适用于增压行程要求较长的场合。

7.2.4 卸荷回路

许多机电设备在使用时，执行装置并不是始终连续工作，在执行装置工作间歇的过程中，为了减少动力源和液压系统的功率损失，节省能源，降低液压系统发热，并延长液压泵的使用寿命，要求在液压泵不停止转动的前提下，使其输出油液以较低的输出功率流回油箱，这种压力控制回路称为卸荷回路。

因为液压泵的输出功率等于压力和流量的乘积，因此使液压系统卸荷有两种方法：一种是将液压泵出口的流量通过液压阀的控制直接接回油箱，使液压泵在接近零压的状况下输出流量，这种卸荷方式称为压力卸荷；另一种是使液压泵在输出流量接近零的状态下工作，此时尽管液压泵工作的压力很高，但其输出流量接近零，液压功率也接近零，这种卸荷方式称为流量卸荷。

1. 采用主换向阀中位机能的卸荷回路

在定量泵系统中，利用三位换向阀 M、H、K 型等中位机能的结构特点，可以实现泵的压力卸荷，图 7-16 所示为采用 M 型中位机能换向阀的卸荷回路，当换向阀处于中位时，液压泵输出的油液在不承受负载的情况下，直接通过换向阀的中位流回油箱，使泵出口压力维持在低压状态，达到卸荷的目的。这种卸荷回路的结构简单，但当启动压力较高、流量较大时易产生冲击，一般用于低压小流量场合。实际应用中，当流量较大时，可用液动或电液换向阀来卸荷，并在其回油路上安装一个单向阀 1（作背压阀用），使回路在卸荷状况下，能够保持有 0.3～0.5MPa 的控制压力，实现卸荷状态下对电液换向阀的操纵，但这样会增加一些系统的功率损失。

2. 采用二位二通电磁换向阀的卸荷回路

图 7-17 所示为采用二位二通电磁换向阀的卸荷回路。在这种卸荷回路中，主换向阀的中位机能为 O 型，利用与液压泵和溢流阀同时并联的二位二通电磁换向阀的通与断，实现系统的卸荷与保压功能，二位阀接通时，泵的输出油液通过二位阀直接流回油箱，并使其压力卸荷，当二位阀断开时，泵的输出压力由溢流阀调定，保持一定的工作压力。这类回路的工作特性与利用三位阀中位机能卸荷回路类似，同时要注意二位二通电磁换向阀的压力和流量参数要完全与对应的液压泵相匹配。

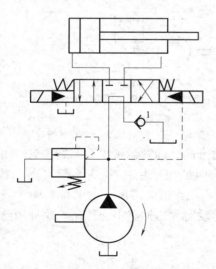

图 7-16　M 型中位机能的卸荷回路

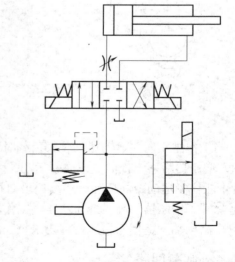

图 7-17　二位二通电磁换向阀的卸荷回路

3. 采用先导型溢流阀和电磁阀组成的卸荷回路

图 7-18 所示是采用二位二通电磁阀控制先导型溢流阀的卸荷回路。当先导型溢流阀 1

的远控口通过二位二通电磁阀2接通油箱时，溢流阀的弹簧室相对工作于最低压力下，溢流阀口全开，使液压泵输出的油液以很低的压力经溢流阀1流回油箱，实现泵的压力卸荷，此时阀1的溢流压力为溢流阀的卸荷压力，为防止系统卸荷或升压时产生压力冲击，一般在溢流阀远控口与电磁阀之间可设置阻尼孔3。这种卸荷回路可以实现远程控制，同时二位二通电磁阀可选用小流量规格，其卸荷时的压力冲击较采用二位二通电磁换向阀卸荷的冲击要小得多。

4. 采用限压式变量泵的流量卸荷回路

图7-19所示为采用限压式变量泵供油的流量卸荷回路，当系统压力超过其限定压力时，随着压力的升高，变量泵的供油量逐渐降低，最终减小为零，从而达到流量卸荷的目的。系统中的溢流阀4作安全阀用，以防止泵的压力补偿装置的零漂和动作滞缓导致系统压力异常。这种回路在卸荷状态下具有很高的控制压力，特别适合各类成型加工机床模具的合模保压控制，使机床的液压系统在卸荷状态下实现保压，有效减少了系统的功率损耗，极大地降低了系统的能量损失和油液的发热。

5. 采用蓄能器保压的卸荷回路

图7-20所示是系统利用蓄能器在使液压缸保持

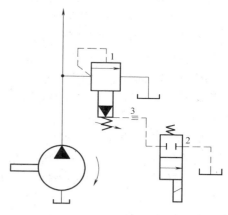

图7-18　采用先导型溢流阀的卸荷回路
1—溢流阀　2—电磁阀　3—阻尼孔

工作压力的同时实现系统卸荷的回路。当回路压力上升到外控式顺序阀2的调定压力时，顺序阀阀口打开，定量泵通过顺序阀2实现压力卸荷，此时单向阀4反向关闭，由充满压力油的蓄能器3向液压缸供油，补充系统泄漏，以保持系统压力；当泄漏引起的回路压力下降到低于顺序阀2的调定压力时，顺序阀2自动关闭，液压泵向系统补油。

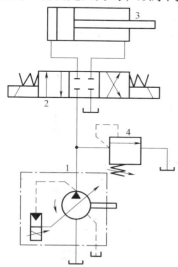

图7-19　采用限压式变量泵的流量卸荷回路
1—变量泵　2—电磁阀
3—液压缸　4—溢流阀

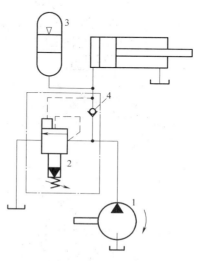

图7-20　采用蓄能器保压的卸荷回路
1—定量泵　2—顺序阀
3—蓄能器　4—单向阀

7.2.5 保压回路

有些机械设备在工作过程中，常常要求液压执行机构在其行程终止时，保持压力一段时间，其功能在于使执行元件在相对停止运动或因工件变形而产生微小位移的工况下能保持系统稳定不变的压力，这类回路称为保压回路。保压回路的保压性能的两个主要指标为保压时间和压力稳定性。常用的保压回路有以下几种。

1. 利用液压泵的保压回路

在保压过程中，液压泵仍以较高的压力（保压所需压力）工作。此时，若采用定量泵则压力油几乎全经溢流阀流回油箱，系统功率损失大，发热严重，故只适合在小功率系统且保压时间较短的场合下使用。若采用限压式变量泵，在保压时泵的压力虽较高，但输出流量几乎等于零，因而系统的功率损失较小，且能随泄漏量的变化而自动调整输出流量，故其效率也较高。

2. 利用蓄能器的保压回路

如图 7-21 所示，当三位四通电磁换向阀左位接入工作时，液压缸向右运动，当执行元件停止运动后，泵的输出油液进入蓄能器，并使系统压力逐渐升高，当进油路压力升高至调定值，压力继电器发出信号使二位二通电磁阀通电，液压泵即在二位二通阀的远程控制下通过溢流阀压力卸荷，此时单向阀自动关闭，液压缸则由蓄能器保压。执行元件压力不足时，压力继电器复位使泵重新工作。保压时间长短取决于蓄能器容量和压力继电器的通断调节区间，而压力继电器的通断调节区间决定了缸中压力的最高和最低值。

3. 自动补油保压回路

图 7-22 所示为采用液控单向阀和电接点压力表的自动补油保压回路，当 1YA 通电，换向阀右位接入回路，液压缸正常工作，当液压缸上腔压力上升至电接点压力表的上限值时，压力表触点通电，使电磁铁 1YA 断电，换向阀处于中位，此时液压泵卸荷，液压缸由液控单向阀保压。当液压缸上腔压力下降到电接点压力表调定的下限值时，压力表又发出信号，使 1YA 通电，液压泵再次向系统供油，使压力上升。因此，这一回路能自动地补充压力油，使液压缸的压力能长期保持在所需范围内。

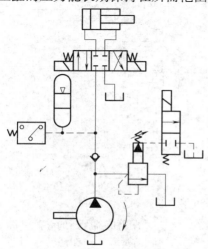

图 7-21　用蓄能器的保压回路

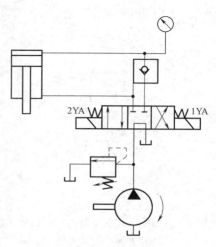

图 7-22　自动补油保压回路

7.2.6 平衡回路

许多机床或机电设备的执行机构是沿垂直方向运动的，这些机床设备的液压系统无论在工作或停止时，始终都会受到执行机构重力负载的作用，如果没有相应的平衡措施对重力负载进行平衡，将会造成机床设备执行装置的自行下滑或操作时的动作失控，其后果将十分危险。平衡回路的功能在于使液压执行元件的回油路上始终保持一定的背压力，以平衡执行机构重力负载对液压执行元件的作用力，使之不会因自重作用而自行下滑，实现液压系统对机床设备动作的平稳、可靠控制。

1. 采用单向顺序阀的平衡回路

图 7-23 所示是采用单向顺序阀的平衡回路，调整顺序阀，使其开启压力略大于工件部件的重力形成的压力，当活塞下行时，由于回油路上存在一定的背压来支承重力负载，只有在活塞的上部具有一定压力时活塞才会平稳下落，当换向阀处于中位时，活塞停止运动，不再继续下行，此处的顺序阀又被称作平衡阀。在这种平衡回路中，顺序阀调整压力调定后，若工作负载变小，则泵的工作压力需要增加，才能使执行元件正常工作，这将使系统的功率损失增大。同时由于滑阀结构的顺序阀和换向阀存在一定的内泄漏，使活塞很难长时间稳定停在任意位置，造成执行元件在重力负载作用下逐渐下滑，故这种回路适用于工作负载固定且液压缸活塞锁定定位要求不高的场合。

2. 采用液控单向阀的平衡回路

图 7-24 所示是采用液控单向阀的平衡回路。由于串接在回油路中的液控单向阀 1 为锥面密封结构，其反向密封性能好，能够保证活塞较长时间在停止位置处不动。这种回路在回油路上串接单向节流阀 2，用于保证活塞下行运动的平稳性。实际工作中，假如回油路上没有串接节流阀 2，活塞下行时液控单向阀 1 被进油路上的控制油打开，回油腔因没有背压，运动部件由于自重而加速下降，造成液压缸上腔供油不足而压力降低，使液控单向阀 1 因控制油路降压而关闭，加速下降的活塞突然停止；阀 1 关闭后控制油路又重新建立起压力，阀 1 再次被打开，活塞再次加速下降。这样不断重复，由于液控单向阀时开时闭，使活塞一路抖动向下运动，并产生强烈的噪声、振动和冲击。

3. 采用外控式顺序阀的平衡回路

图 7-25 所示为采用外控式顺序阀的平衡回路，在工程机械

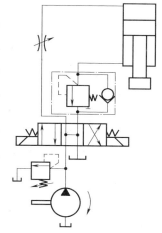

图 7-23 采用单向顺序阀
的平衡回路

液压系统中常被采用，实用中采用 H 型三位换向阀，当换向阀处于中位时，系统及液压缸上腔卸荷，此时由于顺序阀的控制压力处于低压状态，顺序阀口关闭，故对执行元件进行锁紧；当换向阀的左位工作时，上腔压力逐渐升高，到达到顺序阀调定压力时，顺序阀口打开，执行元件下腔通过顺序阀回流，并控制其通流速度，限制执行元件的运动速度。由于外控式顺序阀不但具有很好的密封性，能起到对活塞长时间的锁紧定位作用，而且阀口开口大小能自动适应不同载荷对背压压力的要求，保证了活塞下降速度的稳定性不受载荷变化影响。这种外控式顺序阀又称为限速锁。

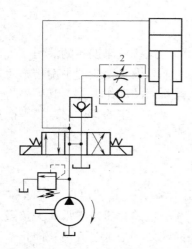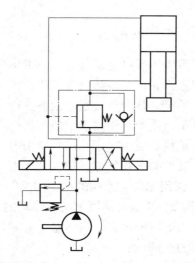

图 7-24　采用液控单向阀的平衡回路
1—液控单向阀　2—节流阀

图 7-25　采用外控式顺序阀的平衡回路

7.2.7　释压回路

液压系统在保压过程中，由于油液压缩性和机械部分产生弹性变形而储存了相当的能量，若立即换向，则会产生压力冲击。因而对容量大的液压缸和高压系统，应在保压与换向之间采取释放过高压力的释压回路。图 7-26 所示为几种常用的释压回路，因为这种回路在工作过程中可以降低局部位置的工作压力，故又叫卸压回路。

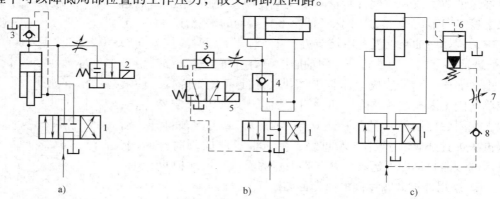

图 7-26　释压回路
a）用节流阀　b）用节流阀、液控单向阀和换向阀　c）用溢流阀
1—主换向阀　2—二位二通换向阀　3、4、8—单向阀　5—二位三通换向阀　6—溢流阀　7—节流阀

图 7-26a 所示为采用节流阀的释压回路，当加压（保压）结束后，首先使二位二通换向阀 2 工作于右位，并使主换向阀 1 切换至中位，缸上腔高压油经节流阀和二位二通阀释压。液压泵短期卸荷后再使主换向阀 1 换接至左位，并使二位二通换向阀 2 左位接入，活塞向上快速运动，上腔油液经主阀和反向打开的液控单向阀 3 流回油箱。

图 7-26b 所示为采用节流阀、液控单向阀和换向阀的释压回路，当主换向阀 1 工作于左

位时，执行元件向右运动，当主换向阀 1 处于中位、二位三通换向阀 5 右位接入时，液控单向阀 3 打开，缸左腔高压油经节流阀和液控单向阀释压，然后将换向阀 1 切换到右位，同时使阀 5 断电复位，活塞便快速退回。

图 7-26c 所示为用溢流阀释压的回路，当换向阀处于图示位置时，溢流阀 6 的远程控制口通过节流阀 7 和单向阀 8 回油箱。调节节流阀的开口大小就可以改变溢流阀的开启速度，也就是调节缸上腔高压油的释压速度。溢流阀的调节压力应大于系统中调压溢流阀（图 7-26c 中未表示）的压力，因此溢流阀 6 也起安全阀的作用。

7.2.8 制动回路

制动回路的功能在于使执行元件平稳地由运动状态转换成停止状态。在制动过程中，要求对油路中出现的异常高压和负压的情况能作出迅速反应，并应使制动时间尽可能短，冲击尽可能小。

1. 采用溢流阀的液压缸制动回路

图 7-27 所示为采用溢流阀的液压缸制动回路。在液压缸两侧油路上设置反应灵敏的小型制动型溢流阀 2 和 4，换向阀切换时，活塞在溢流阀 2 或 4 的调定压力值下实现制动。如活塞向右运动换向阀突然切换时，活塞右侧油液压力由于运动部件的惯性而突然升高，当压力超过阀 4 的调定压力，阀 4 打开溢流，缓和管路中的液压冲击，同时液压缸左腔通过单向阀 3 补油。活塞向左运动，由溢流阀 2 和单向阀 5 起缓冲和补油作用。缓冲溢流阀 2 和 4 的调定压力一般比主油路溢流阀 1 的调定压力高 5%~10%。

2. 采用溢流阀的液压马达制动回路

图 7-28 所示为采用溢流阀的液压马达制动回路。在液压马达的回油路上串接一溢流阀 2。当换向阀 4 电磁铁得电左位接入时，马达由泵供油而旋转，马达排油通过背压阀 3 回油箱，背压阀调定压力一般为 0.3~0.7MPa。当电磁铁失电时，切断马达回油，马达制动。由于惯性负载作用，马达将继续旋转，马达的最大出口压力由溢流阀 2 限定，即出口压力超过阀 2 的调定压力时阀 2 打开溢流，缓和管路中的液压冲击。泵在阀 3 调定的压力下低压卸载，并在马达制动时实现有压补油，使其不致吸空。这种回路溢流阀 2 的调定压力不宜调得过高，一般等于系统的额定工作压力。

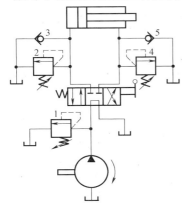

图 7-27　采用溢流阀的液压缸制动回路

1、2、4—溢流阀　3、5—单向阀

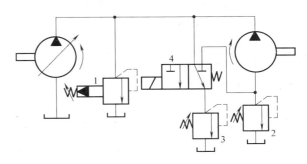

图 7-28　采用溢流阀的液压马达制动回路

1—先导式减压阀　2—溢流阀
3—背压阀　4—换向阀

7.3 速度控制回路

在液压系统中，用于调节和控制执行元件输出速度的各类回路统称为速度控制回路。按控制原理及控制特性的不同，速度控制回路可分为控制和调节执行元件工作进给运动时的输出速度的调速回路、控制执行元件在空行程时获得较高运动速度的快速运动回路和控制工作进给时不同工作速度之间转换的速度换接回路三大类。

7.3.1 调速回路

调速回路在液压传动中占有主导地位，一种机械是否选用液压传动几乎主要取决于调速回路的性能是否能满足需要，并直接影响配套机械的性能、效率、经济性和工作质量。

在液压系统中液压执行元件的主要形式是液压缸和液压马达，它们的工作速度或转速与其输入的流量及其相应的几何参数有关。在不考虑管路变形、油液压缩性和回路各种泄漏因素的情况下液压缸的速度和液压马达的转速分别如下：

液压缸的输出速度为

$$v = \frac{q}{A}$$

液压马达的转速

$$n = \frac{q}{V_M}$$

式中，q 是输入液压缸或液压马达的流量；A 是液压缸的有效作用面积；V_M 是液压马达的排量。

由上面两式可知，要调节液压缸或液压马达的工作速度，可以改变输入执行元件的流量，也可以改变执行元件的几何参数。对于几何尺寸已经确定的液压缸和定量马达来说，要想改变其有效作用面积或排量是困难的，因此，一般只能用改变输入液压缸或定量马达流量大小的办法来对其进行调速；对变量液压马达来说，既可采用改变其输入流量的办法来调速，也可采用在其输入流量不变的情况下改变马达排量的办法来调速。

根据以上原理，按调速方法不同可将调速回路分为三种类型：

1）节流调速回路。这种回路采用定量泵供油，用流量控制阀控制和调节流入或流出执行元件的流量，从而达到控制和调节执行元件输出速度或转速的目的。

2）容积调速回路。这种回路采用的是变量元件，依靠控制和调节变量泵或变量马达的排量，达到控制和调节执行元件的输出速度或转速的目的。

3）容积节流调速回路。这种回路采用压力补偿式的变量泵供油，用流量控制阀控制和调节进入执行元件的流量，从而达到控制和调节执行元件输出速度或转速的目的。

另外，如果驱动液压泵的原动机为内燃机，也可以通过调节发动机转速改变定量液压泵的转速，达到改变输入液压执行元件的流量进行调速的目的。

1. 节流调速回路

节流调速回路主要由定量泵、执行元件、流量控制阀（节流阀、调速阀等）和溢流阀等组成，其中，流量控制阀起调节执行元件输出速度的作用；溢流阀起调节压力或过载安全保护的作用。这种回路的优点是结构简单、成本低，使用、维修方便，所以在机床系统中得到了广泛的应用；其缺点是工作过程中能量损失大，工作效率低，发热大，限制了其使用范围。一般多用在功率不大的场合，例如各类机床的进给传动装置等。

节流调速回路根据流量控制阀在回路中安放位置的不同分为进油路节流调速、回油路节流调速、旁油路节流调速三种基本形式，回路中的流量控制阀可以采用节流阀或调速阀进行控制。

（1）进油路节流调速回路　如图 7-29 所示，进油路节流调速回路将节流阀串联在液压泵和液压缸之间，用它来控制进入液压缸的流量达到调速目的。工作过程中，由于定量泵多余油液通过溢流阀回油箱，溢流阀始终处于溢流状态，定量泵出口的压力 p_p 保持在溢流阀的调定压力下，且基本保持恒定，与液压缸负载的变化无关，所以这种调速回路也称为定压节流调速回路。

1）速度负载特性。在图 7-29 所示进油路节流调速回路中，设 q_p 为泵的输出流量，p_p 为溢流阀调定压力，q_1 为流经节流阀进入液压缸的流量，Δq 为溢流阀的溢流量，p_1 和 p_2 为液压缸无杆腔和有杆腔的工作压力，A_1 和 A_2 为液压缸两腔作用面积，A_T 为节流阀的通流面积，K_L 为节流阀阀口的流量系数，F_L 为负载的大小。根据液压缸输出速度的计算，可知液压缸活塞运动速度

$$v = \frac{q_1}{A_1} \tag{7-1}$$

此时流经节流阀的流量 q_1 为

$$q_1 = K_L A_T \sqrt{\Delta p} = K_L A_T (p_p - p_1)^{1/2} \tag{7-2}$$

由力的平衡条件可列出液压缸活塞的受力平衡方程

$$p_1 A_1 = p_2 A_2 + F_L \tag{7-3}$$

由于进油路调速回路缸回油腔与油箱相通，近似认为 $p_2 = 0$，将上面三式整理，消去 p_1，得到方程为

$$v = \frac{q_1}{A_1} = \frac{K_L A_T}{A_1} \left(p_p - \frac{F_L}{A_1} \right)^{1/2} \tag{7-4}$$

式（7-4）即为进油路节流调速回路的速度负载特性方程，它反映了速度 v 与负载 F_L 和节流阀通流面积 A_T 三者之间的关系。图 7-30 所示为利用速度负载特性方程作出的进油路节流调速回路速度负载特性曲线。

从特性方程和特性曲线可以看出，当其他条件不变时，活塞运动速度 v 与节流阀通流面积 A_T 成正比，所以，应用中只要调节 A_T 就能实现对执行元件输出速度进行无级调速。当节流阀通流面积 A_T 一定时，活塞运动速度 v 随负载 F_L 的增加按抛物线规律下降，且阀开口越大，负载对速度的影响也越大。

2）最大承载能力与速度刚性。由速度负载特性方程可知，不论节流阀通流面积 A_T 怎么变化，当节流阀进出口压差为零时，活塞的运动速度 $v = 0$，此时液压泵的流量全部经溢流阀流回油箱，其承载能力也达到了最大值，其大小为

$$F_{Lmax} = p_p A_1 \tag{7-5}$$

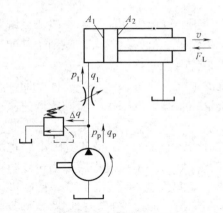

图 7-29 进油路节流调速回路

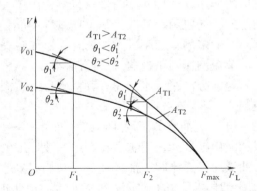

图 7-30 进油路节流调速回路速度-负载特性曲线

从速度-负载特性曲线上可以看出：尽管节流阀有不同的通流面积 A_T，但最终总是交于横坐标轴上的 F_{Lmax} 点。

当节流阀的通流面积一定时，活塞速度随负载变化的程度不同，表现出速度抗负载作用的能力也不同，这种特性称为回路的速度刚性，可以用速度-负载特性曲线的斜率来表示，计算表达式为

$$k_v = -\frac{\partial F}{\partial v} = -\frac{1}{\tan\theta} \tag{7-6}$$

在速度负载特性方程中，让承载力对输出速度求导，可得

$$k_v = \frac{2p_p - F_L}{v} \tag{7-7}$$

从式（7-7）和速度-负载特性曲线可以看出，当节流阀通流面积 A_T 一定时，负载 F_L 越小，回路的速度刚性 k_v 越大；当负载 F_L 一定时，活塞速度越低，速度刚性 k_v 越大。增大系统调定压力 p_p 和液压缸有效工作面积 A_1 可以提高回路的速度刚性 k_v，即这种调速回路在轻载低速时有较高的速度刚度。

3）功率特性。在图 7-29 所示的回路中，液压泵输出功率 $P_p = p_p q_p =$ 常量，液压缸输出的有效功率 $P_1 = F_L v = F_L q_1/A_1 = p_1 q_1$，式中 q_1 为负载流量，即进入液压缸的流量，则回路的功率损失为

$$\begin{aligned}
\Delta P &= P_p - P_1 = p_p q_p - p_1 q_1 \\
&= p_p(q_1 + \Delta q) - (p_p - \Delta p)q_1 \\
&= p_p \Delta q + \Delta p q_1
\end{aligned} \tag{7-8}$$

从以上分析可见，这种回路的功率损失由两部分组成，包括溢流阀将多余的油液流回油箱时的溢流损失 $\Delta P_1 = p_p \Delta q$ 和油液流经节流阀时的节流损失 $\Delta P_2 = \Delta p q_1$。则回路的实际工作效率为

$$\eta = \frac{P_p - \Delta P}{P_p} = \frac{p_1 q_1}{p_p q_p} \tag{7-9}$$

进油路节流调速回路由于存在两种功率损失，所以回路的效率较低，尤其是在低速、小负载情况下，效率更低，并且此时的功率损失主要是溢流功率损失 ΔP_1，这些功率损失会造

成液压系统发热，引起系统油温升高。

（2）回油路节流调速回路　如图 7-31 所示，回油路节流调速回路将节流阀串联在液压缸的回油路上，借助节流阀控制液压缸的排油流量来实现速度调节。由于进入液压缸的流量受流出液压缸的流量的限制，所以调节液压缸的排油量，也就间接地调节了进入液压缸的流量，定量泵输出的多余的流量由溢流阀流回油箱，此时，液压泵的出口至液压缸进油腔的工作压力如果不考虑系统能量损耗，基本保持在溢流阀的调定压力下。下面对回油路节流调速回路采用与进油路节流调速回路同样的方法进行分析。

液压缸活塞运动速度为

$$v = \frac{q_2}{A_2} \tag{7-10}$$

此时液压缸排出并流经节流阀的流量为

$$q_2 = K_L A_T (p_2 - p_\alpha)^{1/2} = K_L A_T (p_2)^{1/2} \tag{7-11}$$

液压缸活塞的受力平衡方程为

$$p_p A_1 = p_2 A_2 + F_L \tag{7-12}$$

若近似认为 $p_\alpha = 0$，则回油路节流调速回路的速度负载特性方程为

$$v = \frac{q_2}{A_2} = \frac{K_L A_T}{A_2} \left(\frac{p_p A_1 - F_L}{A_2} \right)^{1/2} \tag{7-13}$$

仅从速度负载特性方程来看，回油路节流调速回路与进油路节流调速回路的工作特性是基本相同的，即：有相对恒定的最大承载能力；在低速、轻载时有较好的速度刚性；功率损耗较大等。但由于二者流量阀所连接的位置不同，在实际应用中还有一定的不同之处，具体表现为：

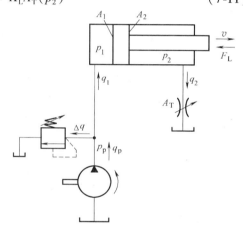

图 7-31　回油路节流调速回路

1）承受负值负载的能力。负值负载是指外负载作用力的方向和执行元件运动方向相同的负载。回油路节流调速回路的回油腔在流量阀的作用下存在一定的背压，在承受负值负载时背压能阻止工作部件的前冲，即能在负值负载下工作。而进油路节流调速回路由于回油腔没有背压，不能在负值负载下工作。

2）运动平稳性。回油路节流调速回路由于回油路上始终存在背压，可有效地防止空气从回油路吸入，因而低速时不易爬行，高速时不易振颤，即运动平稳性好。而在进油路节流调速回路中，回油路中无背压，运动平稳性相对较差。但在使用单杆式液压缸的场合，进油路节流调速回路能获得更低的稳定速度。

3）油液发热对泄漏的影响。进油路节流调速回路中通过节流阀后发热了的油液直接进入液压缸，会使液压缸的泄漏增加；而回油路节流调速回路中，油液经节流阀温升后直接回油箱，经冷却后再进入系统，对系统泄漏影响相对较小。因此，发热和泄漏对进油路节流调速回路的影响较大。

4）实现压力控制的方便性。进油路节流调速回路的进油腔压力随负载同步变化，当工作部件碰到死挡铁停止运动后，其压力将升至溢流阀调定压力，可利用这一压力升高的特性

提取压力信号，作为控制下一个动作的指令信号。在回油路节流调速回路中，进油腔压力不变，回油腔压力随负载变化反向变化，在工件碰到固定挡铁时，压力逐渐降低为零，不易提取压力信号，所以很少采用这种方法。

5）启动性能。回油路节流调速回路中若停车时间较长，液压缸回油腔的油液会泄漏回油箱，重新启动时因背压不能迅速建立，将会引起启动瞬间工作机构的启动前冲现象。而在进油路节流调速回路中，由于进入液压缸的油液必须通过流量阀的控制，所以执行元件前冲量相对很小，甚至没有启动冲击。

综上所述，采用节流阀进油路、回油路节流调速回路的结构简单，价格低廉，但负载变化对速度的影响较大，低速、小负载时的回路效率较低，因此该调速回路适用于负载变化不大、低速、小功率的调速场合。

（3）旁油路节流调速回路 如图 7-32 所示，旁油路节流调速回路将流量阀并联在液压缸上，从定量泵输出的流量一部分通过节流阀流回油箱，一部分流量直接进入液压缸，使得活塞获得一定的运动速度。调节节流阀的通流面积，可调节进入液压缸的流量，从而实现调速。由于溢流阀直接与液压缸和定量泵并联，液压缸负载的变化将直接影响到溢流阀的进口压力，故正常工作时溢流阀处于关闭状态，溢流阀在回路中作安全阀用，其调定压力为最大负载压力的 1.1 ~ 1.2 倍，只有在回路过载时，溢流阀才开启溢流。液压泵的供油压力 p 将随负载压力变化，不是一个定值，因此这种调速回路也称为变压节流调速回路。

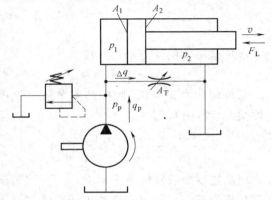

图 7-32 旁油路节流调速回路

1）速度负载特性与速度刚性。以图 7-32 所示为例，用进、出油路节流调速回路特性的推导方法来分析旁油路节流调速回路，可得旁油路节流调速回路的速度负载特性方程为

$$v = \frac{q_1}{A_1} = \frac{q_p - K_1\left(\dfrac{F}{A_1}\right) - KA_T\left(\dfrac{F}{A_1}\right)^{1/2}}{A_1} \tag{7-14}$$

式中，q_p 是定量泵的理论流量；K_1 是泵的泄漏系数；K 是节流阀的流量系数；A_T 是节流阀的通流面积；F 是液压缸承受的负载；A_1 是液压缸进油腔有效工作面积。

但必须注意的是，在旁油路节流调速回路中，由于液压泵出油口处的工作压力随外负载的变化而变化，所以液压泵的泄漏量也在随压力的变化而成正比地变化，并对执行元件的输出速度产生了附加影响，在分析过程中必须对此加以考虑。

根据速度负载特性方程，选取不同的节流阀通流面积 A_T，可作出速度-负载特性曲线，如图 7-33

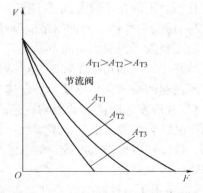

图 7-33 旁油路节流调速速度-负载特性曲线

所示。由特性曲线可以看出，当节流阀通流面积一定而负载增加时，速度显著下降，负载越大，速度刚性越大；当负载一定时，节流阀通流面积 A_T 越小（活塞运动速度越高），速度刚性越大，这与前两种调速回路正好相反。这种调速回路的低速性还会受到泵泄漏量的直接影响，当负载变化时会引起泵的泄漏量变化，对泵的实际输出流量产生直接影响，导致回路的速度抗负载变化的能力较前两种回路要差。

2）功率特性。在旁油路节流调速回路中，因为系统的工作压力随外负载的变化而发生变化，与液压泵并接的溢流阀在这个回路中作安全阀使用。在正常工作时，溢流阀口处于关闭状态，没有油液流过，在工作过程中也就没有溢流损失，故功率特性与其他回路调节有一定的不同之处，具体分析如下：

液压泵的输出功率为

$$P_p = p_p q_p = p_1 q_p \tag{7-15}$$

液压缸进油腔压力，即负载压力为

$$p_1 = \frac{F}{A_1} \tag{7-16}$$

此时液压缸的输出功率为

$$P_1 = p_1 q_1 \tag{7-17}$$

油液流经节流阀时的回路功率损失为

$$\Delta P = P_p - P_1 = p_1 q_p - p_1 q_1 = p_1 \Delta q \tag{7-18}$$

则这种回路的工作效率为

$$\eta = \frac{P_1}{P_p} = \frac{p_1 q_1}{p_1 q_p} = \frac{q_1}{q_p} \tag{7-19}$$

由以上分析可看出，旁油路节流调速回路只有节流损失，没有溢流损失，因而其功率损失比前两种调速回路小，效率高；但速度负载特性较差。这种调速回路一般用于功率较大、速度较高且调速范围不大、对速度稳定性要求不高的场合。

（4）改善节流调速回路速度负载特性措施　采用节流阀的节流调速回路速度刚性差，主要是由于负载的变化会造成节流阀前后压差的变化，即使节流阀通流面积 A_T 没有变化，也会引起通过节流阀的流量发生变化。在负载变化较大而又要求速度稳定时，这种调速回路无法满足要求。

在实际应用中，如果将节流调速回路中的节流阀用调速阀代替，回路的负载特性将大为提高。这是因为调速阀能在负载变化引起调速阀进出口压力差变化的情况下，保证调速阀中节流阀节流口两端的压差基本不变，如果此刻不改变调速阀开度大小，负载的变化对通过调速阀的流量几乎没有影响，因而回路的速度刚性能有较大提高。采用调速阀的进、回油路节流调速回路和旁油路节流调速回路的速度-负载特性曲线分别如图 7-34 和图 7-35 所示。

从图 7-34 和图 7-35 中发现，在一定的负载变化范围内，当调速阀开口面积一定时，无论负载怎样变化，回路的速度都基本不变，即速度只与阀的开度有关与负载无关。需要指出是，用调速阀代替节流阀后，油液流经调速阀时必然要消耗更多的能量，从而使系统的效率降低，所以该回路速度刚性的提高是通过降低回路效率而得到的，即通过牺牲一部分回路的效率来换取回路速度刚性的提高。实际应用中，为了保证调速阀在回路最大负载下也能够正常工作，必须保证此时调速阀两端的最小压差大于一定数值（一般中低压调速阀正常工作的最小压差为 0.5MPa、高压调速阀正常工作的最小压差为 1MPa），使调速阀中定差减压阀此时仍能起到压力补偿作用，否则在压差小于上述值时调速阀和节流阀调速回路的负载特性相同。

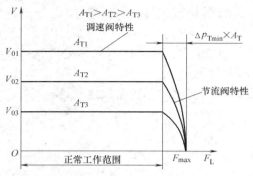

图 7-34　用调速阀的进、回油路节流调速回路

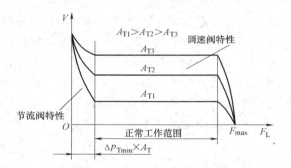

图 7-35　用调速阀的旁油路节流调速回路

2. 容积调速回路

容积调速回路是通过改变液压泵或液压马达排量，调节进入执行元件的流量或使液压马达的排量适应于输入流量来调节执行元件的运动速度的调速回路。由于容积调速回路中没有流量控制元件，回路工作时液压泵与执行元件（液压马达或液压缸）的流量完全匹配，因此，这种回路没有溢流损失和节流损失，回路的效率高，发热少，适用于大功率液压系统。但由于受工作压力变化的影响，液压泵和液压马达的泄漏量在发生变化，故稳定性比节流调速回路要差。

容积调速回路按其油路循环的方式不同，分为开式循环回路和闭式循环回路两种形式。其中，开式循环回路指回路工作时，液压泵从油箱中吸油，经过回路工作以后的油液流回油箱，使回流油液在油箱中停留一段时间，达到降温、沉淀杂质、分离气泡之目的；开式循环回路的结构简单，散热性能较好，但回路的结构相对较松散，空气和脏物容易侵入系统，会影响系统的工作。闭式循环回路是指在回路工作时，管路中的绝大部分油液在系统中被循环使用，只有少量的液压油液通过补油液压泵从油箱中吸油进入到系统中，实现系统油液的降温、补油；闭式循环回路的结构紧凑，回路的封闭性能好，空气与脏物较难进入，但回路的散热性能较差，要配有专门的补油装置进行泄漏补偿，置换掉一些工作的温度升高的热油，以维持回路的流量和温度平衡。

根据液压泵与液压马达（缸）的组合不同，容积调速回路分为变量泵-液压缸容积调速回路、变量泵-定量马达容积调速回路、定量泵-变量马达容积调速回路、变量泵-变量马达容积调速回路等四种形式。

（1）变量泵-液压缸容积调速回路　图 7-36 为变量泵和液压缸组成的开式循环容积调速回路，回路正常工作时溢流阀处于关闭状态，作安全阀用。工作时，改变变量泵的排量，即可改变进入

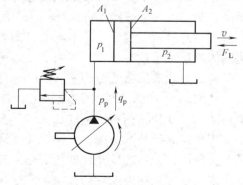

图 7-36　变量泵-液压缸容积调速回路

液压缸的流量，从而改变液压缸的输出速度。如果设液压泵的排量为 V_p，转速为 n_p，输出功率为 P_p，溢流阀的调定压力为 p_p，液压缸进油腔有效工作面积为 A_1，输出速度为 v，最大承载能力为 F_{max}，输出功率为 P，则有

$$\begin{cases} v = \dfrac{V_p n_p}{A_1} \\ P = P_p = p_p V_p n_p \\ F_{max} = p_p A_1 \end{cases} \tag{7-20}$$

从式（7-20）可知，液压缸的输出速度 v 正比于液压泵的排量 V_p，即改变液压泵的排量时，液压缸的输出速度成正比的增大或减小。系统的工作压力由安全阀调定，故当不计系统压力损失时，液压缸的最大输出功率与液压泵的最大输出功率相等，并正比于液压泵的排量。液压缸的最大承载能力为定值，所以此回路又叫恒推力容积调速回路。这种回路的调速特性如图 7-37a 所示。

在实际应用中，由于液压泵和液压缸的泄漏随负载的增大和工作压力的升高而增大，使液压缸的实际输出速度明显降低，从而使液压缸低速运动时的承载能力受到限制，负载对输出特性的影响如图 7-37b 所示。所以，变量泵-液压缸容积调速回路常用于插床、拉床、压力机、推土机、升降机等大功率的液压系统中。

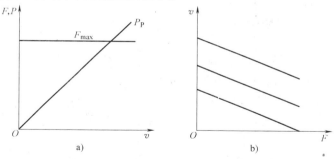

图 7-37　变量泵-液压缸容积调速回路调整特性
a）调整特性曲线　b）负载对输出速度的影响

（2）变量泵-定量马达容积调速回路　图 7-38 所示为变量泵-定量马达组成的闭式循环的容积调速回路。正常工作时，回路中高压管路上设有溢流阀 4，作为安全阀使用防止回路过载；回路低压管路上并联一低压小流量的辅助泵 1，用来补充变量泵 3 和定量马达 5 的泄漏量，辅助泵的供油压力由低压溢流阀 6 调定；辅助泵 1 与溢流阀 6 使回路的低压管路始终保持一定压力，不仅改善了主泵的吸油条件，而且可置换部分发热油液，降低系统温升。

如果设液压泵的排量为 V_p，泵输入转速为 n_p，泵的输出功率为 P_p，溢流阀 4 的调定压力为 p_p，液压马达的输出转速为 n_M，输出转矩为 T_{Mmax}，输出功率为 P_M，若不考虑系统工作时的任何能量损耗，则它们之间有如下关系

$$\begin{cases} n_M = \dfrac{V_p n_p}{V_M} \\ P_M = P_{Pmax} = p_p V_p n_p \\ T_{Mmax} = \dfrac{p_p V_M}{2\pi} \end{cases} \tag{7-21}$$

由图 7-38 和式（7-21）可知，液压泵 3 的转速 n_p 和液压马达 5 的排量 V_M 为常量，改变泵 3 的排量 V_p 可使马达转速 n_M 和输出功率 P_M 成正比的增大或减小，而马达的最大输出转矩 T_{Mmax} 相对为为定值，故此回路又叫恒转矩容积调速回路，回路特性曲线如图 7-39 所示。这种回路的调速范围取决于变量泵的流量调节范围，调速范围宽，并且当回路中泵和马达都选用双向泵和双向马达时，马达可以实现平稳地换向运动。常应用于小型内燃机、液压起重机、船用绞车等。

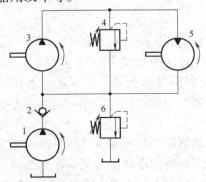

图 7-38　变量泵-定量马达容积调速回路
1—辅助泵　2—单向阀　3—变量泵
4、6—溢流阀　5—定量马达

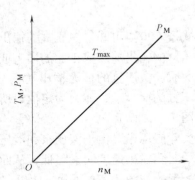

图 7-39　变量泵-定量马达容积调速回路特性曲线

（3）定量泵-变量马达容积调速回路　图 7-40 所示为定量泵-变量马达组成的闭式循环容积调速回路。正常工作时，溢流阀 2 阀口关闭，是安全阀。由泵 4 和溢流阀组成的补油回路作用与图 7-38 中的泵 1 和溢流阀 6 的作用相同。如果设定量泵 1 的排量为 V_p，输入转速为 n_p，输出功率为 P_p，溢流阀 2 的调定压力为 p_p，变量马达 3 的排量为 V_M，输出转速为 n_M，最大输出转矩为 T_{Mmax}，最大输出功率为 P_{Mmax}，则有

$$\begin{cases} n_M = \dfrac{V_p n_p}{V_M} \\ P_{Mmax} = p_p V_p n_p \\ T_{Mmax} = \dfrac{p_p V_M}{2\pi} \end{cases} \qquad (7\text{-}22)$$

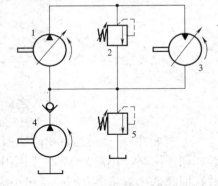

图 7-40　定量泵-变量马达容积调速回路
1—定量泵　2、5—溢流阀
3—变量马达　4—辅助泵

由于定量泵 1 的输出排量不变，所以改变变量马达 3 的排量 V_M 可使马达转速 n_M 成反比变化。溢流阀 2 作为安全阀使用，变量马达的最大输出速度正比于马达本身的排量，同时变量马达的最大输出功率在不考虑系统能量损耗的前提下与定量泵的输出功率相同，故这种回路称为恒功率调速回路，其调速特性如图 7-41 所示。

在实际应用中，这种回路由于液压马达的转速反比于排量而转矩正比于排量，即马达的转矩反比于自身的转速，同时考虑到系统泄漏及机械磨损对工作性能的影响，回路的实际调速范围较小，所以很少单独使用。

（4）变量泵-变量马达容积调速回路　图 7-42a 所示为双向变量泵-双向变量马达组成的闭式循环容积调速回路。这种调速回路是上述两种调速回路的组合，由于泵和马达的排量均可改变，故增大了调速范围，并扩大了液压马达输出转矩和功率的选择余地。回路中各元件对称布置，改变泵的供油方向，即实现马达正反向旋转。单向阀 4 和 5 用于辅助泵 3 双向补油，单向阀 6 和 7 使溢流阀 8 在两个方向都起过载保护作用。在实际工作中，一般工作部件都在低速时要求有较大的转矩，高速时能提供较大的输出功率，采用这种回路恰好可以达到这个要求。在低速段调速时，先将马达排量调至最大 V_{Mmax}，用变量泵进行调速，当泵的排

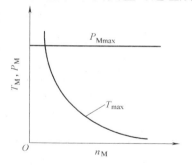

图 7-41　定量泵-变量马达容积
调速回路特性曲线

量由最小逐渐变大，直至变到最大 V_{pmax}，马达转速随之逐渐升高，回路的输出功率亦随之线性增加；此时，因马达排量处在最大值，马达能获得最大输出转矩，当负载不变时，回路处于恒转矩调速状态。在高速段调速时，泵为最大排量 V_{pmax}，将变量马达的排量由大逐步调小，使马达转速继续升高，但马达输出的转矩逐渐降低；此时，因泵处于最大输出功率状态不变，故马达处于恒功率状态。变量泵-变量马达容积调速回路的特性曲线如图 7-42b 所示。这种回路由于调速范围较大，常用在各种行走机械、牵引机等大功率的机械设备中。

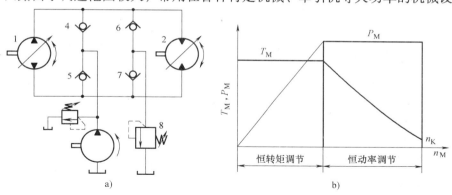

图 7-42　变量泵-变量马达容积调速回路
a）基本回路　b）特性曲线

3. 容积节流调速回路

容积节流调速回路采用压力补偿型变量泵供油，用流量控制阀调节进入或流出液压缸的流量来调节其运动速度，并使变量泵的输油量自动与液压缸所需流量相适应，因此它同时具有节流调速和容积调速回路的共同优点。这种调速回路工作时只有节流损失，无溢流损失，回路的效率较高，且回路的调速性能取决于流量阀的调速性能，与变量泵泄漏无关，因此回路的低速稳定性比容积调速回路好。这类回路常用于空载时需快速，承载时需稳定低速的各种中等功率机械设备的液压系统中，如组合机床、车床、铣床等液压系统。

（1）限压式变量叶片泵和调速阀的容积调速回路　如图 7-43 所示，变量泵 1 输出的压力油流量为 q_p，压力油经调速阀 2 进入液压缸工作腔，回油经背压阀 3 后返回油箱。当需要

调小调速阀的流量进行调速时，在关小调速阀中节流口开度使得输入流量 q_1 减少的瞬间，由于泵的输出流量还未来得及改变，出现了 $q_p > q_1$，导致泵的出口压力 p_p 增大，其反馈作用使变量泵的输出流量 q_p 自动减小到与 A_T 对应的 q_p，使 $q_p = q_1$；反之，开大调速阀中节流口开度使得 q_1 增大的瞬间，由于泵的输出流量还未来得及改变，出现了 $q_p < q_1$，导致泵的出口压力降低，其输出流量自动增大到 $q_p = q_1$。由此可见，回路中的调速阀 2 不仅起流量调节作用，而且作为检测元件将其流量转换为压力信号来控制泵的变量机构。

由以上分析可知，当改变调速阀中节流阀的通流面积 A_T 的大小，就可以使泵 1 的输出流量 q_p 和通过调速阀进入液压缸的流量 q_1 自相适应，实现对液压缸的运动速度的调节。当调速阀开度一定时，泵出口压力也就完全确定，它与负载压力的变化无关，因此这种调速回路称为定压式容积节流调速回路。

定压式容积节流调速回路的特性曲线如图 7-44 所示，图中曲线 1 是限压式变量泵的压力-流量特性曲线。图中曲线 2 是调速阀在某一开度 A_{T1} 时回路的压差-流量特性曲线，曲线的左段为水平线，说明当调速阀的开口一定时，液压缸的负载变化引起液压缸工作压力 p_1 变化，但通过调速阀进入液压缸的流量 q_1 为定值，此水平线的延长线与曲线 1 交于 b 点，这一点即为液压泵的工作点，也是调速阀的共作点。b 点对应压力为泵的工作压力，a 点压力为液压缸压油腔工作压力。

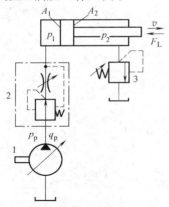

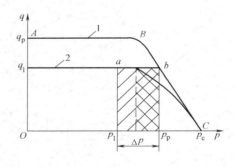

图 7-43　定压式容积节流调速回路　　　　　图 7-44　定压式容积节流调速回路特性曲线
1—变量泵　2—调速阀　3—背压阀

如果液压缸长时间在轻载下工作，则调速阀两端压差相对较大，此时在调速阀上形成的功率损失较大，系统的工作效率低。因此在实际应用时，除应调节变量泵的最大偏心满足液压缸快速运动所需的流量外，还应调节泵的限定压力，使系统在轻载工作时，有尽可能小的能量损耗，在负载最大时，使泵的工作特性达到最佳状态。

（2）差压式变量叶片泵和节流阀的调速回路　这种调速回路采用差压式变量叶片泵供油，通过节流阀来确定进入液压缸或自液压缸流出的流量，不但使变量泵输出的流量与液压缸所需流量自相适应，而且液压泵出口的工作压力能自动跟随负载压力的增减而增减，因此这种回路也称为变压式容积节流调速回路。

如图 7-45 所示，在液压缸的进油路上装有一节流阀，节流阀两端的压差反馈作用在变量叶片泵的两个控制活塞（柱塞）上。回路中溢流阀 4 为安全阀，固定阻尼孔 5 用于防止定子移动过快引起的振荡，以提高变量时的动态特性。如果设柱塞罐 1 中柱塞的有效工作面积为 A_1，活塞缸 2 中的活塞端面积为 A，活塞杆面积为 A_2，其中柱塞缸 1 中的柱塞面积和活塞缸 2 中的活塞杆面积相等。因此变量泵定子的偏心距大小，受到节流阀两端压差的直接控制。改变节流阀开度大小，就可以控制进入液压缸的流量 q_1，并使泵的输出流量 q_p 自动与 q_1 相适应。若 $q_p > q_1$，泵的供油压力 p_p 将上升，泵的定子在控制活塞的作用下右移，减小偏心距，使 q_p 减小至 $q_p \approx q_1$；反之，若 $q_p < q_1$，泵的供油压力 p_p 将下降，引起定子左移，加大偏心距，使 q_p 增大至 $q_p \approx q_1$。

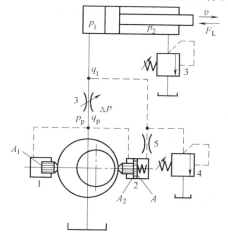

如果以泵的定子为对象列受力平衡方程式，当只考虑弹簧力与油液压力对其的作用，则有

$$p_p A_1 + p_p(A - A_1) = p_1 A + F_s \qquad (7\text{-}23)$$

整理可得

$$\Delta p = p_p - p_1 = \frac{F_s}{A} \qquad (7\text{-}24)$$

图 7-45　变压式容积节流调速回路
1—柱塞缸　2—活塞缸　3—可调节流阀
4—溢流阀　5—固定阻尼孔

式中，F_s 是活塞缸 2 中的弹簧力。

由此可见，在这种回路中，节流阀两端的压差 Δp_T 基本上由作用在变量泵控制活塞上的弹簧力 F_s 和控制活塞面积 A 来确定，是一个常数，与负载无关，这样可以确保节流阀前后的压力差是一个不变的值。因此输入液压缸流量不受负载变化的影响，只和节流阀的开度大小有关，这种回路具有良好的稳速特性。由于液压泵输出的流量始终与负载流量相适应，泵的工作压力 p_p 始终比负载压力 p_1 大一恒定值：$\Delta p_T = F_s / A$。回路不但没有溢流损失，而且节流损失较限压式变量泵和调速阀的调速回路小，因此回路效率高，发热小。回路效率为

$$\eta = \frac{p_1 q_1}{p_p q_p} = \frac{p_p - \Delta p}{p_p} \qquad (7\text{-}25)$$

综上所述，回路中的节流阀在起流量调节作用的同时，又将流量检测为压力差信号，反馈作用控制泵的流量，泵的出口压力等于负载压力加节流阀前后的压力差。这种调速回路，特别适用于负载变化较大、对速度负载特性要求较高的场合，如组合机床的进给系统等。

7.3.2　快速动作回路

快速动作回路又称增速回路，其功用在于：当泵的流量一定，使液压执行元件在获得尽可能大的工作速度的同时，能够使液压系统的输出功率尽可能小，实现系统功率的合理匹配，以提高系统的工作效率。绝大多数液压设备都有这一辅助运动功能，这种运动一般都是空载运动，基本特点是速度很快，负载很小，使液压系统处于低压、大流量、小功率的工作状态。常用的快速运动回路一般有采用单杆式液压缸差动连接快速回路、双泵供油快速回路、充液增速回路和蓄能器供油快速回路等类型。

1. 液压缸差动连接快速动作回路

图 7-46 所示是利用二位三通换向阀实现的液压缸差动连接的回路，当二位三通换向阀

工作于右位时，单杆式液压缸形成差动连接，液压缸有杆腔的回油流量和液压泵输出的流量合在一起共同进入液压缸无杆腔，使活塞快速向右运动。在实际应用中，常用 P 型中位机能的三位换向阀实现液压缸的差动连接。

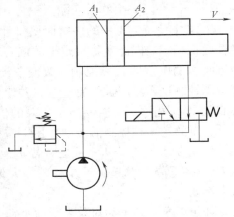

这种回路结构简单，可在不增加泵流量的前提下提高执行元件的输出速度，故应用较多，但由于液压缸的结构限制，液压缸的速度加快有限，有时不能满足快速运动的要求，且在选择和使用各类阀时，阀类元件的通流量必须同时考虑泵的输出流量和有杆腔的输出流量，否则会造成阀类元件通流量不足而使系统的压力损失增大，当泵的供油压力达到或高于溢流阀的测定压力时，溢流阀处于溢流状态，部分油液经溢流阀流回油箱而达不到差动快进的目的。

图 7-46　液压缸差动连接快速回路

2. 双泵供油快速动作回路

图 7-47 所示是利用双联泵供油的快速动作回路，在回路中采用低压大流量泵 1 和高压小流量泵 2 组成的双联泵作动力源；外控顺序阀 3 根据系统的工作压力大小，决定泵 1 是否向系统供油，溢流阀 5 确定小流量泵 2 供油时系统的最高工作压力（工进时系统的最高稳定压力）。当换向阀 6 处于图示位置且空载运动时，由于空载时负载很小、系统压力很低，系统压力低于外控式顺序阀 3 调定压力时，则阀 3 处于关闭状态，低压大流量泵 1 的输出流量通过单向阀 4，与泵 2 的流量汇合实现两个泵同时向系统供油，活塞快速向右运动。此时尽管回路的流量很大，但由于负载很小，回路的压力很低，所以回路输出的功率并不大；当换向阀 6 处于右位时，由于节流阀 7 的节流作用，造成系统压力达到或超过外控式顺序阀 3 的调定压力，使阀 3 打开，大流量泵 1 的流量经过外控式顺序阀 3 流回油箱，且处于卸荷

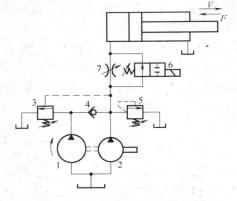

图 7-47　双泵供油快速动作回路
1—低压大流量泵　2—高压小流量泵　3—外控式顺序阀
4—单向阀　5—溢流阀　6—换向阀　7—节流阀

状态，单向阀 4 自动关闭，将泵 2 与泵 1 隔离，只有小流量泵 1 向系统供油，活塞慢速向右运动，此时溢流阀 5 处于溢流状态，保持系统压力基本不变。在工进时，由于只有高压小流量泵 2 向系统供油，大流量泵 1 处于卸荷状态，减少了动力消耗，所以回路效率较高。

采用双泵供油的快速运动回路在回路获得很高速度的同时，使系统的功率损耗相对较小，并使液压系统功率匹配合理，因而应用较为普遍。

3. 充液增速回路

当回路快速运动需要的流量很大时，直接用液压泵供油不经济，且有时达不到系统的要求，这时往往采用从油箱或其他位置直接向回路充液补油的方法获得快速运动，这类回路统

称为充液增速回路。

（1）自重充液快速运动回路　这种回路用于垂直运动部件质量较大的液压系统。如图7-48所示，当手动换向阀1右位接入回路时，由于运动部件的自重作用，使活塞快速下降，其下降速度由单向节流阀2控制。当下降速度较快时，因液压泵供油不足，液压缸上腔将会出现负压，此时，安置在机器设备顶部的充液油箱4在油液自重和大气压力的作用下，通过液控单向阀3向液压缸上腔补充油液；当运动部件接触到工件负载增大时，液压缸上腔压力升高，液控单向阀3关闭，此时只靠液压泵供油，使活塞运动速度降低。回程时，换向阀1左位接入回路，压力油进入液压缸下腔，同时打开充液阀3，液压缸上腔低压回油进入充液油箱4。在实际应用中，为防止活塞快速下降时液压缸上腔吸油不充分，充液油箱常用充压油箱代替，实现强制充液。

（2）增速缸的增速回路　对于在机器设备中卧式放置的液压缸不能利用运动部件自重充液作快速运动，可采用增速缸或辅助缸的方案。图7-49是采用增速缸的快速运动回路。

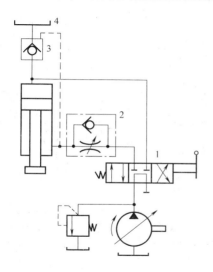

图7-48　采用自重充液快速运动回路
1—手动换向阀　2—单向节流阀
3—液控单向阀　4—充液油箱

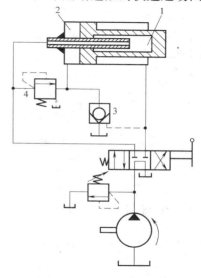

图7-49　采用增速缸的增速回路
1—小腔　2—大腔　3—充液阀　4—溢流阀

当换向阀左位接入回路时，压力油经柱塞中间的孔进入到增速缸小腔1，推动活塞快速向右移动，大腔2所需油液由充液阀3从油箱吸取，活塞缸右腔的油液经换向阀回油箱，即快速运动时液压泵的全部流量进入到小腔1中。当执行元件接触到工件造成负载增加时，回路压力升高，使顺序阀4开启，高压油关闭充液阀3，并进入增速缸大腔2，活塞转换成慢速运动，且推力增大，即慢速运动时液压泵的流量同时进入到复合缸的大腔2和小腔1中。当换向阀右位接入回路，压力油进入活塞缸右腔，同时打开充液阀3，大腔2的回油液经充液阀排回油箱，小腔1的油液通过换向阀流回油箱，从而使活塞快速实现向左快速退回。

（3）采用辅助缸的快速运动回路　如图7-50所示，当换向阀工作于右位时，在负载较小的情况下，泵向成对设置的辅助缸2供油，带动主缸1的活塞快速运动，主缸1右腔通过充液阀3从充液油箱4补油，直至压板触及工件后，系统工作压力上升，达到顺序阀调定压力时，压力油经顺序阀5进入主缸，充液阀3关闭，此时，因只有泵同时向三个油缸供油，故工作台转为慢速运动，且主缸1和辅助缸2同时对工件加压。主缸左腔油液经换向阀回油箱。换向阀工作于左位使液压缸作回程运动时，压力油进入主缸左腔，并打开充液阀3，主缸右腔油液通过充液阀3排回充液油箱4，辅助缸回油经换向阀回油箱。

（4）采用蓄能器的快速运动回路　图7-51所示为采用蓄能器和定量泵共同组成油源的快速运动回路，其中定量泵可选用较小的流量规格，在系统不需要流量或工作速度很低时，泵的全部流量或大部分流量进入蓄能器储存待用，在系统要求快速运动时，由泵和蓄能器同时向系统供油。

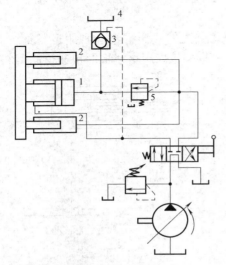
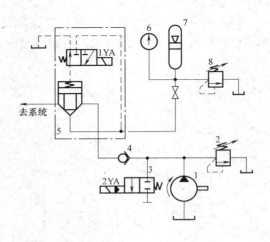

图7-50　采用辅助缸的快速运动回路
1—主缸　2—辅助缸　3—充液阀
4—充液油箱　5—顺序阀

图7-51　采用蓄能器的快速运动回路
1—液压泵　2、8—安全阀　3—开停阀
4—单向阀　5—组合阀　6—压力表　7—蓄能器

图7-51所示快速运动回路的具体工作原理为：在正常工作时，组合油源工作情况取决于蓄能器工作压力的大小，一般设定三个压力值：$p_1 > p_2 > p_3$，其中p_1为蓄能器的最高压力，由安全阀8限定，p_2为电接触式压力表6控制的上限压力，p_3为电接触式压力表6控制的下限压力，p_2和p_3具体压力值通过调节压力表6得到。当蓄能器的工作压力$p \geqslant p_2$时，电接触式压力表6上限触点发令，使开停阀3、电磁铁2Y得电，液压泵通过开停阀3卸荷，此时蓄能器通过阀5向系统供油，供油量的大小可通过系统中的流量控制阀进行调节；当蓄能器工作压力$p < p_2$时，电磁铁1Y和2Y均不得电，此时液压泵和蓄能器同时向系统供油或者液压泵同时向系统和蓄能器供油；当蓄能器的工作压力$p \leqslant p_3$时，电接触式压力表6下限触点发令，阀5、电磁铁1Y得电，阀5相当于单向阀，此时液压泵1除向系统供油外，还可向蓄能器7供油。

在实际应用中，根据系统工作循环要求，合理地选取液压泵的流量、蓄能器的工作压力范围和容积，可获得较高的回路效率。这种回路常用于某些间歇工作且停留时间较长的液压设备及某些存在快、慢两种工作速度的液压设备等，如冶金机械、组合机床等。

7.3.3 速度换接回路

速度换接回路用于执行元件实现两种不同速度之间的切换，这种速度换接分为快速—慢速之间换接和慢速—慢速之间换接两种形式。这种实现速度换接的回路，应能保证速度的换接平稳、可靠，并具有较高的速度换接精度。

1. 快速—慢速换接回路

（1）采用行程阀的快速—慢速换接回路　图 7-52 所示为采用行程阀的快速—慢速换接回路。当换向阀处于图示位置时，节流阀不起作用，液压泵输出的油液全部进入液压缸，此时液压缸活塞处于快速运动状态；当快进到预定位置，与工作台相连的行程挡块压下行程阀1（二位二通机动换向阀），行程阀关闭，液压缸右腔油液必须通过节流阀2后才能流回油箱，形成回油节流调速回路，活塞运动转为慢速工进。当换向阀左位接入回路时，液压泵输出的压力油全部经单向阀3进入液压缸右腔，使活塞快速向左返回，在返回的过程中将行程阀1放开。

这种回路速度切换过程中，因行程阀是逐渐关闭或开启的，所以平稳性好，冲击小，换接位置准确，换接可靠，但受结构限制行程阀安装位置不能任意布置，故管路连接较为复杂，能量损耗相对较大，因此多用于大批量生产的专用液压系统中。

（2）采用电磁换向阀的快速—慢速换接回路　图 7-53 是利用二位二通电磁阀与调速阀并联实现快速—慢速换接回路。

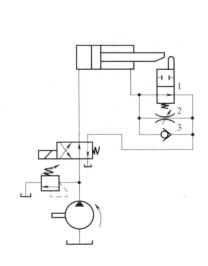

图 7-52　用行程阀的快速—慢速换接回路
1—行程阀　2—节流阀　3—单向阀

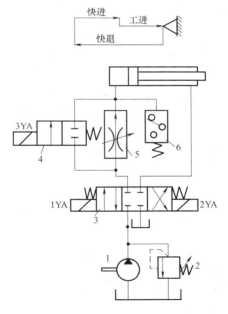

图 7-53　用电磁阀的快速—慢速换接回路
1—液压泵　2—溢流阀　3—主阀
4—电磁阀　5—调速阀　6—压力继电器

当图 7-53 中电磁铁1YA、3YA 同时得电时，液压泵输出的压力油经阀4全部进入液压缸左腔，缸右腔经主阀3回油，工作部件实现快进；当运动部件上的挡块碰到行程开关使3YA 电磁铁失电时，阀4 油路断开，调速阀5 接入油路，压力油液经调速阀5 进入缸左腔，缸右腔回油，形成进油节流调速回路，在调速阀的作用下，工作部件以稳定的输出速度实现工进；当2YA、3YA同时得电时，由液压泵输出的油液以主阀3全部进入液压缸的右腔，液压缸左腔以阀4和主阀3回油，工作部件实现快速退回。这种方式由于不需要用行程挡铁直接接触行程阀，因此电磁阀的安装灵活、油路连接方便，但速度换接的平稳性、可靠性和换接精度相对较差。

2. 慢速—慢速换接回路

（1）串联调速阀的慢速—慢速换接回路　图7-54为两个调速阀串联实现两种慢速间速度换接的回路，工作中，当二位二通电磁换向阀*C*处于常态位置（左位）时，液压泵输出的压力油通过调速阀*A*和电磁阀*C*左位进入执行元件，执行元件的输出速度由调速阀*A*的开口决定；当电磁阀*C*通电时，液压泵输出的油液经调速阀*A*和*B*进入执行元件，此时执行元件的输出速度取决于阀*A*和*B*的共同作用而工作在较小的输出速度下。

在实际应用中，要求调速阀*B*的输出调定流量必须小于调速阀*A*的调定流量，否则调速阀*B*在工作时起不到调速的作用。这种速度换接回路的优点是换接过程相对比较稳定，但在较小速度下工作时，因为压力油液流经了*A*、*B*两个调速阀，产生两次压降，所以能量损耗较大，使系统的工作效率较低。

（2）并联调速阀的慢速—慢速换接回路　图7-55为两个调速阀并联实现两种慢速间速度换接的回路，工作时，当二位三通电磁换向阀3处于图7-55所示的常态位置时，液压泵的输出油液经调速阀1和电磁换向阀3的左位进入液压缸，此时执行元件的输出速度取决于调速阀1的调定流量，调速阀2出口封闭，处于空置状态，不参与工作；当换向阀3得电工作于右位时，液压泵输出油液经调速阀2和换向阀3的右位进入液压缸，执行元件的输出速度取决于调速阀2的调定流量，而调速阀1出口封闭，处于空置状态，不参与工作。

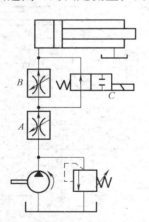

图7-54　串联调速阀的慢速—慢速换接回路

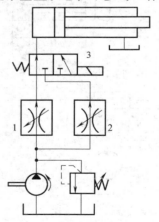

图7-55　并联调速阀的慢速—慢速换接回路
1、2—调速阀　3—电磁换向阀

图7-55所示回路两个进给速度可以分别进行调整，互不影响，且回路的压力损失较小，但由于不工作的调速阀中定差减压阀处于最大开口位置，因而在速度转换瞬间，调速阀中的定差减压阀不起作用，造成通过调速阀的流量过大而使执行元件在速度换接时工作部件突然前冲。所以在实际应用中，常常用二位五通电磁换向阀代替二位三通电磁换向阀，让空置的调速阀出口通过五通阀与油箱相连通，使调速阀内部的定差减压阀始终处于工作状态，这种

改进在一定程度上可防止或消除速度换接时的冲击，但由于空置的调速阀中有油液的流动，形成了一定的能量损耗，造成系统的工作效率降低，所以这种并联的二次进给速度换接回路应用相对较少。

7.4 多缸工作控制回路

机械设备的动作要求是由其特有的功能决定的，在许多情况下机械设备的运动动作复杂多变，往往需要多个运动部件的相互协调、配合与联动才能完成，这些机械设备中的液压系统一般要有多个相互有联系的液压执行件才能满足上述要求。在液压系统中，由一个油源给多个执行元件供油，各执行元件会因回路中压力、流量的相互影响而在动作上受到牵制，此时可通过压力、流量、行程控制等一些特殊的回路来实现多执行元件预定动作的要求，这种控制回路就称为多执行元件控制回路。常见的多缸动作回路有顺序动作回路、同步回路、互锁回路和互不干扰回路等类型。

7.4.1 顺序动作回路

顺序动作回路的功用在于使几个执行元件严格按照预定顺序依次动作。按控制方式不同，顺序动作回路分为压力控制和行程控制两种。

1. 压力控制顺序动作回路

图 7-56 所示为用顺序阀的压力控制顺序动作回路。在此工作回路中，夹紧缸 1 和工作缸 2 要完成的动作顺序为：①夹紧缸 1 夹紧工件→②工作缸 2 进给→③工作缸 2 退回→④夹紧缸 1 松开工件。其控制回路的工作过程如下：回路工作前，夹紧缸 1 和工作缸 2 均处于起点位置，当换向阀 5 左位接入回路时，夹紧缸 1 的活塞向右运动使夹具夹紧工件，夹紧工件后会使回路压力升高到顺序阀 3 的调定压力，顺序阀 3 开启，此时工作缸 2 的活塞才能向右运动进行切削加工；加工完毕，通过手动或操纵装置使换向阀 5 右位接入回路，工作缸 2 活塞先退回到左端点后，引起回路压力升高，使单向阀 4 开启，夹紧缸 1 活塞退回原位将夹具松开，这样完成了一个完整的多缸顺序动作循环，如果要改变动作的先后顺序，就要对两个顺序阀在油路中的安装位置进行相应的调整。

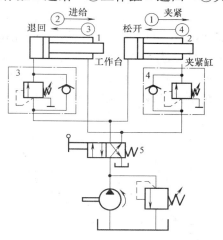

图 7-56 用顺序阀的顺序动作回路
1—夹紧缸 2—工作缸 3—顺序阀
4—单向阀 5—换向阀

图 7-57 所示为用压力继电器控制电磁换向阀来实现顺序动作的回路。按启动按钮，电磁铁 1YA 得电，换向阀 3 的左位接入回路，夹紧缸 1 活塞前进到右端点后，回路压力升高，压力继电器 1K 发出电信号，使电磁铁 3YA 得电，换向阀 4 的左位接入回路，工作缸 2 活塞向右运动；按返回按钮，1YA、3YA 同时失电，且 4YA 得电，使换向阀 3 中位接入回路、换向阀 4 右位接入回路，导致夹紧缸 1 锁定在右端点位置、工作缸 2 活塞向左运动，当工作缸 2 活塞退回原位后，回路压力升高，压力继电器 2K 发出电信号，

使 2YA 得电，换向阀 3 右位接入回路，夹紧缸 1 活塞后退直至到起点。

这种利用液压系统工作过程中运动状态变化引起的压力变化使执行元件按顺序先后动作的回路就称为压力控制顺序动作回路。压力控制动作回路的可靠性取决于顺序阀的性能及调定压力，在实际应用中，要求顺序阀的调定压力比前一个动作的工作压力高 0.8 ~ 1.0MPa，否则顺序阀会在系统压力脉动的作用下产生误动作，因此，这种回路只适用于系统中执行元件数目不多、负载变化不大的场合。其优点是动作灵敏，连接安装较方便，但可靠性不高，动作换接时相对换接精度较低。

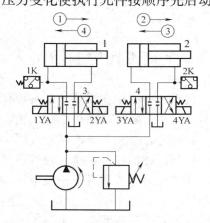

图 7-57　用压力继电器的顺序动作回路
1—夹紧缸　2—工作缸　3、4—换向阀

2. 行程控制顺序动作回路

图 7-58 所示是采用行程阀控制的多缸顺序动作回路。此回路在工作前，置两液压缸活塞均退至左端点，当电磁阀 3 左位接入回路后，缸 1 活塞先向右运动，当活塞杆上的行程挡块压下行程阀 4 后，缸 2 活塞才开始向右运动，直至两个缸先后到达右端点；将电磁阀 3 右位接入回路，使缸 1 活塞先向左退回，在运动中其行程挡块离开行程阀 4 后，行程阀 4 自动复位，其下位接入回路，这时缸 2 活塞才开始向左退回，直至两个缸都到达左端点。这种回路动作可靠，但动作经确定后，要改变动作顺序较为困难，且管路较长，能量损耗大，布置较麻烦。

图 7-59 所示是采用行程开关控制电磁换向阀的多缸顺序动作回路。按下启动按钮，电磁铁 1YA 得电，缸 1 活塞先向右运动，当活塞杆上的行程挡块压下行程开关 2S 后，行程开关 2S 发出电信号，使电磁铁 2YA 得电，缸 2 活塞才向右运动，直到压下行程开关 3S，发出电信号，使 1YA 失电，缸 1 活塞向左退回，而后压下行程开关 1S，使 2YA 失电，缸 2 活塞再退回。在这种回路中，调整行程挡块或行程开关的位置，可调整液压缸的行程，通过电控系统可任意改变动作顺序，方便灵活，应用广泛，其可靠程度取决于电气元件的质量。

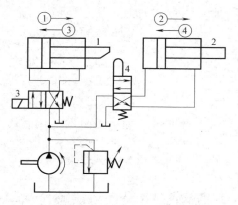

图 7-58　采用行程阀控制的顺序动作回路
1、2—液压缸　3—电磁阀　4—行程阀

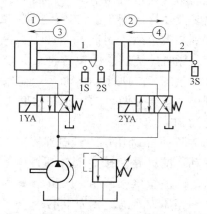

图 7-59　采用行程开关控制的顺序动作回路
1、2—液压缸

7.4.2 同步回路

同步回路的功用是使系统中多个执行元件克服负载、摩擦阻力、泄漏、制造质量和结构变形上的差异，而保证系统中两个或两个以上的执行元件在输出位移或输出速度上保持同步运动的回路，例如，龙门刨床的横梁、轧钢机的压下系统等都需要同步回路。同步回路分为速度同步回路和位置同步回路两类，其中，速度同步是指各执行元件的输出速度或转速相等，而位置同步是指各执行元件在运动中或停止时都保持相同的位移量。实现多缸同步动作的方式有多种，它们的控制精度也相差很大，实际应用中应根据系统的具体要求，进行合理的设计。

1. 用流量控制阀的同步回路

图 7-60 所示为用调速阀控制的同步回路。在两个并联液压缸的进油路或回油路上分别串接一个单向调速阀，调整两个调速阀的开口大小，控制进入两液压缸或自两液压缸流出的流量，可使它们在一个方向上实现速度同步。这种回路结构简单，但调整比较麻烦，且受油温及调速阀其他性能的影响，不易保证位置同步，速度同步精度也不高，所以不宜用于偏载或负载变化频繁的场合。

在实际应用中，可采用比例调速阀代替普通调速阀，依靠检测装置自动控制调速阀，修正误差，保证两缸同步。这种用比例调速阀代替普通调速阀的同步回路可基本满足一般液压设备的要求。

图 7-61 所示为采用分流阀控制的同步回路，在回路中，用分流阀 3（又叫同步阀）代替调速阀来控制两液压缸的进入或流出的流量，当三位四通换向阀 1 左位进入工作状态时，由液压泵输出的油液经换向阀 1、单向节流阀 2 和分流阀 3 后，分成两股等量的油液分别进入液压缸 5 和 6 的下腔，推动两活塞同步上移，回路中的单向节流阀 2 用来控制活塞的下降速度，液控单向阀 4 是防止活塞停止时因两缸负载不同而通过分流阀的内节流孔窜油。分流阀具有良好的偏载承受能力，可使两液压缸在承受不同负载时仍能实现速度同步。这种回路由于同步作用靠分流阀自动调整，结构简单，对负载的适应性强，使用较为方便，故得到广泛应用。但其效率低，压力损失大，所以不宜用于低压系统。

2. 用串联液压缸控制的同步回路

将有效工作面积相等的两个液压缸串联起来便可实现两缸同步，如图 7-62 所示。当两缸活塞同时下行时，若缸 5 活塞先到达行程端点，则挡块压下行程开关 1S，电磁铁 3YA 得电，换向阀 3 左位接入回路，压力油经换

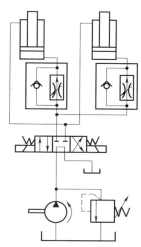

图 7-60 用调速阀控制的同步回路

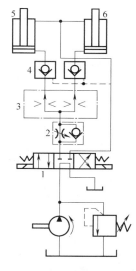

图 7-61 用分流阀控制的同步回路
1—换向阀 2—单向节流阀 3—分流阀
4—液控单向阀 5、6—液压缸

向阀 3 和液控单向阀 4 进入缸 6 上腔，进行补油，使其活塞继续下行到达行程端点。如果缸 6 活塞先到达端点，行程开关 2S 使电磁铁 4YA 得电，换向阀 3 右位接入回路，压力油进入液控单向阀 4 的控制腔，打开阀 4，缸 5 下腔与油箱接通，使其活塞继续下行到达行程端点，从而消除积累误差。

　　这种回路允许较大偏载，因偏载造成的压差不影响流量的改变，只导致微量的压缩和泄漏，因此同步精度较高，回路效率也较高，但要求此时泵的供油压力至少是两缸工作压力之和，同时由于制造误差、内泄漏及混入空气等因素的影响，经多次行程后，将积累为两缸显著的位置差别，所以回路中应具有位置补偿装置。

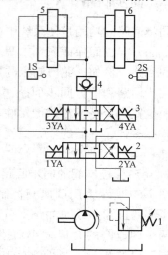

图 7-62　串联液压缸控制的同步回路
1—溢流阀　2、3—换向阀
4—液控单向阀　5、6—液压缸

3. 用同步缸或同步马达控制的同步回路

　　图 7-63 所示是采用同步缸控制的同步回路。同步缸 3 是两个尺寸相同的缸体和两个活塞共用一个活塞杆的液压缸，活塞向左或向右运动时输出或接受相等容积的油液，在回路中起着配流的作用，使有效面积相等的两个液压缸实现双向同步运动。同步缸的两个活塞上装有双作用单向阀 4，可以在行程端点消除误差。这种同步回路的同步精度取决于同步缸的加工精度和密封性，一般精度可达 98%～99%，但由于同步缸不宜过大，所以只适用于一些小容量的场合。

　　图 7-64 所示为采用同步马达控制的同步回路。用两个同轴等排量双向液压马达 3，使其轴刚性联接，工作时输出相同流量的油液，并分别进入两液压缸中，从而实现两液压缸双向同步，节流阀 4 用于行程端点消除两缸位置误差。这种同步回路的同步精度主要取决于液压

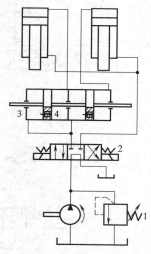

图 7-63　采用同步缸控制的同步回路
1—溢流阀　2—电磁阀　3—同步缸　4—单向阀

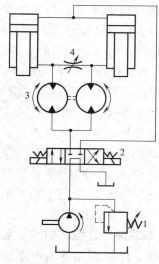

图 7-64　采用同步马达控制的同步回路
1—溢流阀　2—电磁阀　3—双向液压马达　4—节流阀

马达的制造精度、负载偏差造成的泄漏和摩擦阻力等因素，故常用容积效率较高的柱塞马达为同步马达，且专用的配流元件使系统复杂，制作成本高。但这种回路的同步精度比采用流量控制阀的同步回路高。

4. 采用比例阀或伺服阀控制的同步回路

当液压系统有很高的同步精度要求时，必须采用比例阀或伺服阀控制的同步回路。图 7-65 所示为采用伺服阀控制的同步回路，图中的伺服阀 A 根据两个位移传感器 B、C 的反馈信号，持续不断地调整阀口开度，控制两个液压缸的输入或输出流量，使两个液压缸同时获得双向同步运动。

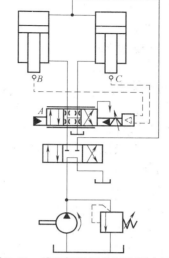

这种同步回路的同步精度很高，但由于伺服阀必须通过与换向阀相同且较大的流量，要求伺服阀的规格尺寸要选得相对较大，因此其价格昂贵。所以这种同步回路适用于两个液压缸相距较远而又要求同步精度很高的场合。

图 7-65 采用伺服阀控制的同步回路

7.4.3 互锁回路

在多缸工作的液压系统中，有时要求在一个液压缸运动时不允许另一个液压缸有任何运动，因而常采用液压缸互锁回路。

图 7-66 所示为采用双缸并联互锁回路。当三位六通电磁换向阀 5 处于中位，液压缸 B 停止工作时，此时二位二通液动换向阀 1 右端的控制油路经阀 5 中位与油箱连通，工作于常态位置（左位），液压泵输出的压力油液经阀 1、阀 2 进入 A 缸使其工作，改变阀 2 的工作位置，即可改变缸 A 的运动方向；当三位六通换向阀 5 工作于左位或右位时，液压泵输出的压力油可进入 B 缸使其工作，同时阀 1 在控制压力油液的作用下，工作于右位，切断了 A 缸的进油路，使 A 缸不能工作，从而实现了两缸运动的互锁。

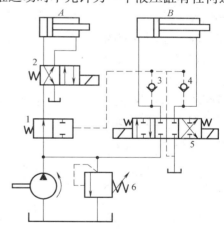

图 7-66 双缸并联互锁回路
1—液动换向阀 2—电磁阀 3、4—单向阀
5—电磁换向阀 6—溢流阀

7.4.4 互不干扰回路

互不干扰回路的功用是保证系统中几个执行元件因速度或负载各不相同的情况下，在完成各自工作循环时的同时，在动作上达到彼此互不影响。

图 7-67 所示是通过双泵供油来实现多缸快慢速互不干扰的回路。

在工作过程中，液压缸 1 和 2 各自要完成"快进→工进→快退"的自动工作循环，当电磁铁 1YA、2YA 得电，两缸均由低压大流量泵 10 供油，并作差动连接实现快进。如果缸 1 先完成快进动作，挡块或行程开关使电磁铁 3YA 得电，1YA 失电，低压大流量泵 10 进入缸 1 的油路被切断，而改为高压小流量泵 9 供油，由调速阀 7 获得慢速工进，不受缸 2 快进的影响。当两缸均转为工进，都由高压小流量泵 9 供油后，若缸 1 先完成了工进，挡块和行程开关使电磁铁 1YA、3YA 都得电，缸 1 改由低压大流量泵 10 供油，使活塞快速返回。这时缸 2 仍由高压小流量泵 9 供油继续完成工进，不受缸 1 影响。当所有电磁铁都失电时，两缸都停止运动。这种回路之所以能够多缸的快慢速互不干扰，是因为快、慢速运动分别由大、小泵供油，并由相应的电磁阀进行控制。

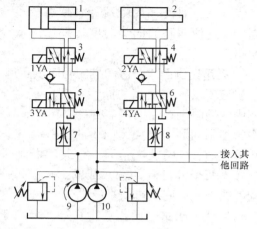

图 7-67　双泵供油互不干扰回路
1、2—液压缸　3、4、5、6—电磁阀　7、8—调速阀
9—高压小流量泵　10—低压大流量泵

　　图 7-68 所示的为采用顺序节流阀的叠加阀式防干扰回路，该回路采用双联泵供油，其中泵 2 为双联泵中的低压大流量泵，供油压力由溢流阀 1 调定，泵 1 为双联泵中的高压小流量泵，其工作压力由溢流阀 5 调定，泵 2 和泵 1 分别接叠加阀的 P 口和 P_1 口。该回路的工作原理为：当换向阀 4 和 8 的左位接入系统时，液压缸 A 和 B 快速向左运动，此时远控式顺序节流阀 3 和 7 由于控制液压油压力较低而关闭，因而泵 1 的液压油经溢流阀 5 回油箱，当其中一个液压缸，如缸 A 先完成快进动作，则液压缸 A 的无杆腔压力升高，则顺序节流阀 3 的阀口被打开，高压小流量泵 1 的液压油经阀 3 中的节流口而进入液压缸 A 的无杆腔，液压油同时使阀 2 中的单向阀反向关闭，此时缸 A 的运动速度由阀 3 中的节流口的开度所决定（节流口大小按工进速度进行调整）。此时缸 A 仍由泵 2 供油进行快进，两缸动作互不干扰。此后，当缸 A 率先完成工进动作，阀 4 的右位接入系统，由泵 2 供油使缸 A 退回。若阀 4 和阀 8 失电，则液压缸停止运动。由此可见，这种双泵供油的叠加阀式的互不干扰回路中顺序节流阀的开启取决于液压缸工作腔的压力，所以动作可靠性较高，这种回路被广泛应用于组合机床的液压系统中。

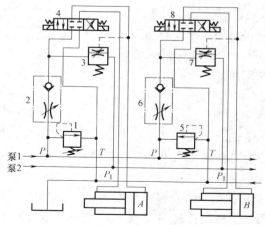

图 7-68　叠加阀式互不干扰回路
1、5—溢流阀　2、6—单向节流阀　3、7—顺序节流阀　4、8—电磁阀

7.5 其他控制回路

作为执行元件，绝大多数与液压马达相关的回路和液压缸的基本回路是相同的，并具有基本相同或相似的工作特性。本节只简单介绍两种液压马达特有的回路。

7.5.1 液压马达串、并联回路

在行走机械中，常常直接用液压马达来驱动车轮，这时可利用液压马达串、并联时的不同特性，来适应行走机械的不同工况。

图 7-69 所示为液压马达并联回路，两液压马达 1、2 主轴刚性连接在一起，手动换向阀 3 左位时，压力油只驱动马达 1，马达 2 空转；手动换向阀 3 右位时，马达 1 和马达 2 并联。若两马达排量相等，并联时进入每个马达的流量减少一半，转速相应降低一半，而转矩增加一倍。手动阀 3 实现马达速度的切换，不管阀处于何位，回路的输出功率相同。

图 7-70 所示为液压马达串、并联回路。用二位四通阀 1 使两马达串联或并联来实现快慢速切换，其中，二位四通阀 1 上位接入回路，两马达并联，并联时为输出轴低速转动，输出转矩相应增加；下位接入回路，两马达串联，串联时输出轴高速转动，输出转矩相应减小。串联和并联两种情况下回路的输出功率相同。

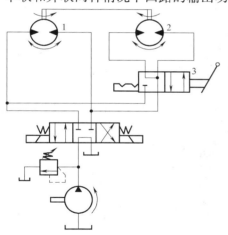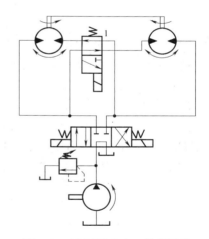

图 7-69 液压马达并联回路

1、2—液压马达 3—手动换向阀

图 7-70 液压马达串、并联回路

液压马达串、并联的双速换接回路多用于平地时高速行驶及上坡时低速大转矩行驶的液压驱动的行走机械中。

7.5.2 液压马达制动回路

欲使液压马达停止运转，只要切断其供油即可，但由于液压马达本身的转动惯性及其驱动负荷所造成的惯性，都会使液压马达在停止供油后存在继续转动的趋势，因此液压马达会像泵一样起到吸入作用，故必须设法避免马达把空气吸入液压系统中。如图 7-71a 所示，利用一个中位机能为 O 型的换向阀来控制液压马达的正转、反转和停止，工作中只要将换向阀移到中间位置，马达就停止运转，但由于惯性，马达出口到换向阀之间的背压将因马达的

停止运转而增大，这有可能将回油管路或阀件破坏，因此，必须在图 7-71b 所示的系统中装一制动溢流阀。如此，当出口处的压力增加到制动溢流阀所调定的压力时，溢流阀被打开，同时对马达也能起到停车制动的目的。

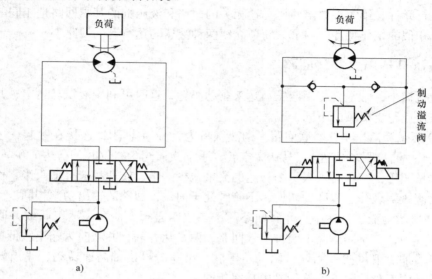

图 7-71　液压马达制动回路

a）O 型换向阀制动回路　b）防冲击制动回路

又如液压马达驱动输送机，在一方向有负载，另一方向无负载时，则在工作过程中需要有两种不同的制动压力。这种双向制动回路如图 7-72 所示，液压马达的两个油口中各并接一制动溢流阀，使每个制动溢流阀各控制不同方向的制动。

在实际应用中，当液压马达停止运转或停止供油时，由于惯性，它多少会继续转动一个较小的角度，此时，如果马达进油口处无法供油，将会造成真空现象。所以常常在马达的进油口及回油管路上各安装一个开启压力较低的单向阀，当马达停止时，其进油口处可经单向阀从油箱吸起油液，补充到液压马达的进油口处，从而防止真空现象的发生，如图 7-73 所示。

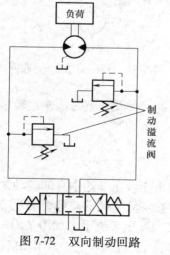

图 7-72　双向制动回路

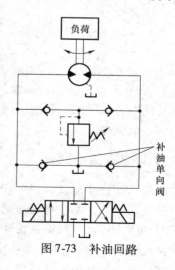

图 7-73　补油回路

本 章 习 题

7-1 图 7-74 所示的钻床液压系统，液压缸的有效工作面积 $A_1 = 100\,\text{cm}^2$，$A_2 = 50\,\text{cm}^2$，缸 I 工作负载 $F_{L1} = 35000\,\text{N}$，缸 II 工作负载 $F_{L2} = 25000\,\text{N}$，溢流阀、顺序阀和减压阀的调整压力分别为 5MPa、4MPa 和 3MPa，不计摩擦阻力、惯性力、管路及换向阀的压力损失。求下列三种工况下 A、B、C 三处的压力 p_A、p_B、p_C。

1）液压泵起动后，两换向阀处于中位。

2）2YA 得电，缸 II 工进时及前进碰到固定挡铁。

3）2YA 失电、1YA 得电，缸 I 运动时及到达终点孔钻穿突然失去负载时。

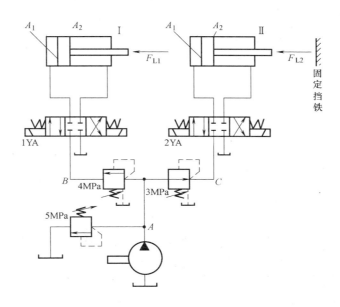

图 7-74 题 7-1 图

7-2 图 7-75 所示的夹紧回路中，如溢流阀调整压力 $p_Y = 5\,\text{MPa}$，减压阀调整压力 $p_j = 2.5\,\text{MPa}$，不计任何能量损耗。试分析：

1）夹紧缸在未夹紧工件前作空载运动时，A、B、C 三点压力各为多少？

2）夹紧缸夹紧工件后，泵的出口压力为 5MPa 时，A、C 点压力各为多少？

3）夹紧缸夹紧工件后，因其他执行元件的快进使泵的出口压力降至 1.5MPa，A、C 点压力各为多少？

7-3 图 7-76 所示的回路中，已知活塞运动时的负载 $F = 1200\,\text{N}$，活塞面积 $A = 1.5 \times 10^{-4}\,\text{m}^2$，溢流阀调整值为 $p_P = 4.5\,\text{MPa}$，两个减压阀的调整

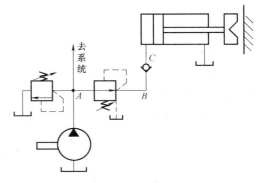

图 7-75 题 7-2 图

值分别为 $p_{j1} = 3.5\mathrm{MPa}$ 和 $p_{j2} = 2\mathrm{MPa}$，如油液流过减压阀及管路时的损失可略去不计。试确定活塞在运动时和停在终端位置处时 A、B、C 三点压力值。

7-4 图 7-77 所示的液压系统中，立式液压缸活塞与运动部件的重量为 G，两腔面积分别为 A_1 和 A_2，泵 1 和泵 2 最大工作压力为 P_1 和 P_2，若忽略管路上的压力损失，问：

1）阀 4、5、6、9 各是什么阀？它们在系统中各自的功用是什么？

2）阀 4、5、6、9 的压力如何调整？

3）这个系统由哪些基本回路组成？

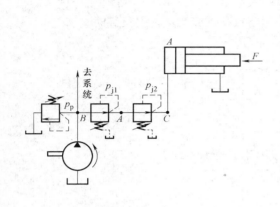

图 7-76　题 7-3 图

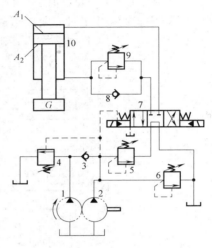

图 7-77　题 7-4 图

7-5 图 7-78 所示回路中，液压泵的输出流量 $q_p = 10\mathrm{L/min}$，溢流阀调整压力 $p_Y = 2\mathrm{MPa}$，两个薄壁孔口型节流阀的流量系数均为 $C_q = 0.67$，两个节流阀的开口面积分别为 $A_{T1} = 2 \times 10^{-6}\mathrm{m^2}$，$A_{T2} = 1 \times 10^{-6}\mathrm{m^2}$，液压油密度 $\rho = 900\mathrm{kg/m^3}$。试求当不考虑溢流阀的调节偏差时：

1）液压缸大腔的最高工作压力是多少？

2）溢流阀的最大溢流量是多少？

7-6 图 7-79 所示双泵供油回路，完成差动快进→工进速度换接，有关数据如下：泵的输出流量 $q_1 = 16\mathrm{L/min}$，$q_2 = 16\mathrm{L/min}$，所输油液的密度 $\rho = 900\mathrm{kg/m^3}$，运动粘度 $\nu = 20 \times 10^{-6}\mathrm{m^2/s}$；缸的大小腔面积 $A_1 = 100\mathrm{cm^2}$，$A_2 = 60\mathrm{cm^2}$；快进时的负载 $F = 1\mathrm{kN}$；油液流过换向阀时的压力损失 $\Delta p_v = 0.25\mathrm{MPa}$，连接缸两腔的油管 $ABCD$ 的内径 $d = 1.8\mathrm{cm}$，其中 ABC 段因较长（$L = 3\mathrm{m}$），计算时

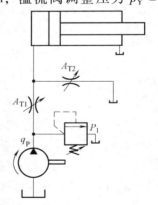

图 7-78　题 7-5 图

需计其沿程压力损失，其他损失及速度、高度变化形成的影响忽略不计。试求：

1）快进时缸速 v 和压力表读数。

2）工进时若压力表读数为 $8\mathrm{MPa}$，此时回路承载能力多大（因流量小，不计溢流阀损失）？

3）液控顺序阀的调定压力宜选多大？

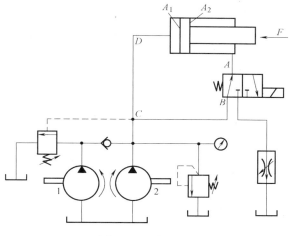

图 7-79 题 7-6 图

7-7 图 7-80 所示为某专用铣床液压系统，已知：泵的输出流量 $q_p = 30L/min$，溢流阀调整压力 $p_Y = 2.4MPa$，液压缸两腔作用面积分别为 $A_1 = 50cm^2$，$A_2 = 25cm^2$，切削负载 $F_L = 9000N$，摩擦负载 $F_f = 1000N$，切削时通过调速阀的流量为 $q_i = 1.2L/min$，若忽略元件的泄漏和压力损失。试求：

1）活塞快速趋近工件时，活塞的快进速度 v_1 及回路的效率 η_1。

2）切削进给时，活塞的工进速度 v_2 及回路的效率 η_2。

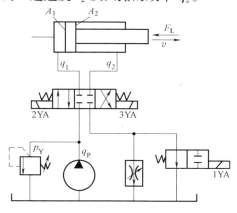

图 7-80 题 7-7 图

7-8 在变量泵-定量马达容积调速回路中，已知变量泵转速 $n_P = 1500r/min$，排量 $V_{pmax} = 8mL/r$，定量马达排量 $V_M = 10mL/r$，安全阀调整压力 $p_Y = 40 \times 10^5 Pa$，设泵和马达的容积效率和机械效率都是 0.9。试求：

1）转速 $n_M = 1000r/min$ 时，泵的排量。

2）马达负载转矩 $T_M = 8N \cdot m$ 时，马达的转速 n_M。

3）泵的最大输出功率。

7-9 图 7-81 所示的调速回路中，泵的排量 $V_P = 105mL/r$，转速 $n_p = 1000r/min$，容积效

率 $\eta_{VP} = 0.95$，溢流阀调定压力 $p_Y = 7MPa$；液压马达排量 $V_M = 160mL/r$，容积效率 $\eta_{VM} = 0.95$，机械效率 $\eta_{Mm} = 0.8$，负载转矩 $T = 16N \cdot m$；节流阀最大开口度 $A_{Tmax} = 0.2cm^2$，其流量系数 $C_q = 0.62$，油液密度 $\rho = 900kg/m^3$，不计其他损失。试求：

1）通过节流阀的流量和液压马达的最大转速 n_{max}、输出功率 P 和回路效率 η，并解释为何效率很低？

2）若将 P_Y 提高到 $8.5MPa$，n_{Mmax} 将为多大？

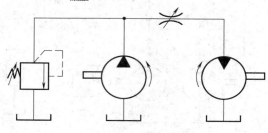

图7-81　题7-9图

第8章 典型液压传动系统分析

液压传动系统是由若干个液压元件，包括能源装置、控制元件、执行元件等与管路组合而成的，并能完成一定动作的整体。

通过分析典型液压系统，可以进一步理解元件和回路的功用及原理，增强对各种元件和基本回路综合应用的理性认识，了解和掌握分析液压系统的方法、工作原理。

在阅读分析液压系统时，应遵循下列步骤：

1）了解主机的功用、了解液压系统的要求以及液压系统应实现的运动和工作循环。

2）分析各元件的功用与原理，弄清它们之间的相互连接关系。如果有几个执行元件，应该按照子系统逐一分析。一般按照"先看两头，后看中间"进行分析。

3）分析各工况工作原理及油流路线，一般遵循"先看图示位置，后看其他位置"，"先看主油路，后看辅助油路"的原则。

4）找出液压基本回路并归纳液压系统的特点。

本章将着重介绍几种典型的液压系统。

8.1 组合机床动力滑台液压系统

组合机床是由通用部件结合某些专用部件组成的高效专用机床，当产品以大批量方式生产时，用若干组合机床能方便快速地组成加工自动线。组合机床动力滑台一般采用液压传动系统来实现钻、扩、绞、车端面等工序的进给运动，应满足以下要求：

1）实现一定的自动工作循环。

2）变速范围大，能适应较大的负载变化。

3）运动平稳，速度刚度大，低速稳定性好，速度换接无冲击，换向精度较高。

4）进给行程终点的重复位置精度要求较高。

5）应能实现严格的顺序动作。

典型的工作循环包括快进→一工进→二工进→固定挡停→快退→原位停止。

8.1.1 液压系统的组成及原理

动力滑台液压系统由液压泵、液压缸、方向阀、压力阀、流量阀及其他元件等组成，如图 8-1 所示。

1. 液压元件的作用

过滤器 1：滤去油中杂质，保证油液清洁。

液压泵 2：限压式变量泵。

单向阀 3：保护泵，防止空气进入系统。

电液换向阀 4：实现缸换向和差动连接快进。

液压缸 5：杆固定，缸运行。

行程阀 6：实现快慢速换接。

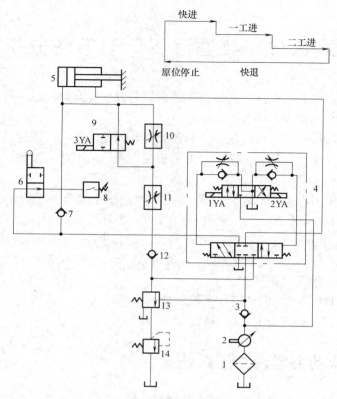

图 8-1 动力滑台液压系统原理图

1—过滤器 2—液压泵 3、7、12—单向阀 4—电液换向阀 5—液压缸 6—行程阀
8—压力继电器 9—二位二通电磁换向阀 10、11—调速阀 13—液控顺序阀 14—溢流阀

单向阀 7：实现快退回油。

压力继电器 8：发出信号给时间继电器，确定工作台停留时间。

二位二通电磁换向阀 9：实现二次进给换接。

调速阀 10：二二工进调速。

调速阀 11：一工进调速。

单向阀 12：实现快、慢速高低压油路隔离。

液控顺序阀 13：压力升高到一定值后，顺序阀打开。

溢流阀 14：作背压阀用，使工进速度较平稳。

油箱：储存油液，逸出空气，沉淀杂质，散发热量。

油管：传送工作液体。

管接头：连接油管与油管或元件的连接件。

2. 液压系统的基本回路

1）限压式变量叶片泵和调速阀、背压阀组成的容积节流调速回路。

2）差动连接增速回路。

3）单向行程调速阀的快—慢—快换速回路。

4）串联调速阀的二次工作进给换接回路。

5）电液换向阀的换向回路。

6）快速运动和工作进给的换接回路：行程阀、液控顺序阀。

3. 工作循环分析

（1）快进　按下起动按钮，电液换向阀4的1YA通电，工作在左位，由液压泵2输出的压力油经电液换向阀的液动换向阀的左侧，使阀芯移到右端位置。主油路如下：进油路，油箱→过滤器1→变量泵2→单向阀3→电液换向阀4左位→行程阀6→液压缸5左腔；回油路，液压缸5的右腔→电液换向阀4的左位→单向阀12→行程阀6→液压缸5左腔。

（2）第一次工进　快进完成，挡铁压下行程阀6，油路断开。电液换向阀4仍在左位，因此进油需要通过调速阀11，系统的压力升高，控制油路将液控顺序阀13打开。主油路如下：进油路，油箱→过滤器1→变量泵2→单向阀3→电液换向阀4左位→调速阀11→电磁换向阀9→液压缸5的左腔；回油路，液压缸5右腔→电液换向阀4→液控顺序阀13→溢流阀14→油箱。在工作进给时，系统的压力升高，变量泵的流量减小，滑台进行第一次进给。进给量的大小由调速阀11调节。

（3）第二次工作进给　在第一次工作进给完成之后，挡铁压下行程开关，使3YA通电，两端油路断开，电液换向阀4工作状态不变。进油路需要经调速阀10、11来调节。

（4）止挡块停留　滑台在以第二次工作速度进给之后，碰到止挡块之后，液压系统的压力继续升高，使压力继电器8发出信号给时间继电器，未到达预定时间之前，滑台停留。

（5）快退　到达预定时间后，压力继电器8使得电液换向阀4电磁铁1YA断电，2YA通电，电液换向阀工作在右位。主油路为：进油路，油箱→过滤器1→变量泵2→单向阀3→电液换向阀4→液压缸5的右腔；回油路，液压缸5左腔→单向阀7→电液换向阀4→油箱。快退时系统压力较低，变量泵2的输出流量大，所以滑台能够快速退回。

（6）原位停止　当动力滑台退回到原始位置时，按下行程开关，电磁铁1YA、2YA、3YA都断电，电液换向阀4处在中位，动力滑台停止运动。系统压力升高，变量泵2的流量自动减至很小。

电磁铁和行程阀的动作见表8-1。

表8-1　动力滑台液压系统电磁铁和行程阀动作表

动作顺序	1YA	2YA	3YA	行程阀6	压力继电器DP
快进	+	−	−	−	−
一工进	+	−	−	+	−
二工进	+	−	+	+	−
止挡块停留	+	−	+	+	+
快退	−	+	−	+/−	−
原位停止	−	−	−	−	−

注：本章内表中"＋"表示电磁铁通电，"－"表示电磁铁断电。

8.1.2　YT4543型动力滑台液压系统的特点

YT4543型动力滑台液压系统的主要特点如下：

1）采用限压式变量叶片泵和调速阀组成的容积节流调速回路，速度稳定性及刚性好；回油路上采用背压阀，滑台运动平稳，且能承受一定的超越负载。

2）采用行程阀、调速阀换速，动作可靠，换接平稳，位置准确。

3）采用串联调速阀的二次进给回路，且调速阀装在进油路上，启动和换速冲击小，刀具和工件不会碰撞。

4）采用差动增速，能量利用经济合理；采用死挡铁停留，不仅提高了位置精度，还适用于镗阶梯孔、锪孔（端面）等，使用范围增大。

8.2 液压压力机液压系统

液压压力机已广泛应用在锻压、冲压、粉末冶金、压力成形等加工中，液压压力机液压系统是一种以压力变换为主的中高压系统，特点是压力高、流量大，使用时要防止高能释放所产生的冲击和振动。本节介绍 YA32—200 型液压压力机的液压系统，如图 8-2 所示，执行元件有两个：主缸和顶出缸。

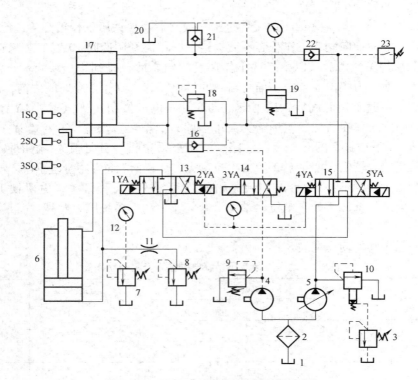

图 8-2　YA32-200 型液压压力机液压系统

1—油箱　2—过滤器　3—远程调压阀　4—低压小流量定量泵　5—高压大流量恒功率变量泵
6—顶出缸　7—安全阀　8、18—背压阀　9—溢流阀　10—先导型溢流阀　11—节流阀
12—压力表　13、15—电液换向阀　14—电磁换向阀　16—液控单向阀　17—主缸
19—卸荷阀　20—充液油箱　21—充液阀　22—单向阀　23—压力继电器

8.2.1　液压压力机液压系统的组成及工作原理

1. 液压元件的作用

过滤器 2：过滤液压油，滤除杂质。

远程调压阀 3：根据不同的工作要求调定泵 5 的工作压力。

低压小流量定量泵 4：保证电液换向阀控制油的供给。

高压大流量恒功率变量泵 5：提供主系统液压油。

顶出缸 6：实现缸的顶出、退回、原位停止和浮动压边。

安全阀 7：一方面是为了限定顶出缸下腔的最高压力，另一方面是为了防止节流阀 11 的阻塞，起安全保护作用。

背压阀 8、18：起背压作用。

溢流阀 9：调定泵 4 的压力。

先导型溢流阀 10：与远程调压阀 3 共同调定泵 5 的工作压力。

节流阀 11：调定液压油流速，提高系统运动平稳性。

压力表 12：观察系统压力情况。

电液换向阀 13、15：换向平稳，减少压力冲击。

电磁换向阀 14：控制液控单向阀 16 的开关。

液控单向阀 16：一旦打开，主缸 17 下腔的压力油回到油箱，使滑块快速下行。

主缸 17：实现快速下行、慢速接近工件加压、保压、卸压、快速回程、原位停止。

卸荷阀 19：泵 5 卸荷。

充液油箱 20：提供充液时的压力油。

充液阀 21：对主缸 17 的上腔充液压油。

单向阀 22：具有良好的锥面密封性，使主缸 17 上腔保持压力。

压力继电器 23：设定保压时间。

2. 工作循环分析

（1）主缸运动

1）快速下行。按下起动按钮，电磁铁 3YA、4YA 通电吸合。低压控制油使电液换向阀 15 切换至左位，同时经电磁换向阀 14 使液控单向阀 16 打开。泵 5 供油经阀 15 左位。油液经单向阀 22 进入主缸 17 上腔，而主缸下腔经液控单向阀 16、电液换向阀 15 左位、电液换向阀 13 中位回油。此时主阀滑块在自重作用下快速下降，泵 5 虽为最大流量，但还不足以补充主腔上腔空的容积，因而上腔形成局部真空，置于液压缸顶部的充液箱 20 内的油液在大气压及油位作用下，经充液阀 21 进入主阀上腔。主油路油液流动路线为：进油，油箱 1→过滤器 2→泵 5→电液换向阀 15（左位）→单向阀 22→主缸 17 上腔，充液油箱 20→充液阀 21→主缸 17 上腔；回油，主缸 17 下腔→开启的液控单向阀 16→电液换向阀 15（左位）→电液换向阀 13（中位）→油箱。

2）慢速接近工件加压。当主缸滑块上的挡铁压下行程开关 2SQ 时，电磁铁 3YA 断电，阀 14 处于常态位，液控单向阀 16 关闭。主缸回油经背压（平衡）阀 18、电液换向阀 15 左位、电液换向阀 13 中位至油箱，由于回油路上有背压力，滑块单靠自重就不能下降，油泵 5 供给的压力油使之下行，速度减慢。这时主缸上腔压力升高。充液阀 21 关闭。来自泵 5 的压力油推动活塞使滑块慢速接近工件，当主缸活塞的滑块抵住工件后，阻力急剧增加，上腔油压进一步提高，变量泵 5 的排油量自动减小，主缸活塞以极慢的速度对工件加压。此时的油液流动路线为：进油，油箱 1→过滤器 2→泵 5→电液换向阀 15（左位）→单向阀 22→主缸 17 上腔；回油，主缸 17 下腔→背压阀 18→电液换向阀 15（左位）→电液换向阀 13

（中位）→油箱1。

3）保压。当主缸上腔的油压达到预定值时，压力继电器23发出信号，使电磁铁4YA断电，电液换向阀15回复中位，将主阀上、下油腔封闭。同时泵5的流量经电液换向阀15、电液换向阀13的中位卸荷。单向阀22保证了主阀上腔良好的密封性，主阀上腔保持高压。保压时间可由压力继电器23控制的时间继电器调整。

4）泄压、快速回程。保压过程结束，时间继电器发出信号，使电磁铁5YA通电（当定程压制成形时，可由行程开关3SQ发出信号），主缸处于回程状态。为了防止液压冲击，保压后必须先泄压然后再回程。当电液换向阀15切换至右位后，主缸上腔还未泄压，压力很高，卸荷阀19（带阻尼孔）呈开启状态，主泵5的油经电液换向阀15右位、卸荷阀19流回油箱。这时主泵5在低压下运转，此压力不足以打开液控单向阀16的主阀芯，但能打开阀16中的卸荷小阀芯，主阀上腔的高压油经此卸荷小阀芯的开口而泄回充液箱21，压力逐渐降低。这一过程持续到主缸上腔压力降至较低值时，卸荷阀19关闭，泵5的供油压力升高，推开液控单向阀16的主阀芯。此时泵5的压力油经阀15右位、液控单向阀16进入主缸下腔；而主缸上腔油液经阀21回油至充液箱20，实现主缸快速回程。在快速返回过程中，油液流动路线为：进油，油箱1→过滤器2→泵5→电液换向阀15（右位）→液控单向阀16→主缸17下腔；回油，主缸17上腔→充液阀21→充液箱20。

5）原位停止。当主缸滑块上的挡铁压下行程开关1SQ时，电磁铁5YA断电，主缸活塞被中位为M机能的阀15锁紧而停止运动，回程结束。此时泵5油液经电液换向阀15、电液换向阀13回油箱，泵处于卸荷状态。实际使用中，主缸随时都可处于停止状态。

（2）顶出缸运动 顶出缸6只是在主阀停止运动时才能动作。由于压力油先经过电液阀15后才进入控制顶出缸运动的电液换向阀13，也即电液换向阀处于中位时，才有油通向顶出缸，实现了主缸和顶出缸的运动互锁。

1）顶出。按下顶出按钮。1YA通电吸合，压力油由泵5经电液换向阀15中位、电液换向阀13左位进入顶出缸下腔，上腔油液则经电液换向阀13回油，活塞上升。进油，油箱1→过滤器2→泵5→电液换向阀15（中位）→电液换向阀13（左位）→顶出缸6下腔；回油，顶出缸6上腔→电液换向阀13（左位）→油箱1。

2）退回。1YA断电，2YA通电吸合时，油路换向，顶出缸的活塞下降。油液流动路线为：进油，油箱1→过滤器2→泵5→电液换向阀15（中位）→电液换向阀13（右位）→顶出缸6上腔；回油，顶出缸6下腔→电液换向阀13（右位）→油箱1。

3）原位停止。在返回过程中，当到达预定位置时，电磁铁2YA断电，电液换向阀13回中位，顶出缸停止运动，液压泵5卸荷。

4）浮动压边。在进行薄板拉伸时，为了进行压边，首先1YA通电使顶出缸上升到顶住被拉伸的工件，然后1YA断电，液控单向阀13回中位，在主缸下压作用力的作用下，顶出缸下腔的压力升高，当升高到一定值时，打开背压阀8，油液经节流阀11和背压阀8回油箱，上腔经过液控单向阀13的中位进行补油。由于此处的背压阀是采用溢流阀完成建立背压的功能的，而溢流阀是锥阀，开度变化时，开口面积变化比较大，影响运动的平稳性，所以串联了节流阀11。安全阀7一方面是为了限定顶出缸下腔的最高压力，另一方面是为了防止节流阀11的阻塞，起安全保护作用。

电磁铁和行程阀的动作见表8-2。

表 8-2　YA32—200 型液压压力机液压系统电磁铁和行程阀的动作表

动作顺序		1YA	2YA	3YA	4YA	5YA
主缸	快速下行	−	−	+	+	−
	慢速加压	−	−	−	+	−
	保压	−	−	−	−	−
	卸压回程	−	−	−	−	+
	停止	−	−	−	−	−
顶出缸	顶出	+	−	−	−	−
	退回	−	+	−	−	−
	压边	+／−	−	−	+	−

8.2.2　液压压力机液压系统的特点

液压压力机液压系统的特点如下：

1）采用高压大流量恒功率变量泵供油，既符合工艺要求，又节省能量。

2）利用活塞滑块自重的作用实现快速下行，并用充液阀对主缸充液。这种快速运动回路结构简单，使用元件少。

3）本液压机采用单向阀保压。为了减少由保压转换为快速回程时的液压冲击，采用由卸荷阀和带卸荷小阀芯的液控单向阀组成的泄压回路。

4）顶出缸与主缸运动互锁。共有换向阀处于中位，主缸不运动时，压力油才能进入换向阀使顶出缸运动，这是一种安全措施。

8.3　机械手液压系统

机械手是工业机器人的一种，在机械工业生产中已广泛应用。机械手是能够按照给定的程序、轨迹等实现自动抓取、搬运等的机械装置。可以在高温、高压、易爆、放射性等恶劣环境下进行工作，还可进行笨重、单调、频繁的操作。

自动卸料机械手的工作循环为：手臂上升→手臂前伸→手指夹紧→手臂回转→手臂下降→手指松开→手臂缩回→手臂反转→原位停止。

8.3.1　机械手液压系统的组成及工作原理

自动卸料机械手的液压系统如图 8-3 所示。

1. 液压元件的作用

过滤器 1：过滤液压油，去除杂质。

单向定量泵 2：供油。

单向阀 3：防止油液倒流，保护液压泵。

二位四通电磁换向阀 4、5：控制执行元件进退两个运动方向，实现换向。

先导型溢流阀 6：溢流稳压。

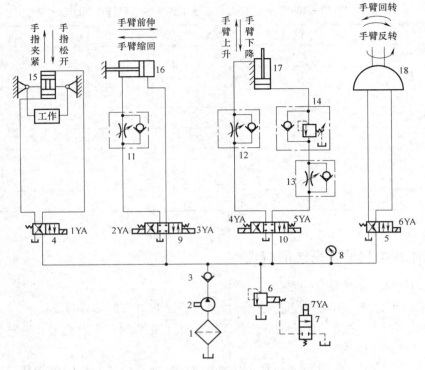

图 8-3　机械手液压系统

1—过滤器　2—单向定量泵　3—单向阀　4、5—二位四通电磁换向阀　6—先导型溢流阀
7—二位二通电磁换向阀　8—压力表　9、10—三位四通电磁换向阀　11、12、13—单向调速阀
14—顺序阀　15—无杆活塞式液压缸　16、17—单杆活塞式液压缸　18—摆动缸

二位二通电磁换向阀 7：控制液压泵卸荷。

压力表 8：观察系统的压力情况。

三位四通电磁换向阀 9、10：控制执行元件的换向，并能够停止在任意位置。

单向调速阀 11、12、13：调节执行元件的运动速度。

顺序阀 14：以压力为控制信号，自动接通或切断油路。

无杆活塞式液压缸 15：实现手指的松开和夹紧。

单杆活塞式液压缸 16：实现手臂的前伸和缩回。

单杆活塞式液压缸 17：实现手臂的上升和下降。

单叶片摆动缸 18：实现手臂的顺时针和逆时针旋转。

2. 工作循环分析

（1）手臂上升　按下起动按钮，电磁换向阀 10 的 5YA 通电，工作在右位，缸 17 上升。进油路，油箱→过滤器 1→定量泵 2→单向阀 3→电磁换向阀 10（右位）→调速阀 13→顺序阀 14→液压缸 17 下腔；回油路，液压缸 17 上腔→调速阀 12→电磁换向阀 10（右位）→油箱。

（2）手臂前伸　上升完成之后，5YA 断电，电磁换向阀 9 的 3YA 通电，缸 16 右移，并保证手指松开，电磁换向阀 4 的 1YA 通电。进油路 1，油箱→过滤器 1→定量泵 2→单向阀 3

→电磁换向阀 9 的右位→缸 16 的右腔；进油路 2，油箱→过滤器 1→定量泵 2→单向阀 3→电磁换向阀 4 的右位→缸 15 的上腔。回油路 1，缸 16 的左腔→调速阀 11→电磁换向阀 9 的右位→油箱；回油路 2，缸 15 的下腔→电磁换向阀 4 的右位→油箱。

（3）手指夹紧　手臂前伸完成之后，完成夹紧物体，这时电磁换向阀 4 的 1YA 断电，工作在左位，缸 5 活塞上移。

（4）手臂回转　手指夹紧动作完成之后，手臂回转，电磁换向阀 5 的 6YA 通电，工作在右位，摆动缸 18 逆时针旋转。进油路，油箱→过滤器 1→定量泵 2→单向阀 3→电磁换向阀 5 的右位→摆动缸 18 右位；回油路，摆动缸 18 左位→电磁换向阀 5 的右位→油箱。

（5）手臂下降　保持 6YA 通电，电磁换向阀 10 的 4YA 通电，工作在左位，液压缸 17 活塞下降。进油路，油箱→过滤器 1→定量泵 2→单向阀 3→电磁换向阀 10 的左位→调速阀 12→液压缸 17 上腔。回油路，液压缸 17 下腔→顺序阀 14→调速阀 13→电磁换向阀 10 左位→油箱。

（6）手指松开　4YA 断电，继续保持 6YA 通电，再次使电磁换向阀 4 的 1YA 通电，工作在右位，缸 15 活塞下移，完成动作。

（7）手臂缩回　1YA 断电，继续保持 6YA 通电，使电磁换向阀 9 的 2YA 通电，工作在左位，缸 16 左移。

（8）手臂反转　2YA 和 6YA 断电，电磁换向阀 9 工作在中位，电磁换向阀 5 工作在左位，摆动缸 18 顺时针转动。

（9）原位停止　接通二位二通电磁换向阀 7 的 7YA，液压泵 2 卸荷。

电磁铁和行程阀的动作表见表 8-3。

表 8-3　自动卸料机械手的液压系统的电磁铁和行程阀的动作表

动作顺序	1YA	2YA	3YA	4YA	5YA	6YA	7YA
手臂上升	–	–	–	–	+	–	–
手臂前伸	+	–	+	–	–	–	–
手指夹紧	–	–	–	–	–	–	–
手臂回转	–	–	–	–	–	+	–
手臂下降	–	–	–	+	–	+	–
手指松开	+	–	–	–	–	+	–
手臂缩回	–	+	–	–	–	+	–
手臂反转	–	–	–	–	–	–	–
原位停止	–	–	–	–	–	–	+

8.3.2　机械手液压系统的特点

机械手液压系统的特点如下：

1）电磁阀换向方便，灵活。

2）回油路节流调速，平稳性好。

3）采用平衡回路，防止手臂自行下滑或超速。

4）失电夹紧，安全可靠。

5）卸荷回路，节省功率。

8.4 数控车床液压系统

数控车床利用程序控制刀具和工件的相对运动，自动化程度高，可以获得较高的加工精度。在数控车床中，采用液压系统实现控制，如 MJ—50 数控车床上卡盘的夹紧与松开、卡盘夹紧力的高低与转换、回转刀架的松开与夹紧、刀架刀盘的正转与反转、尾座套筒的伸出与退回都是由液压系统驱动的，其液压系统如图 8-4 所示。

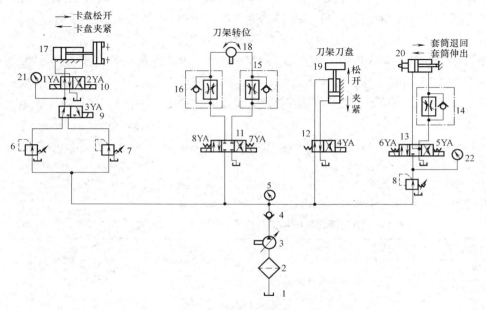

图 8-4 MJ—50 型数控车床的液压系统

1—油箱 2—过滤器 3—变量泵 4—单向阀 5、21、22—压力表 6、7、8—减压阀
9、10、11、12、13—电磁换向阀 14、15、16—调速阀 17、19、20—液压缸 18—液压马达

8.4.1 数控车床液压系统组成及工作原理

1. 液压元件的作用

油箱 1：储存液压油。

过滤器 2：过滤油液，滤除杂质。

单向变量泵 3：提供系统动力，供油，系统压力一般调节为 4MPa。

单向阀 4：防止液压油回流。

压力表 5：显示系统压力。

减压阀 6、7、8：提供系统不同支路的压力。

电磁换向阀 9、10、11、12、13：换向，实现不同的动作。

调速阀 14、15、16：调节系统支路的液流速度。

液压缸 17、19、20：动作执行元件。

液压马达 18：动作执行元件。

2. 工况分析

（1）卡盘的夹紧与松开　主轴卡盘的夹紧与松开，由二位四通电磁换向阀 10 控制。卡盘的高压夹紧与低压夹紧的转换，由二位四通电磁阀 9 控制。

1）卡盘处于正卡且在高压夹紧。夹紧力的大小由减压阀 6 调整，卡盘的压力由压力表 21 显示。电磁换向阀 10 的 1YA 通电，换向阀工作在左位，液压缸 17 右腔进油，活塞左移，卡盘夹紧。进油路，油箱 1→过滤器 2→泵 3→单向阀 4→减压阀 6→电磁换向阀 9 左位→电磁换向阀 10 左位→液压缸 17 右腔；回油路，液压缸 17 左腔→电磁换向阀 10 左位→油箱。

2）卡盘处于正卡且在高压松开。1YA 断电，2YA 通电，电磁换向阀 10 工作在右位，液压缸 17 左腔进油，活塞右移，卡盘松开。进油路，油箱 1→过滤器 2→泵 3→单向阀 4→减压阀 6→电磁换向阀 9 左位→电磁换向阀 10 右位→液压缸 17 左腔；回油路，液压缸 17 右腔→电磁换向阀 10 右位→油箱。当卡盘处于正卡且在低压状态下时，夹紧力的大小由减压阀 7 来调整。这时，3YA 通电，阀 9 工作在右位，阀 10 的工作情况和高压夹紧时相同；卡盘反卡时与正卡类似。

（2）回转刀架的回转　回转刀架换刀时，首先是刀盘松开，之后刀架转到指定的刀位，最后刀盘复位夹紧。

1）刀盘松开。4YA 通电，电磁换向阀 12 工作在右位。

2）刀架正转。8YA 通电，电磁换向阀 11 工作在左位，液压马达带动刀架正转，转速由单向调速阀 16 调节。

3）刀架反转。7YA 通电，电磁换向阀 11 工作在右位，转速由单向调速阀 15 调节。

4）刀盘夹紧。4YA 断电，电磁换向阀工作在左位。

（3）尾座套筒伸缩运动　尾座套筒的伸出与退回由三位四通电磁阀 13 控制。套筒伸出时的预紧力大小由减压阀 8 调节，并由压力表 22 显示。

1）尾座套筒伸出。进油路，油箱 1→过滤器 2→泵 3→单向阀 4→减压阀 8→电磁换向阀 13 左位→液压缸 20 左腔；回油路，液压缸 20 右腔→调速阀 14→电磁换向阀 13 左位→油箱。

2）尾座套筒缩回。进油路，油箱 1→过滤器 2→泵 3→单向阀 4→减压阀 8→电磁换向阀 13 右位→调速阀 14→液压缸 20 右腔；回油路，液压缸 20 左腔→电磁换向阀 13 右位→油箱。

电磁铁动作表见表 8-4。

表8-4　MJ—50 型数控车床的液压系统的电磁铁动作表

动作			1YA	2YA	3YA	4YA	5YA	6YA	7YA	8YA
卡盘正卡	高压	夹紧	+	−	−					
		松开	−	+	−					
	低压	夹紧	+	−	+					
		松开	−	+	+					

（续）

动作			1YA	2YA	3YA	4YA	5YA	6YA	7YA	8YA
卡盘反卡	高压	夹紧	−	+						
		松开	+	−						
	低压	夹紧	−	+	+					
		松开	+	−	+					
刀架		正转							−	+
		反转							+	−
		松开				+				
		夹紧				−				
尾座		套筒伸出					−	+		
		套筒缩回					+	−		

8.4.2 数控车床液压系统的特点

数控车床液压系统的特点如下：

1）数控车床自动化程度高，液压系统一般由数控系统的 PLC 或 CNC 控制，动作顺序一般直接用电磁换向阀切换来实现。

2）系统采用单向变量液压泵供油，能量损失较小。

3）用换向阀来实现高低压夹紧的转换，操作方便简单。

4）用液压马达来控制刀架的正、反转，可实现无级调速。

5）用换向阀来实现套筒的伸缩转换，并可调节尾座套筒伸出时预紧力的大小，来适应不同工况的需要。

6）采用液压阀保证各支路压力的恒定。

8.5 塑料注射成型机液压系统

塑料注射成型机简称注塑机，它是能将颗粒状塑料加热熔化到流动状态，并采用注射装置将其快速高压注入模腔，经一定时间的保压、冷却，得到一定形状的塑料制品的设备。注塑机具有成型周期短，对各种塑料的加工适应性强，自动化程度高等特点。SZ—250A 型注塑机属中小型注塑机，它要求液压系统能够完成合模、注射座整体前移、注射、保压、注射座整体后退、开模、顶出缸将制品顶出、顶出缸后退等动作。通常实现的工作循环为：合模→注射座整体前移→注射→保压→冷却和预塑→注射座整体后退→开模→顶出制品→顶出缸后退→合模。

SZ—250A 注塑机要求液压系统能够提供足够的合模力，避免在注射时模具闭合不严而产生塑料制品的溢边现象；提供可以调节的开模和合模速度（在开、合模过程中，要求合模缸有慢—快—慢的速度变化），以提高生产率和保证制品质量，并避免产生冲击；提供足够的推力，以保证注射时喷嘴和模具浇口的紧密接触；为适应不同塑料品种、注射成型制品几何形状和模具浇注系统的要求，能够提供可以调节的注射压力和注射速度；提供可以调节的保压压力；顶出制品时要求有足够的顶出力和顶出速度平稳、可调。

8.5.1 SZ—250A 型注塑机液压系统的组成及工作原理

SZ—250A 型注塑机液压系统工作原理如图 8-5 所示，该机采用了液压-机械式合模机构，合模缸通过具有增力和自锁作用的对称式五连杆机构推动模板进行开、合模，依靠连杆变形所产生的预应力来保证所需合模力，使模具可靠锁紧，并且使合模缸直径减小，节省功率，也易于实现高速。该系统为双泵、定量、开式系统。

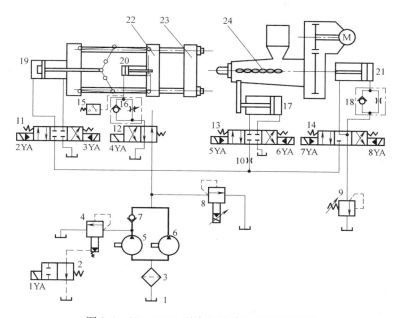

图 8-5　SZ—250A 型注塑机液压系统原理图

1—油箱　2—二位二通电磁换向阀　3—过滤器　4—先导型溢流阀　5—大流量泵

6—小流量泵　7—单向阀　8—先导型比例电磁溢流阀　9—背压阀　10—节流阀

11、13、14—电液换向阀　12—电磁换向阀　15—压力继电器　16、18—单向调速阀

17—注射座移动缸　19—合模缸　20—顶出缸　21—注射缸　22—动模板　23—定模板　24—注射座

1. 液压元件的作用

油箱 1：提供系统液压油。

二位二通电磁换向阀 2：控制大流量泵 5 的卸荷。

过滤器 3：过滤油液，滤除杂质。

先导型溢流阀 4：调定大流量泵 5 的供油压力。

先导型比例电磁溢流阀 8：对系统实现多级调压。

背压阀 9：提供背压。

节流阀 10：调节注射座整体移动速度。

电液换向阀 11、13、14：换向，使执行元件实现不同的运动方向。

电磁换向阀 12：实现顶出缸 20 的前进和后退。

压力继电器 15：设定保压时间。

单向调速阀 16、18：调节进油速度，最终调节液压缸的运行速度。

2. 工作循环分析

（1）合模　合模过程包括慢速合模、快速合模、低压合模和高压合模几个动作，其目的是先使动模板慢速启动，然后快速前移，当接近定模板时液压系统压力减小，以减小合模缸的推力，防止在两个模板之间存在硬质异物损坏模具的表面，接着系统压力升高，使合模缸产生较大的推力将模具闭合，并且使连杆机构产生弹性变形锁紧模具。具体动作如下：

1）慢速合模。电磁铁 1YA 断电，2YA 通电，大流量泵 5 通过先导型溢流阀 4 卸荷，电液换向阀 11 左位接入系统，小流量泵 6 的压力由比例溢流阀 8 调定。主油路油液流动路线为：进油，油箱 1→过滤器 3→小流量泵 6→电液换向阀 11（左位）→合模缸 19 左腔；回油，合模缸 19 右腔→电液换向阀 11（左位）→油箱 1。

2）快速合模。慢速合模转为快速合模时，由行程开关发出指令使电磁铁 1YA 通电，大流量泵 5 不再卸荷，实现双泵供油，使合模缸运动，系统压力仍由比例溢流阀 8 调定。主油路油液流动路线为：进油，油箱 1→过滤器 3→大流量泵 5→单向阀 7 小流量泵 6→电液换向阀 11（左位）→合模缸 19 左腔；回油：合模缸 19 右腔→电液换向阀 11（左位）→油箱 1。

3）低压慢速合模。电磁铁 1YA 断电，2YA 通电，液压泵 5 卸荷，小流量泵 6 的压力由比例溢流阀 8 调定得较低，从而实现合模缸在低压下慢速合模，保护模具表面。主油路油液流动路线与慢速合模时相同。

4）高压合模。当动模板越过保护段时，由比例溢流阀 8 使小流量泵 6 的压力升高，系统压力的升高使得合模缸产生较大的推力。主油路油液流动路线与慢速合模时相同。

（2）注射座整体前移　电磁铁 2YA 断电，6YA 通电，电液换向阀 13 右位接入系统，压力油进入注射座移动缸右腔，使注射座整体向前移动，直到喷嘴与模具贴紧。主油路油液流动路线为：进油，油箱 1→过滤器 3→小流量泵 6→节流阀 10→电液换向阀 13（右位）→注射座移动缸 17 右腔；回油，注射座移动缸 17 左腔→电液换向阀 13（右位）→油箱 1。

（3）注射　注射速度分为慢速注射和快速注射两种，根据制品和注射工艺条件来确定，其速度由注射缸的运动速度决定，快、慢速注射时的压力均由先导型比例溢流电磁阀 8 控制。

1）慢速注射。电磁铁 1YA 断电，6YA、8YA 通电，只有小流量泵 6 供油，电液换向阀 13 和 14 均为右位接入系统，通过调节单向调速阀 18 可以调节注射速度。6YA 通电的目的是保持喷嘴与模具紧贴。如不考虑泄漏，主油路油液流动路线为：进油，油箱 1→过滤器 3→小流量泵 6→电液换向阀 14（右位）→单向调速阀 18→注射缸 21 右腔；回油，注射缸 21 左腔→电液换向阀 14（右位）→背压阀 9→油箱 1。

2）快速注射。电磁铁 1YA、6YA、8YA 通电，液压泵 5、6 双泵合流，实现注射缸的快速运动，注射速度仍可通过单向调速阀 18 调节。主油路油液流动路线为：进油，油箱 1→过滤器 3→大流量泵 5→单向阀 7→小流量泵 6→电液换向阀 14（右位）→单向调速阀 18→注射缸 21 右腔；回油，注射缸 21 左腔→电液换向阀 14（右位）→背压阀 9→油箱 1。

（4）保压　保压的目的是为了使注射缸对模腔内的熔料保持一定的压力并进行补塑，此时只需要极少量的油液，并且保压的压力也不需要很高。因此，通过比例溢流阀重新调定压力，电磁铁 1YA 断电，小流量泵 6 单独供油就能够满足需要。

（5）冷却、预塑　注入模腔内的熔料需要经过一定时间的冷却才能定型，同时需要将塑料颗粒加热到能够流动的状态才能进行注射，冷却、预塑过程就是为了完成这些功能。此时，8YA 断电，电液换向阀 14 回中位，电动机通过减速机构带动螺杆转动，塑料颗粒通过料斗进入料筒，被转动的螺杆输送到料筒前端进行加热。螺杆头部熔料的压力推动注射缸活塞后退，注射缸右腔的油液一部分冲开阀 18 的单向阀，一部分经电液换向阀 14 的中位进入注射缸的左腔，另一部分经背压阀 9 流回油箱。

（6）注射座后退　电磁铁 6YA 断电、5YA 通电，电液换向阀 13 的左位接入系统。主油路油液流动路线为：进油，油箱 1→过滤器 3→小流量泵 6→节流阀 10→电液换向阀 13（左位）→注射座移动缸 17 左腔；回油，注射座移动缸 17 右腔→电液换向阀 13（左位）→油箱 1。

（7）开模

1）慢速开模。电磁铁 3YA 通电，电液换向阀 11 的右位接入系统，电磁铁 1YA 处于断电状态，只有小流量泵 6 单独供油。主油路油液流动路线为：进油，油箱 1→过滤器 3→小流量泵 6→电液换向阀 11（右位）→合模缸 19 右腔；回油，合模缸 19 左腔→电液换向阀 11（右位）→油箱 1。

2）快速开模。电磁铁 1YA 通电，泵 5 和 6 双泵合流，电液换向阀 11 的右位接入系统，使得开模缸运动速度加快。主油路油液流动路线为：进油，油箱 1→过滤器 3→大流量泵 5→单向阀 7→小流量泵 6→电液换向阀 11（右位）→合模缸 19 右腔；回油，合模缸 19 左腔→电液换向阀 11（右位）→油箱 1。

（8）顶出制品

1）顶出缸前进。电磁铁 1YA 断电，大流量泵 5 卸荷，4YA 通电，电磁换向阀 12 左位接入系统，顶出缸的运动速度由单向调速阀 16 调节。主油路油液流动路线为：进油，油箱 1→过滤器 3→小流量泵 6→电磁换向阀 12（左位）→单向调速阀 16→顶出缸 20 左腔；回油，顶出缸 20 右腔→电磁换向阀 12（左位）→油箱 1。

2）顶出缸后退。电磁铁 4YA 断电，电磁换向阀 12 右位接入系统。主油路油液流动路线为：进油，油箱 1→过滤器 3→小流量泵 6→电磁换向阀 12（右位）→顶出缸 20 右腔；回油，顶出缸 20 左腔→单向调速阀 16→电磁换向阀 12（右位）→油箱 1。

（9）螺杆后退　在拆卸和清洗螺杆时，螺杆需要退出，此时电磁铁 7YA 通电。电液换向阀 14 的左位接入系统，液压泵 6 的压力油经电液换向阀 14 的左位进入注射缸左腔，就可以使注射缸 21 带动螺杆后退。

电磁铁和行程阀的动作表见表 8-5。

表 8-5　SZ—250A 型注射机液压系统的电磁铁和行程阀的动作表

动　作		1YA	2YA	3YA	4YA	5YA	6YA	7YA	8YA
1. 合模	慢速合模	－	＋						
	快速合模	＋	＋						
	低压慢速合模		＋						
	高压合模		＋						
2. 注射座整体前移							＋		

（续）

动　　作		1YA	2YA	3YA	4YA	5YA	6YA	7YA	8YA
3. 注射	慢速注射						+		+
	快速注射	+					+		+
4. 保压							+		+
5. 冷却、预塑							+		
6. 注射座后退						+	−		
7. 开模	慢速开模			+					
	快速开模	+		+					
8. 顶出制品	顶出缸前进				+				
	顶出缸后退								
9. 螺杆后退								+	

8.5.2　SZ—250A 型注塑机液压系统的特点

1）根据注塑机工作循环中要求流量和压力各不相同以及经常变化的特点，采用双泵合流的有级调速回路与调速阀调速回路相结合，并且通过先导型比例电磁溢流阀来实现多级调压，满足了各个阶段对液压系统的要求，同时使系统中的元件数量减少。

2）采用液压-机械增力合模机构，使模具锁紧可靠。

3）采用电液换向阀、电磁换向阀、行程开关和压力继电器等元件，保证了工作循环动作的顺序完成。

本　章　习　题

8-1　怎样阅读和分析一个液压系统？

8-2　动力滑台液压系统由哪些基本回路组成？如何采用行程阀实现快速和慢速转换？

8-3　数控车床液压系统是如何实现卡盘的夹紧与松开的？

8-4　SZ—250A 型注塑机液压系统由哪些基本回路组成？分析各种基本回路的特点。

第9章 气源装置、辅助元件及气动执行元件

气动技术是"气压传动与控制"技术的简称，是以压缩空气作为动力源驱动气动执行元件完成一定的运动规律的应用技术，是实现各种生产控制、自动化控制的重要手段之一。

气动技术在工业生产中应用十分广泛，它可以用于包装、进给、计量、材料的输送、工件的转动与翻转、工件的分类等场合，还可用于车、铣、钻、锯等机械加工的过程。

9.1 气压传动概述

9.1.1 气压传动系统的工作原理及组成

1. 气压传动系统的工作原理

气压传动系统的工作原理是利用空气压缩机将电动机或其他原动机输出的机械能转变为空气的压力能，然后在控制元件的控制和辅助元件的配合下，通过执行元件把空气的压力能转变为机械能，从而完成直线或回转运动并对外做功。

2. 气压传动系统的组成

典型的气压传动系统如图9-1所示。一般由以下四部分组成：

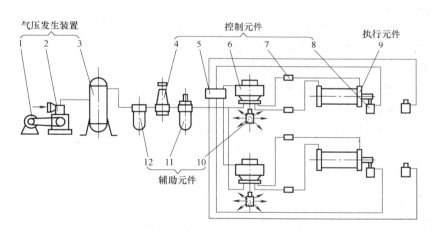

图9-1 气动系统的组成示意图

1—电动机 2—空气压缩机 3—储气罐 4—压力控制阀 5—逻辑元件
6—方向控制阀 7—流量控制阀 8—机控阀 9—气缸 10—消声器
11—油雾器 12—空气过滤器

（1）气压发生装置 它将原动机输出的机械能转变为空气的压力能，其主要设备是空气压缩机。

（2）控制元件 用来控制压缩空气的压力、流量和流动方向，以保证执行元件具有一定的输出力和速度并按设计的程序正常工作，如压力阀、流量阀、方向阀和逻辑阀等。

（3）执行元件 是将空气的压力能转变为机械能的能量转换装置，如气缸和气马达。

（4）辅助元件 是用于辅助保证气动系统正常工作的一些装置，如过滤器、干燥器、空气过滤器、消声器和油雾器等。

9.1.2 气压传动的特点

1. 气压传动的优点

1）以空气为工作介质，来源方便，用后排气处理简单，不污染环境。

2）由于空气流动损失小，压缩空气可集中供气，可实现远距离输送。

3）与液压传动相比，气动动作迅速、反应快、维护简单、管路不易堵塞，且不存在介质变质、补充和更换等问题。

4）工作环境适应性好，可安全可靠地应用于易燃易爆场所。

5）气动装置结构简单、轻便、安装维护简单。压力等级低，故使用安全。

6）空气具有可压缩性，气动系统能够实现过载自动保护。

2. 气压传动的缺点

1）由于空气有可压缩性，所以气缸的动作速度易受负载变化影响。

2）工作压力较低（一般为 0.4～0.8MPa），因而气动系统输出力较小。

3）气动系统有较大的排气噪声。

4）工作介质空气本身没有润滑性，需另加装置进行给油润滑。

9.2 气源装置

气源装置是用来产生具有足够压力和流量的压缩空气并将其净化、处理及储存的一套装置。图 9-2 所示为常见的气源装置，其主要由以下元件组成。

（1）空气压缩机 空气压缩机是将机械能转变为气体压力能的装置，是气动系统的动力源。一般有活塞式、膜片式、叶片式、螺杆式等几种类型，其中气压系统最常使用的机型为活塞式压缩机。在选择空气压缩机时，其额定压力应等于或略高于所需的工作压力，其流量应等于系统设备最大耗气量并考虑管路泄漏等因素。

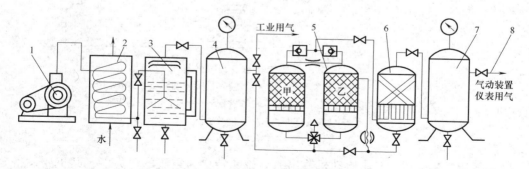

图 9-2 气源装置的组成示意图

1—空气压缩机 2—后冷却器 3—除油器 4、7—储气罐

5—干燥器 6—过滤器 8—输气管道

（2）后冷却器　后冷却器安装在压缩机出口管道上，将压缩机排出的压缩气体温度由140～170℃降至40～50℃，使其中水汽、油雾汽凝结成水滴和油滴，以便经除油器析出。

后冷却器一般采用水冷换热装置，其结构形式有：列管式、散热片式，套管式、蛇管式和板式等，其中，蛇管式冷却器最为常用。

（3）除油器　除油器的作用是分离压缩空气中凝聚的水分和油分等杂质。使压缩空气得到初步净化，其结构形式有：环形回转式、撞击折回式、离心旋转式和水浴式等。

（4）干燥器　干燥器的作用是为了满足精密气动装置用气，把初步净化的压缩空气进一步净化以吸收和排除其中的水分、油分及杂质，使湿空气变成干空气。干燥器的形式有潮解式、加热式、冷冻式等。

（5）空气过滤器　空气过滤器的作用是滤除压缩空气的水分、油分及杂质，以达到气动系统所要求的净化程度。它属于二次过滤器，大多与减压器、油雾器一起构成气源调节装置，安装在气动系统的入口处。

空气过滤器主要根据系统所需要的流量，过滤精度和容许压力等参数来选取，通常垂直安装在气动设备入口处，进出气孔不得装反，使用中注意定期放水、清洗或更换滤芯。

（6）储气罐　储气罐主要用来调节气流，减少输出气流的压力脉动，使输出气流具有流量连续性和气压稳定性。

当已知空气压缩机排气流量 q 时，储气罐容积 $V_C(m^3)$ 可参考下述经验公式：

$$q < 6m^3/min \text{ 时，} V_C = 0.2q$$

$$q = 6 \sim 30m^3/min \text{ 时，} V_C = 0.15q$$

$$q > 30m^3/min \text{ 时，} V_C = 0.1q$$

9.3　气源净化装置及辅助元件

气压传动系统中的气源装置是为气动系统提供满足一定质量要求的压缩空气，它是气压传动系统的重要组成部分。由空气压缩机产生的压缩空气，必须经过降温、净化、减压、稳压等一系列处理后，才能供给控制元件和执行元件使用。而用过的压缩空气排向大气时，会产生噪声，应采取措施，降低噪声、改善劳动条件和环境质量。

9.3.1　气源装置

1. 对压缩空气的要求

1）要求压缩空气具有一定的压力和足够的流量。

2）要求压缩空气有一定的清洁度和干燥度。清洁度是指气源中含油量、含灰尘杂质的质量及颗粒大小都要控制在很低范围内。干燥度是指压缩空气中含水量的多少，气动装置要求压缩空气的含水量越低越好。由空气压缩机排出的压缩空气，虽然能满足一定的压力和流量的要求，但不能为气动装置所使用。因为一般气动设备所使用的空气压缩机都是属于工作压力较低（小于1MPa）、用油润滑的活塞式空气压缩机。它从大气中吸入含有水分和灰尘的空气，经压缩后，空气温度均提高到140～180℃，这时空气压缩机气缸中的润滑油也部分成为气态，这样油分、水分以及灰尘便形成混合的胶体微尘与杂质混在压缩空气中一同排出。如果将此压缩空气直接输送给气动装置使用，将会产生下列影响：

①混在压缩空气中的油蒸气可能聚集在储气罐、管道、气动系统的容器中形成易燃物，有引起爆炸的危险；另一方面，润滑油被气化后，会形成一种有机酸，对金属设备、气动装置有腐蚀作用，影响设备的寿命。

②混在压缩空气中的杂质能沉积在管道和气动元件的通道内，减少了通道面积，增加了管道阻力。特别是对内径只有 0.2～0.5mm 的某些气动元件会造成阻塞，使压力信号不能正确传递，整个气动系统不能稳定工作甚至失灵。

③压缩空气中含有的饱和水分，在一定的条件下会凝结成水，并聚集在个别管道中。在寒冷的冬季，凝结的水会使管道及附件结冰而损坏，影响气动装置的正常工作。

④压缩空气中的灰尘等杂质，对气动系统中作往复运动或转动的气动元件（如气缸、气马达、气动换向阀等）的运动副会产生研磨作用，使这些元件因漏气而降低效率，影响它的使用寿命。

因此气源装置必须设置一些除油、除水、除尘，并使压缩空气干燥，提高压缩空气质量，进行气源净化处理的辅助设备。

2. 压缩空气站的设备组成及布置

压缩空气站的设备一般包括产生压缩空气的空气压缩机和使气源净化的辅助设备。压缩空气站设备组成及布置示意图如图 9-3 所示。

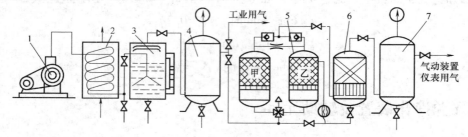

图 9-3　压缩空气站设备组成及布置示意图
1—空气压缩机　2—后冷却器　3—油水分离器　4、7—储气罐　5—干燥器　6—过滤器

图 9-3 中，1 为空气压缩机，用以产生压缩空气，一般由电动机带动，其吸气口装有空气过滤器以减少进入空气压缩机的杂质量；2 为后冷却器，用以降温冷却压缩空气，使净化的水凝结出来；3 为油水分离器，用以分离并排出降温冷却的水滴、油滴、杂质等；4 为储气罐，用以储存压缩空气，稳定压缩空气的压力并除去部分油分和水分；5 为干燥器，用以进一步吸收或排除压缩空气中的水分和油分，使之成为干燥空气；6 为过滤器，用以进一步过滤压缩空气中的灰尘、杂质颗粒；7 为储气罐。储气罐 4 输出的压缩空气可用于一般要求的气压传动系统，储气罐 7 输出的压缩空气可用于要求较高的气动系统（如气动仪表及射流元件组成的控制回路等）。气源调节装置的组成及布置由用气设备确定，图 9-3 中未画出。

（1）空气压缩机的分类及选用原则　空气压缩机是一种气压发生装置，它是将机械能转化成气体压力能的能量转换装置，其种类很多，分类形式也有数种。如按其工作原理，可分为容积型压缩机和速度型压缩机，容积型压缩机的工作原理是压缩气体的体积，使单位体积内气体分子的密度增大以提高压缩空气的压力；速度型压缩机的工作原理是提高气体分子的运动速度，然后使气体的动能转化为压力能以提高压缩空气的压力。

选用空气压缩机应根据气压传动系统所需要的工作压力和流量两个参数。一般空气压缩机为中压空气压缩机，额定排气压力为 1MPa。另外还有低压空气压缩机，排气压力 0.2MPa；高压空气压缩机，排气压力为 10MPa；超高压空气压缩机，排气压力为 100MPa。

输出流量的选择，要根据整个气动系统对压缩空气的需要再加一定的备用余量，作为选择空气压缩机的流量依据。空气压缩机铭牌上的流量是自由空气流量。

（2）空气压缩机的工作原理　气压传动系统中最常用的空气压缩机是往复活塞式，其工作原理如图9-4所示。当活塞3向右运动时，气缸2内活塞左腔的压力低于大气压力，吸气阀9被打开，空气在大气压力作用下进入气缸2内，这个过程称为"吸气过程"。当活塞向左移动时，吸气阀9在缸内压缩气体的作用下而关闭，缸内气体被压缩，这个过程称为压缩过程。当气缸内空气压力增高到略高于输气管内压力后，排气阀1被打开，压缩空气进入输气管道，这个过程称为"排气过程"。活塞3的往复运动是由电动机带动曲柄转动，通过连杆、滑块、活塞杆转化为直线往复运动而产生的。图9-4中只表示了一个活塞一个缸的空气压缩机，大多数空气压缩机是多缸多活塞的组合。

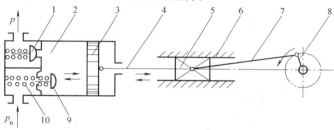

图9-4　往复活塞式空气压缩机工作原理图

1—排气阀　2—气缸　3—活塞　4—活塞杆　5、6—十字头与滑道

7—连杆　8—曲柄　9—吸气阀　10—弹簧

9.3.2　气动辅助元件

气动辅助元件分为气源净化装置和其他辅助元件两大类。

1. 气源净化装置

压缩空气净化装置一般包括后冷却器、油水分离器、储气罐、干燥器、过滤器等。

（1）后冷却器　后冷却器安装在空气压缩机出口处的管道上。它的作用是将空气压缩机排出的压缩空气温度由 140～170℃ 降至 40～50℃。这样就可使压缩空气中的油雾和水汽迅速达到饱和，使其大部分析出并凝结成油滴和水滴，以便经油水分离器排出。后冷却器的结构形式有：蛇形管式、列管式、散热片式、管套式。冷却方式有水冷和气冷两种方式，蛇形管和列管式后冷却器的结构如图9-5所示。

（2）油水分离器　油水分离器安装在后冷却器出口管道上，它的作用是分离并排出压缩空气中凝聚的油分、水分和灰尘杂质等，使压缩空气得到初步净化。油水分离器的结构形式有环形回转式、撞击折回式、离心旋转式、水浴式以及以上形式的组合等。图9-6所示是撞击折回并回转式油水分离器的结构形式，它的工作原理是：当压缩空气由入口进入分离器壳体后，气流先受到隔板阻挡而被撞击折回向下（见图9-6中箭头所示流向）；之后又上升产生环形回转，这样凝聚在压缩空气中的油滴、水滴等杂质受惯性力作用而分离析出，沉降于壳体底部，由放水阀定期排出。

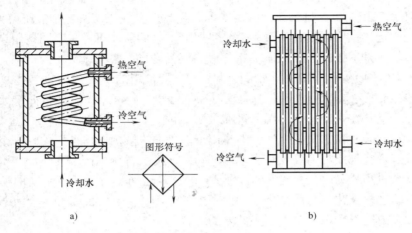

图 9-5 后冷却器
a) 蛇管式 b) 列管式

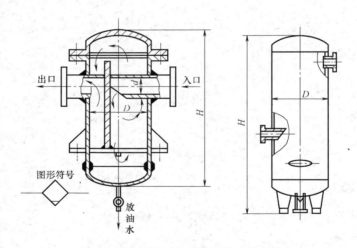

图 9-6 撞击折回并回转式油水分离器

为提高油水分离效果，应控制气流在回转后上升的速度不超过 $0.3 \sim 0.5 \mathrm{m/s}$。

（3）储气罐 储气罐的主要作用是：

1）储存一定数量的压缩空气，以备发生故障或临时需要时应急使用。

2）消除由于空气压缩机断续排气而对系统引起的压力脉动，保证输出气流的连续性和平稳性。

3）进一步分离压缩空气中的油、水等杂质。

储气罐一般采用焊接结构，以立式居多。

（4）干燥器 经过后冷却器、油水分离器和储气罐后得到初步净化的压缩空气，仍含一定量的油、水以及少量的粉尘，但已满足一般气压传动的需要。如果用于精密的气动装置、气动仪表等，上述压缩空气还必须进行干燥处理。

压缩空气干燥方法主要采用吸附法和冷却法。吸附法是利用具有吸附性能的吸附剂（如硅胶、铝胶等）来吸附压缩空气中含有的水分，而使其干燥；冷却法是利用制冷设备使空气冷却到一定的露点温度，析出空气中超过饱和水蒸汽部分的多余水分，从而达到所需的干燥度。吸附法是干燥处理方法中应用最为普遍的一种方法。吸附式干燥器的结构如图9-7所示，它的外壳呈筒形，其中分层设置栅板、吸附剂、过滤网等。湿空气从管1进入干燥器，通过吸附剂层21、过滤网20、上栅板19和下部吸附剂层16后，因其中的水分被吸附剂吸收而变得很干燥。然后，再经过过滤网15、下栅板14和过滤网12，干燥、洁净的压缩空气便从输出管8排出。

（5）过滤器　空气的过滤是气压传动系统中的重要环节。不同的场合，对压缩空气的要求也不同。过滤器的作用是进一步滤除压缩空气中的杂质。常用的过滤器有一次性过滤器（也称简易过滤器，滤灰效率为50%~70%）；二次过滤器（滤灰效率为70%~99%）。在要求高的特殊场合，还可使用高效率的过滤器（滤灰效率大于99%）。

1）一次过滤器。图9-8所示为一种一次过滤器，气流由切线方向进入筒内，在离心力的作用下分离出液滴，然后气体由下而上通过多片钢板、毛毡、硅胶、焦炭、滤网等过滤吸附材料，干燥清洁的空气从筒顶输出。

2）分水滤气器。分水滤气器滤灰能力较强，属于二次过滤器，它和减压器、油雾器一起被称为气源调节装置，是气动系统不可缺少的辅助元件。普通分水滤气器的结构如图9-9所示。

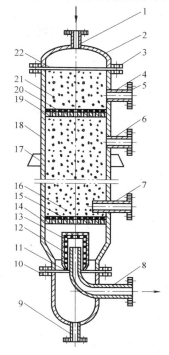

图9-7　吸附式干燥器结构图

1—湿空气进气管　2—顶盖　3、5、10—法兰
4、6—再生空气排气管　7—再生空气进气管
8—干燥空气输出管　9—排水管
11、22—密封座　12、15、20—钢丝过滤网
13—毛毡　14—下栅板　16、21—吸附剂层
17—支承板　18—筒体　19—上栅板

分水滤气器工作原理如下：压缩空气从输入口进入后，被引入旋风叶子1，旋风叶子上有很多小缺口，使空气沿切线反向产生强烈的旋转，这样夹杂在气体中的较大水滴、油滴、灰尘（主要是水滴）便获得较大的离心力，并高速与水杯3内壁碰撞，而从气体中分离出来，沉淀于存水杯3中，然后气体通过中间的滤芯2，部分灰尘、雾状水被2拦截而滤去，洁净的空气便从输出口输出。挡水板4是防止气体漩涡将杯中积存的污水卷起而破坏过滤作用。为保证分水滤气器正常工作，必须及时将存水杯中的污水通过排水阀5放掉。在某些人工排水不方便的场合，可采用自动排水式分水滤气器。

存水杯由透明材料制成，便于观察工作情况、污水情况和滤芯污染情况。滤芯目前采用铜粒烧结而成。如果油泥过多，可采用酒精清洗，干燥后再装上，可继续使用。但是这种过滤器只能滤除固体和液体杂质，因此，使用时应尽可能装在能使空气中的水分变成液态的部位或防止液体进入的部位，如气动设备的气源入口处。

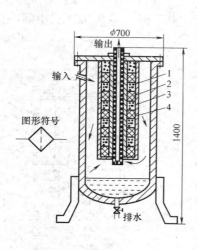

图 9-8　一次过滤器结构图
1—ϕ10mm 密孔网　2—280 目
细钢丝网　3—焦炭　4—硅胶

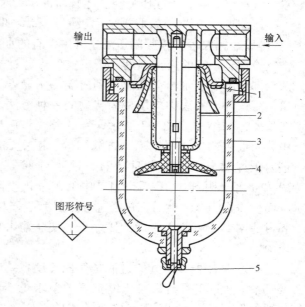

图 9-9　普通分水滤气器结构图
1—旋风叶子　2—滤芯　3—存水杯
4—挡水板　5—手动排水阀

2. 其他辅助元件

（1）油雾器　油雾器是一种特殊的注油装置。它以空气为动力，使润滑油雾化后，注入空气流中，并随空气进入需要润滑的部件，达到润滑的目的。

图 9-10 所示是普通油雾器（也称一次油雾器）的结构简图。当压缩空气由输入口进入后，通过喷嘴 1 下端的小孔进入阀座 4 的腔室内，在截止阀的钢球 2 上下表面形成压差，由于泄漏和弹簧 3 的作用，而使钢球处于中间位置，压缩空气进入存油杯 5 的上腔使油面受压，压力油经吸油管 6 将单向阀 7 的钢球顶起，钢球上部管道有一个方形小孔，钢球不能将上部管道封死，压力油不断流入视油器 9 内，再滴入喷嘴 1 中，被主管气流从上面小孔引射出来，雾化后从输出口输出。节流阀 8 可以调节流量，使滴油量在 0～120 滴／min 内变化。

二次油雾器能使油滴在雾化器内进行两次雾化，使油雾粒度更小、更均匀，输送距离更远。二次雾化粒径可达 5μm。

油雾器的选择主要是根据气压传动系统所需额定流量及油雾粒径大小来进行。所需油雾粒径在 50μm 左右选用一次油雾器，若需油雾粒径很小可选用二次油雾器。油雾器一般应配置在滤气器和减压阀之后、用气设备之前较近处。

（2）消声器　气压传动系统之中，气缸、气阀等元件工作时，排气速度较高，气体体积急剧膨胀，会产生刺耳的噪声。噪声的强弱随排气的速度、排量和空气通道的形状而变化。排气的速度和功率越大，噪声也越大，一般可达 100～120dB，为了降低噪声可以在排气口装消声器。消声器就是通过阻尼或增加排气面积来降低排气速度和功率，从而降低噪声的。

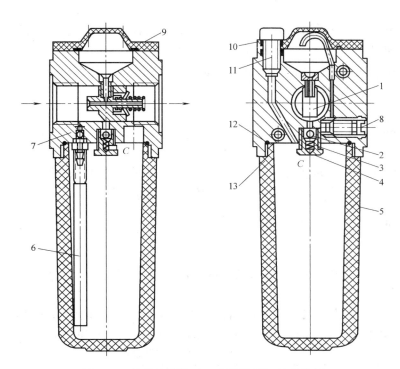

图 9-10　普通油雾器（一次油雾器）结构简图
1—喷嘴　2—钢球　3—弹簧　4—阀座　5—存油杯　6—吸油管　7—单向阀
8—节流阀　9—视油器　10、12—密封垫　11—油塞　13—螺母、螺钉

气动元件使用的消声器一般有三种类型：吸收型消声器、膨胀干涉型消声器和膨胀干涉吸收型消声器。常用的是吸收型消声器。图 9-11 是吸收型消声器的结构简图，这种消声器主要依靠吸音材料消声。消声罩 2 为多孔的吸音材料，一般用聚苯乙烯或铜珠烧结而成。当消声器的通径小于 20mm时，多用聚苯乙烯作消声材料制成消声罩；当消声器的通径大于 20mm 时，消声罩多用铜颗粒烧结，以增加强度。其消声原理是：当有压气体通过消声罩时，气流受到阻力，声能量被部分吸收而转化为热能，从而降低了噪声强度。

吸收型消声器结构简单，具有良好的消除中、高频噪声的性能，消声效果大于 20dB。在气压传动系统中，排气噪声主要是中、高频噪声，尤其是高频噪声，所以采用这种消声器是合适的。在主要是中、低频噪声的场合，应使用膨胀干涉型消声器。

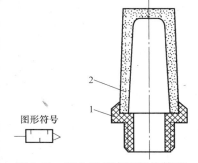

图 9-11　吸收型消声器结构简图
1—连接螺纹　2—消声罩

（3）管道连接件　管道连接件包括管子和各种管接头。有了管子和各种管接头，才能把气动控制元件、气动执行元件以及辅助元件等连接成一个完整的气动控制系统，因此，实际应用中，管道连接件是不可缺少的。

管子可分为硬管和软管两种。如总气管和支气管等一些固定不动的、不需要经常装拆的地方，使用硬管；连接运动部件和临时使用、希望装拆方便的管路应使用软管。硬管有铁管、铜管、黄铜管、纯铜管和硬塑料管等；软管有塑料管、尼龙管、橡胶管、金属编织塑料管以及挠性金属导管等。常用的是纯铜管和尼龙管。

气动系统中使用的管接头的结构及工作原理与液压管接头基本相似，分为卡套式、扩口螺纹式、卡箍式、插入快换式等。

9.4 气动执行元件

气动系统常用的执行元件为气缸和气马达。气缸用于实现直线往复运动，输出力和直线位移。气马达用于实现连续回转运动，输出力矩和角位移。

9.4.1 气缸的分类及工作原理

1. 气缸的分类

气缸主要由缸筒、活塞、活塞杆、前后端盖及密封件等组成，图 9-12 所示为普通气缸结构。

气缸的种类很多，分类的方法也不同，一般可按压缩空气作用在活塞端面上的方向、结构特征和安装形式来分类。气缸的类型和安装形式分别见表 9-1 和表 9-2。

表 9-1 常用气缸的结构及功能

类型	名称	简图	原理及功能
单作用气缸	活塞式气缸		压缩空气驱动活塞向一个方向运动,借助外力复位,可以节约压缩空气,节省能源
			压缩空气作用在膜片上,使活塞杆向一个方向运动,靠弹簧复位,密封性好,适用于小行程
	薄膜式气缸		压缩空气作用在膜片上,使活塞杆向一个方向运动,靠弹簧复位,密封性好,活塞杆终端带缓冲器,排气口不连接,适用于小行程
	柱塞式气缸		柱塞向一个方向运动,靠外力或重力复位。稳定性较好,用于小直径气缸
双作用气缸	普通式气缸		利用压缩空气使活塞向两个方向运动,活塞行程可根据实际需要选定,两个方向输出的力和速度不等
	双出杆气缸		活塞杆直径不同,双侧缓冲,右侧带调节;如两杆直径相同,则两个方向运动的速度和输出力均相等,适用于长行程

（续）

类型	名　称	简　图	原理及功能
双作用气缸	不可调缓冲式气缸	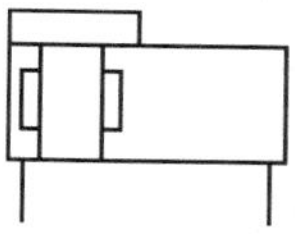	活塞临近行程终点时,减速制动,防止冲击,缓冲效果不可调整。图示为双作用带状无杆缸,活塞两端带终点位置缓冲
	可调式缓冲气缸	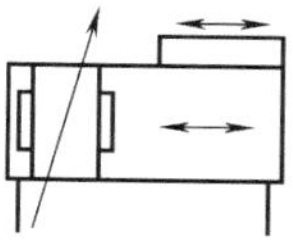	活塞临近行程终点时,减速制动,可根据需要调整减速值和缓冲效果。图示为双作用缆索式无杆缸,活塞两端带可调节终点位置缓冲
	行程限位式气缸	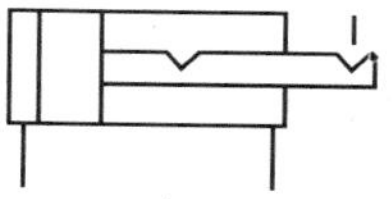 a) 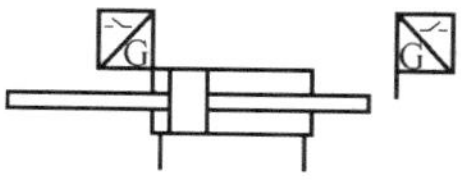 b)	活塞杆的行程可以被限位。图 a 为通过外部机械结构实现行程两端定位,图 b 为左终点带内部限位开关,内部机械控制,右终点有外部限位开关,由活塞杆触发

表 9-2　气缸的安装形式

	分　类	简　图	说　明
固定式气缸	支座式 轴向支座 MS1 式	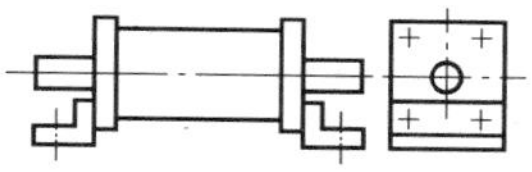	轴向支座,支座承受力矩,气缸直径越大,力矩越大
	切向支座式	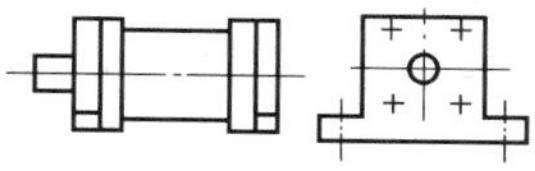	轴向支座,支座承受力矩,气缸直径越大,力矩越大
	法兰式 前法兰 MF1 式	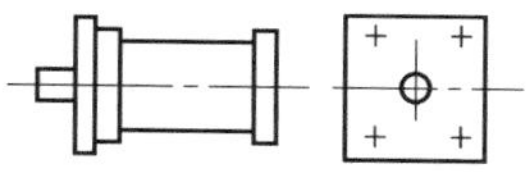	前法兰紧固,安装螺钉受拉力较大
	后法兰 MF2 式	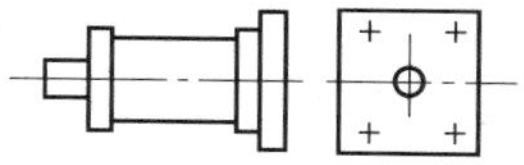	后法兰紧固,安装螺钉受拉力较小
	自配法兰式	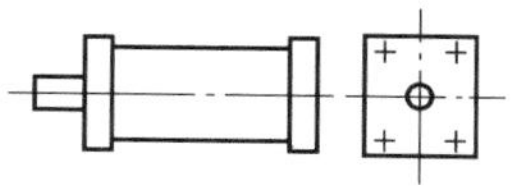	法兰由使用单位视安装条件现配

（续）

分　类		简　图	说　明
轴销式气缸	尾部轴销式		气缸可绕尾轴摆动
	头部轴销式		气缸可绕头部轴摆动
	中间轴销 MT4 式		气缸可绕中间轴摆动

2. 气缸的工作原理

以图 9-12 所示双作用气缸为例。所谓双作用是指活塞的往复运动均由压缩空气来推动。在单伸出活塞杆的动力缸中，因活塞右边面积比较大，当空气压力作用在右边时，提供一慢速的和作用力大的工作行程；返回行程时，由于活塞左边的面积较小，所以速度较快而作用力变小。此类气缸的使用最为广泛，一般应用于包装机械、食品机械、加工机械等设备上。

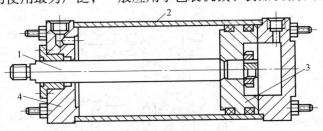

图 9-12　双作用气缸
1—活塞杆　2—缸筒　3—活塞　4—缸盖

3. 气缸的选用

气缸的选用原则一般有如下几方面：

1）根据工作任务对机构运动要求选择气缸的结构形式及安装方式。

2）根据工作机构所需力的大小来确定活塞杆的推力和拉力。

3）根据工作机构任务的要求确定行程，一般不使用满行程。

4）推荐气缸工作速度在 0.5 ~ 1m/s，并按此原则选择管路及控制元件。

9.4.2　气马达

1. 气马达的工作原理

图 9-13 是叶片式气马达工作原理图。叶片式气马达一般有 3 ~ 10 个叶片，它们可以在

转子的径向槽内活动。转子和输出轴固联在一起，装入偏心的定子中。当压缩空气从 *A* 口进入定子腔后，一部分进入叶片底部，将叶片推出，使叶片在气压推力和离心力综合作用下，抵在定子内壁上。另一部分进入密封工作腔作用在叶片的外伸部分，产生力矩。由于叶片外伸面积不等，转子受到不平衡力矩而逆时针旋转。做功后的气体由定子孔 *C* 排出，剩余残余气体经孔 *B* 排出。改变压缩空气输入进气孔（*B* 孔进气），马达则反向旋转。

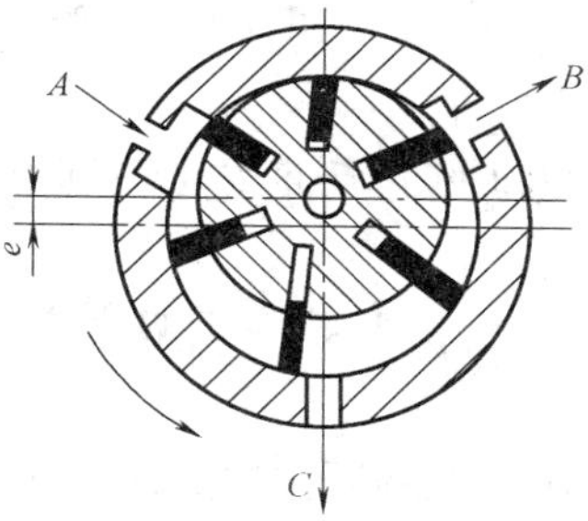

叶片式气动马达主要用于风动工具、高速旋转机械及矿山机械等。

2. 气马达的特点

图 9-13　叶片式气马达工作原理图

由于气马达具有如下一些突出的特点，在某些工业场合，它比电动马达和液压马达更实用。

1）具有防爆性能。由于气马达的工作介质空气本身的特性和结构设计上的考虑，能够在工作中不产生火花，故适合于有爆炸、高温、多尘的场合，并能用于空气极潮湿的环境，而无漏电的危险。

2）马达本身的软特性使之能长期满载工作，温升较小，且有过载保护的性能。

3）有较高的起动转矩，能带负载起动。

4）换向容易，操作简单，可以实现无级调速。

5）与电动机相比，单位功率尺寸小，质量轻，适用于安装在位置狭小的场合及手工工具上。但气马达也具有输出功率小、耗气量大、效率低、噪声大和易产生振动等特点。

本 章 习 题

9-1　简述气压传动系统的基本组成。

9-2　气压传动有何优缺点？

9-3　气源装置由哪些元件组成？

9-4　简述空气压缩机的工作原理。

9-5　空气过滤器的工作原理是什么？

9-6　储气罐的作用是什么？

9-7　目前空气干燥的方法有哪些？

9-8　简述常见气缸的类型、功能和用途。

9-9　简述气马达的工作原理。

9-10　气缸和气马达有何区别？

9-11　气马达有哪些突出特点？

第 10 章　气动控制元件及基本回路

气动控制元件按其作用和功能分为压力控制阀、流量控制阀和方向控制阀三类。

10.1　压力控制阀及压力控制回路

压力控制阀主要有减压阀、溢流阀和顺序阀，下面进行详细介绍。

10.1.1　减压阀

减压阀的作用是降低由空气压缩机传来的压力，以适于每台气动设备的需要，并使这一部分压力保持稳定。按调节压力方式不同，减压阀有直动型和先导型两种。

1. 直动型减压阀

图 10-1a 所示为 QTY 型直动型减压阀的结构原理图。其工作原理是：阀处于工作状态

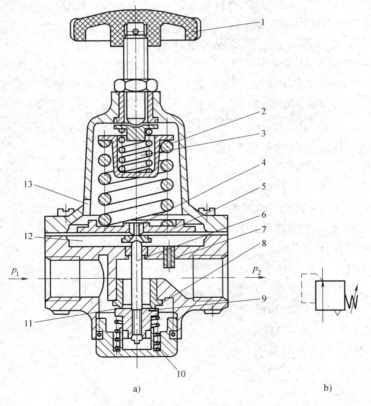

图 10-1　QTY 型减压阀

a）结构原理图　b）图形符号

1—手柄　2、3—调压弹簧　4—溢流孔　5—膜片　6—阀杆　7—阻尼孔
8—阀座　9—阀芯　10—复位弹簧　11—阀口　12—膜片室　13—排气孔

时，压缩空气从左侧入口流入，经阀口 11 后再从阀出口流出。当顺时针旋转手柄 1 时，调压弹簧 2、3 推动膜片 5 下凹，再通过阀杆 6 带动阀芯 9 下移，打开进气阀口 11，压缩空气通过阀口 11 的节流作用，使输出压力低于输入压力，以实现减压作用。与此同时，有一部分气流经阻尼孔 7 进入膜片室 12，在膜片下部产生一向上的推力。当推力与弹簧的作用相互平衡后，阀口开度稳定在某一值上，减压阀就输出一定压力的气体。阀口 11 开度越小，节流作用越强，压力下降也越多。

若输入压力瞬时升高，经阀口 11 以后的输出压力随之升高，使膜片气室内的压力也升高，破坏了原有的平衡，使膜片上移，有部分气流经溢流孔 4，排气孔 13 排出。在膜片上移的同时，阀芯在弹簧 10 的作用下也随之上移，减小进气阀口 11 开度，节流作用加大，输出压力下降，直至达到膜片两端作用力重新平衡为止，输出压力基本上又回到原数值上。

相反，输入压力下降时，进气节流阀口开度增大，节流作用减小，输出压力上升，使输出压力基本回到原数值上。

2. 先导型减压阀

图 10-2a 所示为先导型减压阀结构原理图，它由先导阀和主阀两部分组成。当气流从左端流入阀体后，一部分经进气阀口 9 流向输出口，另一部分经固定节流孔 1 进入中气室 5，经喷嘴 2、挡板 3、孔道反馈至下气室 6，再经阀杆 7 中心孔及排气孔 8 排至大气。

把手柄旋到一定位置，使喷嘴挡板的距离在工作范围内，减压阀就进入工作状态。中气室 5 的压力随喷嘴与挡板间距离的减小而增大，于是推动阀芯打开进气阀口 9，即有气流流到出口，同时经孔道反馈到上气室 4，与调压弹簧相平衡。

若输入压力瞬时升高，输出压力也相应升高，通过孔口的气流使下气室 6 的压力也升高，破坏了膜片原有的平衡，使阀杆 7 上升，节流阀口减小，节流作用增强，输出压力下降，使膜片两端作用力重新平衡，输出压力恢复到原来的调定值。当输出压力

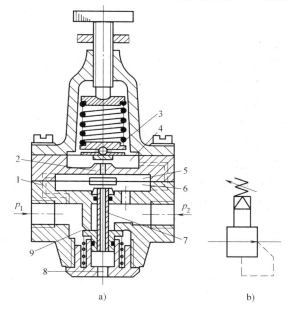

图 10-2　内部先导型减压阀
a）结构原理图　b）图形符号
1—固定节流孔　2—喷嘴　3—挡板　4—上气室　5—中气室　6—下气室　7—阀杆　8—排气孔　9—进气阀口

瞬时下降时，经喷嘴挡板的放大也会引起中气室 5 的压力较明显升高，而使阀芯下移，阀口开大，输出压力升高，至稳定到原数值上。

选择减压阀时应根据气源压力确定阀的额定输入压力，气源的最低压力应高于减压阀最高输出压力 0.1MPa 以上。减压阀一般安装在空气过滤器之后、油雾器之前。

3. 减压阀的应用

图 10-3 所示为减压阀应用回路，图 10-3a 是由减压阀控制，同时输出高低压力 p_1、p_2。

图 10-3b 是利用减压阀和换向阀得到高低输出压力 p_1, p_2。该回路常用于气动设备之前，可根据需要用同一气源得到两种工作压力。

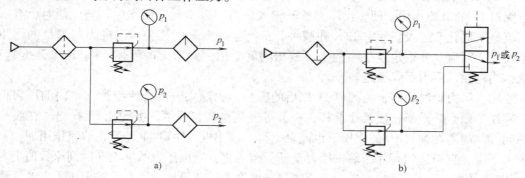

图 10-3　减压阀应用回路
a）由减压阀控制，同时输出高低压力 p_1、p_2
b）利用减压阀和换向阀得到高低输出压力 p_1、p_2

10.1.2　溢流阀

溢流阀的作用是当系统压力超过调定值时，便自动排气，使系统的压力下降，以保证系统安全，故也称其为安全阀。按控制方式分，溢流阀有直动型和先导型两种。

1. 直动型溢流阀

如图 10-4a 所示，将阀 P 口与系统相连接，O 口通大气，当系统中空气压力升高，一旦大于溢流阀调定压力时，气体推开阀芯，经阀口从 O 口排至大气，使系统压力稳定在调定值，保证系统安全。当系统压力低于调定值时，在弹簧的作用下阀口关闭。开启压力的大小与调整弹簧的预压缩量有关。

2. 先导型溢流阀

先导型溢流阀的结构与图形符号如图 10-5 所示。溢流阀的先导阀为减压阀，由它减压后的空气从上部 K 口进入阀内，以代替直动型的弹簧控制溢流阀。先导型溢流阀适用于管道通径较大及远距离控制的场合。溢流阀选用时其最高工作压力应略高于所需控制压力。

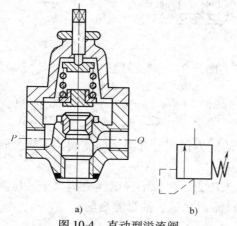

a）　　b）
图 10-4　直动型溢流阀
a）结构原理图　b）图形符号

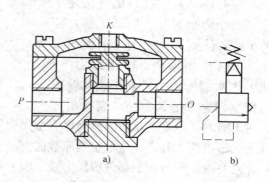

a）　　b）
图 10-5　先导型溢流阀
a）结构原理图　b）图形符号

3. 溢流阀的应用

图 10-6 所示溢流阀应用回路中，气缸行程长，运动速度快，如单靠减压阀的溢流孔排气作用，难以保持气缸的右腔压力恒定。为此，在回路中装有溢流阀，并使减压阀的调定压力低于溢流阀的设定压力，缸的右腔在行程中由减压阀供给减压后的压力空气，左腔经换向阀排气。由溢流阀配合减压阀控制缸内压力并保持恒定。

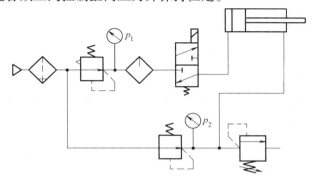

图 10-6　溢流阀应用回路

10.1.3　顺序阀

顺序阀的作用是依靠气路中压力的大小来控制执行机构按顺序动作。顺序阀常与单向阀并联结合成一体，称为单向顺序阀。

1. 单向顺序阀

图 10-7 所示为单向顺序阀的工作原理图。当压缩空气由 P 口进入腔 4 后，作用在活塞 3 上的力小于调压弹簧 2 上的力时，阀处于关闭状态。而当作用于活塞上的力大于弹簧力时，活塞被顶起，压缩空气经阀左腔 4 流入阀右腔 5 由 A 口流出，然后进入其他控制元件或执行元件，此时单向阀关闭。当切换气源时（见图 10-7b），阀左腔 4 压力迅速下降，顺序阀关闭，此时阀右腔 5 压力高于阀左腔 4 压力，在气体压力差下，打开单向阀，压缩空气由阀右腔 5 经单向阀 6 流入阀左腔 4 向外排出。单向顺序阀的结构图如图 10-8 所示。

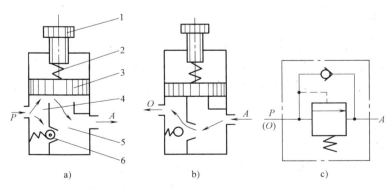

图 10-7　单向顺序阀的工作原理图
a）开启状态　b）关闭状态　c）图形符号
1—调压手柄　2—调压弹簧　3—活塞　4—阀左腔　5—阀右腔　6—单向阀

2. 顺序阀的应用

图 10-9 所示为用顺序阀控制两个气缸顺序动作的原理图。压缩空气先进入气缸 1，待建立一定压力后，打开顺序阀 4，压缩空气才开始进入气缸 2 使其动作。切断气源，气缸 2 返回的气体经单向阀 3 和排气孔 O 排空。

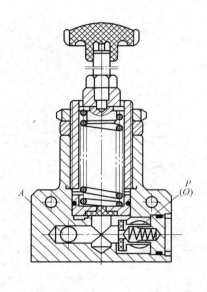

图 10-8　单向顺序阀结构图

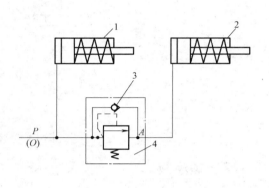

图 10-9　顺序阀应用回路
1、2—气缸　3—单向阀　4—顺序阀

10.2　流量控制阀及速度控制回路

流量控制阀主要有节流阀、单向节流阀和排气节流阀等，下面进行详细介绍。

10.2.1　节流阀

节流阀的作用是通过改变阀的通流面积来调节流量。

图 10-10 所示为节流阀结构图。气体由输入口 P 进入阀内，经阀座与阀芯间的节流通道从输出口 A 流出，通过调节螺杆使阀芯上下移动，改变节流口通流面积，实现流量的调节。

10.2.2　单向节流阀

单向节流阀是由单向阀和节流阀并联组合而成的组合式控制阀。图 10-11 为单向节流阀的工作原理图，当气流由 P 至 A 正向流动时，单向阀在弹簧和气压作用下关闭，气流经节流阀节流后流出；而当由 A 至 P 反向流动时，单向阀打开，不节流。图 10-12 所示为单向节流阀的结构与图形符号。

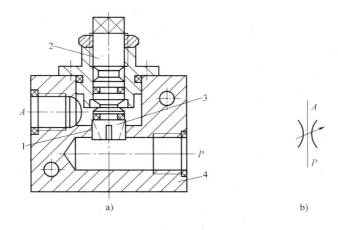

a)   b)

图 10-10 节流阀结构图

a) 结构原理图　b) 图形符号

1—阀座　2—调节螺杆　3—阀芯　4—阀体

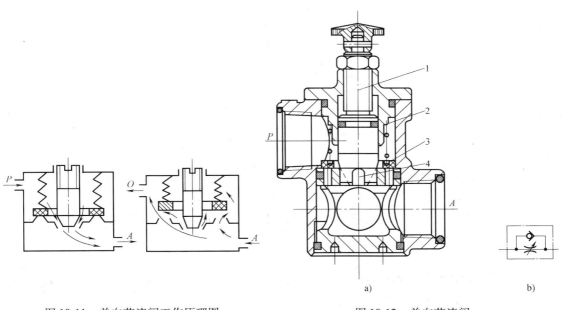

图 10-11 单向节流阀工作原理图

图 10-12 单向节流阀

a) 结构图　b) 图形符号

1—调节杆　2—弹簧　3—单向阀　4—节流口

10.2.3 带消声器的节流阀

带消声器的节流阀是安装在元件的排气口处，用来控制执行元件排入大气中气体的流量并降低排气噪声的一种控制阀。图 10-13 所示为带消声器的节流阀的结构图及其图形符号，图 10-14 所示为其应用实例。

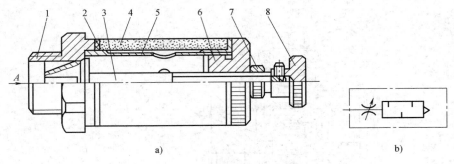

图 10-13　带消声器的节流阀

a）结构原理图　b）图形符号

1—阀座　2—垫圈　3—阀芯　4—消声器　5—阀套

6—锁紧法兰　7—锁紧螺母　8—旋钮

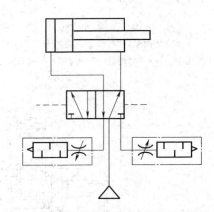

图 10-14　带消声器的节流阀应用回路

10.3　方向控制阀及换向回路

方向控制阀主要有单向型和换向型两种，其阀芯结构主要有截止式和滑阀式。

10.3.1　单向型控制阀

单向型控制阀中包括单向阀、或门型梭阀、与门型梭阀和快速排气阀。其中单向阀与液压单向阀类似，这里不再重叙。

1. 或门型梭阀

或门型梭阀相当于两个单向阀的组合，图 10-15 所示为或门型梭阀结构及其图形符号。它有两个输入口 P_1、P_2，一个输出口 A，阀芯在两个方向上起单向阀的作用。当 P_1 口进气时，阀芯将 P_2 口切断，P_1 口与 A 口相通，A 口有输出。当 P_2 口进气时，阀芯将 P_1 口切断，P_2 口与 A 口相通，A 口也有输出。如 P_1 口和 P_2 口都有进气时，活塞移向低压侧，使高压侧进气口与 A 口相通。如两侧压力相等，则先加入压力一侧与 A 口相通，后加入一侧关闭。图 10-16 所示是或门型梭阀应用实例，该回路应用或门型梭阀实现手动和电动操作方式的转换。

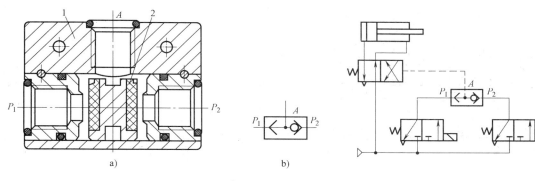

图 10-15　或门型梭阀结构及其图形符号
　　a）结构原理图　b）图形符号
　　　1—阀体　2—阀芯

图 10-16　或门型梭阀应用回路

2. 与门型梭阀（双压阀）

与门型梭阀又称双压阀，它相当于两个单向阀的组合。图 10-17 所示为与门型梭阀结构图，它有 P_1 和 P_2 两个输入口和一个输出口 A，只有当 P_1、P_2 同时有输入时，A 口才有输出，否则，A 口无输出，而当 P_1 和 P_2 口压力不等时，则关闭高压侧，低压侧与 A 口相通。图 10-18 所示是与门型梭阀应用实例。

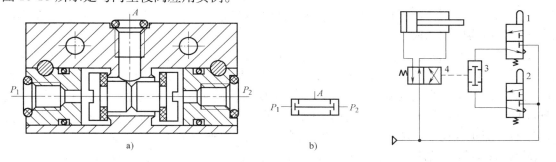

图 10-17　与门型梭阀结构图
　　a）结构原理图　b）图形符号

图 10-18　与门型梭阀应用回路

3. 快速排气阀

快速排气阀的作用是使气动元件或装置快速排气。图 10-19 所示为膜片式快速排气阀结构图，当 P 口进气时，膜片被压下封住排气口，气流经膜片四周小孔、A 口流出。当气流反向流动时，A 口气压将膜片顶起封住 P 口，A 口气体经 O 口迅速排掉。

图 10-20 所示是快速排气阀应用实例。当按下定位手动换向阀 1 时，气体经节流阀 2、快速排气阀 3 进入单作用缸 4，使缸 4 缓慢前进。当定位手动换向阀回复原位时，气源切断。这时，气缸中的气体经快速排气阀 3 快速排空，使气缸在弹簧作用下迅速复位，节省了气缸回程时间。

10.3.2　换向型控制阀

换向型控制阀是用来改变压缩空气的流动方向，从而改变执行元件的运动方向。根据其控制方式分为气压控制、电磁控制、机械控制、手动控制、时间控制阀。

换向型方向控制阀的结构和工作原理与液压阀中相对应的方向控制阀基本相似，切换位置和接口数也分几位几通，职能符号也与液压阀基本相同。

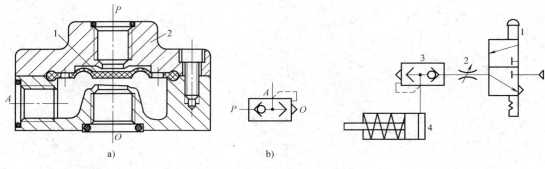

图 10-19　膜片式快速排气阀
a）结构原理图　b）图形符号
1—膜片　2—阀体

图 10-20　快速排气阀应用回路
1—手动换向阀　2—节流阀
3—快速排气阀　4—单作用缸

10.4　顺序动作回路

顺序动作回路是实现多缸运动的一种回路。多缸顺序动作主要有压力控制（利用顺序阀、压力继电器等元件）、位置控制（利用电磁换向阀及行程开关等）与时间控制三种控制方法。其中压力控制与位置控制的原理及特点与相应的液压回路相同，时间控制顺序动作回路多采用延时换向阀构成。

图 10-21 所示为采用延时换向阀控制气缸 1 和气缸 2 的顺序动作回路。当换向阀 7 切换至左位时，气缸 1 无杆腔进气，实现动作 a。同时，气体经节流阀 3 进入延时换向阀 4 的控制腔及储气罐 6 中。当储气罐中的压力达到一定值时，阀 4 切换至左位，缸 2 无杆腔进气、有杆腔排气，实现动作 b。当阀 7 在图 10-21 所示右位时，两缸有杆腔同时进气、无杆腔排气而退回，即实现动作 c 和 d。两气缸进给的间隔时间可通过节流阀 3 调节。

图 10-22 所示为采用两只延时换向阀 3 和 4 对气缸 1 和 2 进行顺序动作的控制回路，可以实现的动作顺序为：a—d。动作 a—b 的顺序由延时换向阀 4 控制，动作 c—d 的顺序由延时换向阀 3 控制。

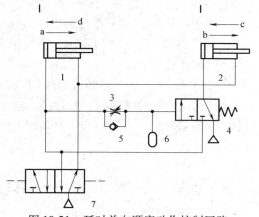

图 10-21　延时单向顺序动作控制回路
1、2—气缸　3—节流阀　4、7—换向阀
5—单向阀　6—储气罐

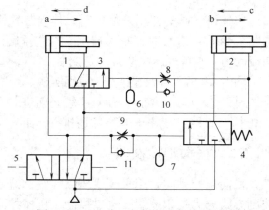

图 10-22　延时双向顺序动作控制回路
1、2—气缸　3、4、5—换向阀　6、7—储气罐
8、9—节流阀　10、11—单向阀

10.5　安全保护和操作回路

保证操作人员和机械设备安全的控制回路称为安全保护回路。常见的安全保护回路有如下几种。

1. 双手同时操作回路

图 10-23 所示为一种逻辑"与"的双手操作回路。为使二位主控阀 4 控制气缸 1 的换向，必须使压缩空气信号进入主控阀 4 的控制腔，为此，必须使两个三通手动阀 5 和 6 同时换向，另外这两个阀必须安装在单手不能同时操作的距离上。在操作时，如任何一只手离开，则控制信号消失，主控阀 4 便复位，则活塞杆后退，以避免因误动作伤及操作者。气缸 1 还可以通过单向节流阀 2 和 3 实现双向节流调速。

图 10-24 所示为一种用三位主控阀的双手操作回路。三位主控阀 1 的信号 *A* 作为手动阀 2 和 3 的逻辑"与"回路，亦即只有手动阀 2 和 3 同时动作时，主控阀 1 才切换至上位，气缸活塞杆前进；将信号 *B* 作为手动阀 2 和 3 的逻辑"或非"回路，即当手动阀 2 和 3 同时松开时，主控阀 1 切换至下位，活塞杆返回；若手动阀 2 或 3 任何一个动作，将使主控阀复至中位，活塞处于停止状态，所以可保证操作者安全。

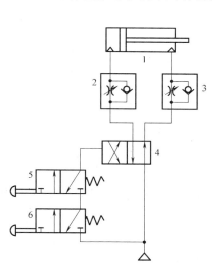

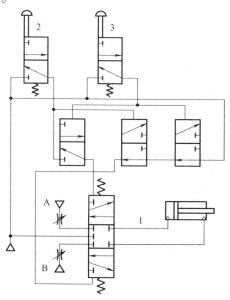

图 10-23　逻辑"与"的双手操作回路
1—气缸　2、3—单向节流阀
4—主控阀　5、6—手动阀

图 10-24　用三位主控阀的双手操作回路
1—主控阀　2、3—手动阀

2. 过载保护回路

图 10-25 所示为一种采用顺序阀的过载保护回路。当换向阀 2 切换至左位时，气缸 1 的无杆腔进气、有杆腔排气，活塞杆右行。当活塞杆遇到挡铁 5 或行至极限位置时，无杆腔压力快速增高，当压力达到顺序阀 4 开启压力时，顺序阀开启，避免了过载现象的发生，保证

了设备安全。气源经顺序阀、或门梭阀 3 作用在气控换向阀 2 右控制腔使换向阀复位,气缸退回。

3. 互锁回路

图 10-26 所示为一种互锁回路,气缸 5 的换向由作为主控阀的四通换向阀 4 控制。而四通换向阀 4 的换向受 3 个串联的机动三通阀 1、2、3 的控制,只有三个阀都接通时,四通换向阀 4 才能换向,实现了互锁。

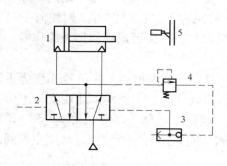

图 10-25　采用顺序阀的过载保护回路

1—气缸　2—气控换向阀　3—或
门梭阀　4—顺序阀　5—挡铁

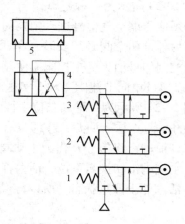

图 10-26　互锁回路

1、2、3—机动三通阀
4—四通气控换向阀　5—气缸

本 章 习 题

10-1　说明直动型和先导型减压阀的工作原理。

10-2　减压阀、顺序阀、安全阀这三种压力阀的图形符号有什么区别?它们各有什么用途?

10-3　气动方向阀有哪些类型?各自具有什么功能?

10-4　减压阀是如何实现调压的?

10-5　试分析图 10-27 所示回路中有三个手动阀,可以在三个不同场合操作,实现相同的作用,使气缸换向。试分析三个不同场合均可操作气缸的气动回路工作情况。

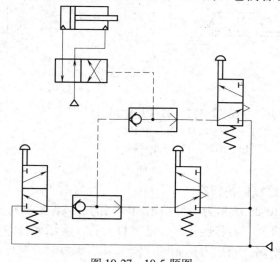

图 10-27　10-5 题图

附　　录

附录 A　液压控制系统图形符号
（摘自 GB/T 786.1—2009）

名　称		图形符号	描　述
阀	控制机构		带有分离把手和定位销的控制机构
			具有行程限制装置的顶杆
			带有定位装置的推或拉控制机构
			手动锁定控制机构
			具有 5 个锁定位置的调节控制机构
			单方向行程操纵的滚轮手柄
			用步进电动机的控制机构
			单作用电磁铁,动作指向阀芯
			单作用电磁铁,动作背离阀芯
			双作用电气控制机构,动作指向或背离阀芯
			单作用电磁铁,动作指向阀芯,连续控制
			单作用电磁铁,动作背离阀芯,连续控制

（续）

名　称		图形符号	描　述
控制机构			双作用电气控制机构,动作指向或背离阀芯,连续控制
			电气操纵的气动先导控制机构
			电气操纵的带有外部供油的液压先导控制机构
			机械反馈
			具有外部先导供油,双比例电磁铁,双向操作,集成在同一组件,连续工作的双先导装置的液压控制机构
阀	方向控制阀		二位二通方向控制阀,两通,两位,推压控制机构,弹簧复位,常闭
			二位二通方向控制阀,两通,两位,电磁铁操纵,弹簧复位,常开
			二位四通方向控制阀电磁铁操纵,弹簧复位
			二位三通锁定阀
			二位三通方向控制阀滚轮杠杆控制,弹簧复位
			二位三通方向控制阀,电磁铁操纵,弹簧复位,常闭
			二位三通方向控制阀,单电磁铁操纵,弹簧复位,定位销式手动定位

（续）

名　称		图 形 符 号	描　述
阀	方向控制阀		二位四通方向控制阀,单电磁铁操纵,弹簧复位,定位销式手动定位
			二位四通方向控制阀,双电磁铁操纵,定位销式(脉冲阀)
			二位四通方向控制阀,电磁铁操纵液压先导控制,弹簧复位
			三位四通方向控制阀,电磁铁操纵先导级和液压操作主阀,主阀及先导级弹簧对中,外部先导供油和先导回油
			三位四通方向控制阀,弹簧对中,双电磁铁直接操纵,不同中位机能的类别
			二位四通方向控制阀,液压控制,弹簧复位
			三位四通方向控制阀,液压控制,弹簧对中

（续）

名　称	图形符号	描　述
方向控制阀		二位五通方向控制阀,踏板控制
		三位五通方向控制阀,定位销式各位置杠杆控制
		二位三通液压电磁换向座阀,带行程开关
		二位三通液压电磁换向座阀
阀		溢流阀,直动式,开启压力由弹簧调节
		顺序阀,手动调节设定值
压力控制阀		顺序阀,带有旁通阀
		二通减压阀,直动式,外泄型
		二通减压阀,先导式,外泄型

（续）

名　称		图 形 符 号	描　述
阀	压力控制阀		防气蚀溢流阀,用来保护两条供给管道
			蓄能器充液阀,带有固定开关压差
			电磁溢流阀,先导式,电器操纵预设定压力
			三通减压阀(液压)
	流量控制阀		可调节流量控制阀
			可调节流量控制阀,单向自由流动
			流量控制阀,滚轮杠杆操纵,弹簧复位

（续）

名　称		图形符号	描　述
阀	流量控制阀		二通流量控制阀,可调节,带旁通阀,固定设置,单向流动,基本与粘度和压力差无关
			三通流量控制阀,可调节,将输入流量分成固定流量和剩余流量
			分流器,将输入流量分成两路输出
			集流阀,保持两路输入流量相互恒定
	单向阀和梭阀		单向阀,只能在一个方向自由流动
			单向阀,带有弹簧复位,只能在一个方向自由流动,常闭
			先导式液控单向阀,带有复位弹簧,先导压力允许在两个方向自由流动
			双单向阀,先导型
			梭阀("或"逻辑),压力高的入口自动与出口接通

（续）

名　　称		图 形 符 号	描　　述
阀	比例方向控制阀		直动式比例方向控制阀
			比例方向控制阀,直接控制
			先导式比例方向控制阀,带主级和先导级的闭环位置控制,集成电子器件
			先导式伺服阀,带主级和先导级的闭环位置控制,集成电子器件,外部先导供油和回油
			先导式伺服阀,先导级双线圈电气控制机构,双向连续控制,阀芯位置机械反馈到先导装置,集成电子器件
			电液线性执行器,带由步进电动机驱动的伺服阀和液压缸位置机械反馈
			伺服阀,内置电反馈和集成电子器件,带预设动力故障位置

（续）

名　称	图形符号	描　述
阀　比例压力控制阀		比例溢流阀,直控式,通过电磁铁控制弹簧工作长度来控制液压电磁换向座阀
		比例溢流阀,直控式,电磁力直接作用在阀芯上,集成电子器件
		比例溢流阀,直控式,带电磁铁位置闭环控制,集成电子器件
		比例溢流阀,先导控制,带电磁铁位置反馈
		三通比例减压阀,带电磁铁闭环位置控制和集成式电子放大器
		比例溢流阀,先导式,带电子放大器和附加先导级,以实现手动压力调节或最高压力溢流功能
比例流量控制阀		比例流量控制阀,直控式
		比例流量控制阀,直控式,带电磁铁位置闭环控制和集成式电子放大器
		比例流量控制阀,先导式,带主级和先导级的位置控制和电子放大器
		流量控制阀,用双线圈比例电磁铁控制,节流孔可变,特性不受粘度变化的影响

（续）

名　称		图　形　符　号	描　　述
阀	二通盖板式插装阀		压力控制和方向控制插装阀插件,座阀结构,面积1:1
			压力控制和方向控制插装阀插件,座阀结构,常开,面积比1:1
			方向控制插装阀插件,带节流端的座阀结构,面积比例≤0.7
			方向控制插装阀插件,带节流端的座阀结构,面积比例>0.7
			方向控制插装阀插件,座阀结构,面积比例≤0.7
			方向控制插装阀插件,座阀结构,面积比例>0.7
泵和马达			变量泵
			双向流动,带外泄油路单向旋转的变量泵
			双向变量泵或马达单元,双向流动,带外泄油路,双向旋转

（续）

名　称	图形符号	描　　述
泵和马达		单向旋转的定量泵或马达
		操纵杆控制,限制转盘角度的泵
		限制摆动角度,双向流动的摆动执行器或旋转驱动
		单作用的半摆动执行器或旋转驱动
		变量泵,先导控制,带压力补偿,单向旋转,带外泄油路
缸		单作用单杆缸,靠弹簧力返回行程,弹簧腔带连接油口
		单作用单杆缸
		双作用双杆缸,活塞杆直径不同,双向缓冲,右侧带调节
		带行程限制器的双作用膜片缸
		活塞杆终端带缓冲的单作用膜片缸,排气口不连接

（续）

名　称	图形符号	描　述
缸		单作用缸,柱塞缸
		单作用伸缩缸
		双作用伸缩缸
		双作用带状无杆缸,活塞两端带终点位置缓冲
		双作用缆绳式无杆缸,活塞两端带可调节终点位置缓冲
		双作用磁性无杆缸,仅右边终端位置切换
		行程两端定位的双作用缸
		双杆双作用缸,左终点带内部限位开关,内部机械控制,右终点有外部限位开关,由活塞杆触发
		单作用压力介质转换器,将气体压力转换为等值的液体压力,反之亦然

（续）

名　称	图形符号	描　述
缸	p_1　p_2	单作用增压器,将气体压力 p_1 转换为更高的液体压力 p_2
连接和管接头	·········⌣·········	软管总成
	⊟②③◯②③⊟	三通旋转接头
		不带单向阀的快换接头,断开状态
		带单向阀的快换接头,断开状态
		带两个单向阀的快换接头,断开状态
		不带单向阀的快换接头,连接状态
		带一个单向阀的快换接头,连接状态
		带两个单向阀的快换接头,连接状态

（续）

名　　称	图形符号	描　　述
电气装置		可调节的机械电子压力继电器
		输出开关信号,可电子调节的压力转换器
		模拟信号输出压力传感器
测量仪和指示器		光学指示器
		数字式指示器
		声音指示器
		压力测量单元(压力表)
		压差计
		温度计
		可调电气常闭触点温度计(接点温度计)
		液位指示器
		模拟量输出,数字式电气液位监控器

（续）

名　　称	图形符号	描　　述
测量仪和指示器		流量指示器
		流量计
		数字式流量计
		转速仪
		转矩仪
过滤器与分离器		过滤器
		油箱通气过滤器
		带附属磁性滤芯的过滤器
		带光学阻塞指示器的过滤器
		带压力表的过滤器
		带旁路节流的过滤器

名　　称	图 形 符 号	描　　述
过滤器与分离器		带旁路单向阀的过滤器
		离心式分离器
蓄能器		隔膜式充气蓄能器（隔膜式蓄能器）
		囊隔式充气蓄能器（囊式蓄能器）
		活塞式充气蓄能器（活塞式蓄能器）
		气瓶
		带下游气瓶的活塞式蓄能器
润滑点		润滑点

附录 B 气动控制系统元件符号

（摘自 GB/T 786.1—2009）

名　称		图形符号	描　述
阀	控制机构	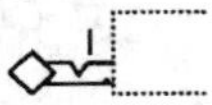	带有分离把手和定位销的控制机构
		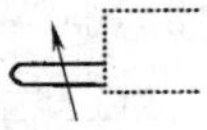	具有行程限制装置的柱塞
		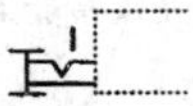	带有定位装置的推或拉控制机构
		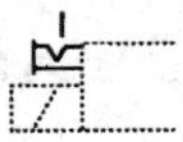	手动锁定控制机构
		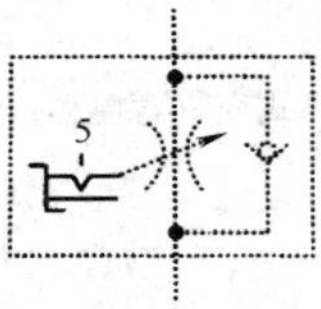	具有 5 个锁定位置的调节控制机构
		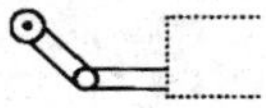	单方向行程操纵的滚轮手柄
		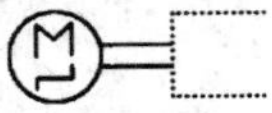	用步进电动机的控制机构
		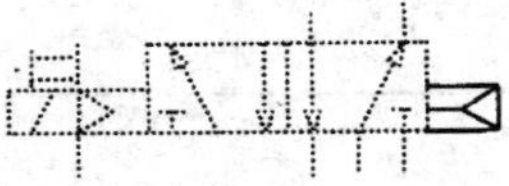	气压复位,从阀进气口提供内部压力
		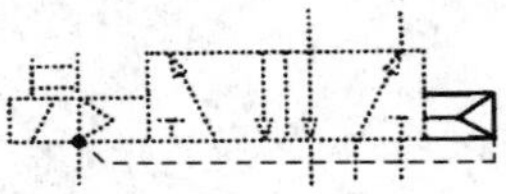	气压复位,从先导口提供内部压力（注:为了更易理解,图中标出外部先导线）
		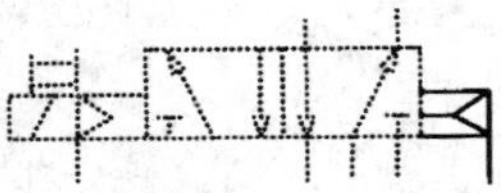	气压复位,外部压力源

（续）

名　　称		图　形　符　号	描　　述
阀	控制机构		单作用电磁铁,动作指向阀芯
			单作用电磁铁,动作背离阀芯
			双作用电气控制机构,动作指向或背离阀芯
			单作用电磁铁,动作指向阀芯,连续控制
			单作用电磁铁,动作背离阀芯,连续控制
			双作用电气控制机构,动作指向或背离阀芯,连续控制
			电气操纵的气动先导控制机构
	方向控制阀		二位二通方向控制阀,两通,两位,推压控制机构,弹簧复位,常闭
			二位二通方向控制阀,两通,两位,电磁铁操纵,弹簧复位,常开
			二位四通方向控制阀电磁铁操纵,弹簧复位
			气动软起动阀,电磁铁操纵内部先导控制

（续）

名　称		图形符号	描　述
阀	方向控制阀		延时控制气动阀,其入口接入一个系统,使得气体低速流入,直至达到预设压力才使阀口大开
			二位三通锁定阀
			二位三通方向控制阀滚轮杠杆控制,弹簧复位
			二位三通方向控制阀,电磁铁操纵,弹簧复位,常闭
			二位三通方向控制阀,单电磁铁操纵,弹簧复位,定位销式手动定位
			带气动输出信号的脉冲计数器
			二位三通方向控制阀,差动先导控制
			二位四通方向控制阀,单电磁铁操纵,弹簧复位,定位销式手动定位
			二位四通方向控制阀,双电磁铁操纵,定位销式(脉冲阀)

名　称		图形符号	描　述
阀	方向控制阀		二位三通方向控制阀,气动先导式控制和扭力杆,弹簧复位
			三位四通方向控制阀,弹簧对中,双电磁铁直接操纵,不同中位机能的类别
			二位五通方向控制阀,踏板控制
			二位五通气动方向控制阀,先导式压电控制,气压复位
			三位五通方向控制阀,手动拉杆控制,位置锁定
			二位五通气动方向控制阀,单作用电磁铁,外部先导供气,手动操纵,弹簧复位
			二位五通气动方向控制阀,电磁铁先导控制,外部先导供气,气压复位,手动辅助控制。气压复位供压具有如下可能: 从阀进气口提供内部压力 从先导口提供内部压力 外部压力源

（续）

名　称		图 形 符 号	描　述
阀	方向控制阀		不同中位流路的三位五通气动方向控制阀,两侧电磁铁与内部先导控制和手动操纵控制,弹簧复位至中位
			二位五通直动式气动方向控制阀,机械弹簧与气压复位
			三位五通直动式气动方向控制阀,弹簧对中,中位时两出口都排气
	压力控制阀		溢流阀,直动式,开启压力由弹簧调节
			外部控制的顺序阀
			内部流向可逆调压阀
			调压阀,远程先导可调,溢流,只能向前流动
			防气蚀溢流阀,用来保护两条供给管道
			双压阀("与"逻辑),并且仅当两进气口有压力时才会有信号输出,较弱的信号从出口输出

（续）

名　称		图形符号	描　述
阀	流量控制阀		可调节流量控制阀
			可调节流量控制阀,单向自由流动
			流量控制阀,滚轮杠杆操纵,弹簧复位
	单向阀和梭阀		单向阀,只能在一个方向自由流动
			单向阀,带有弹簧复位,只能在一个方向自由流动,常闭
			先导式液控单向阀,带有复位弹簧,先导压力允许在两个方向自由流动
			双单向阀,先导式
			梭阀("或"逻辑),压力高的入口自动与出口接通
			快速排气阀
	比例方向控制阀		直动式比例方向控制阀
	比例压力控制阀		比例溢流阀,直控式,通过电磁铁控制弹簧工作长度来控制液压电磁换向座阀
			比例溢流阀,直控式,电磁力直接作用在阀芯上,集成电子器件
			比例溢流阀,直控式,带电磁铁位置闭环控制,集成电子器件

（续）

名　称		图形符号	描　述
阀	比例流量控制阀		比例流量控制阀,直控式
			比例流量控制阀,直控式,带电磁铁位置闭环控制和集成式电子放大器
空气压缩机和马达			马达
			空气压缩机
			变方向定流量双向摆动马达
			真空泵
			连续增压器,将气体压力 p_1 转换为较高的液体压力 p_2
			摆动气缸或摆动马达,限制摆动角度,双向摆动
			单作用的摆动气缸或摆动马达

名　　称	图形符号	描　　述
缸		单作用单杆缸,靠弹簧力返回行程,弹簧腔带连接口
		单作用单杆缸
		双作用双杆缸,活塞杆直径不同,双向缓冲,右侧带调节
		带行程限制器的双作用膜片缸
		活塞杆终端带缓冲的单作用膜片缸,排气口不连接
		双作用带状无杆缸,活塞两端带终点位置缓冲
		双作用缆索式无杆缸,活塞两端带可调节重点位置缓冲
		双作用磁性无杆缸,仅右边终端位置切换
		行程两端定位的双作用缸
		双杆双作用缸,左终点带内部限位开关,内部机械控制,右终点有外部限位开关,由活塞杆触发

（续）

名　称	图形符号	描　述
缸		单作用压力介质转换器,将气体压力转换为等值的液体压力,反之亦然
		单作用增压器,将气体压力 p_1 转换为更高的液体压力 p_2
		双作用缸,加压锁定与解锁活塞杆机构
		波纹管缸
		软管缸
		永磁活塞双作用夹具
		永磁活塞双作用夹具
		永磁活塞单作用夹具
		永磁活塞单作用夹具
连接和管接头		软管总成
		三通旋转接头

（续）

名　称	图形符号	描　述
		不带单向阀的快换接头，断开状态
		带单向阀的快换接头，断开状态
		带两个单向阀的快换接头，断开状态
连接和管接头		不带单向阀的快换接头，连接状态
		带一个单向阀的快换接头，连接状态
		带两个单向阀的快换接头，连接状态
		可调节的机械电子压力继电器
电气装置		输出开关信号，可电子调节的压力转换器
		模拟信号输出压力传感器
		压电控制机构

（续）

名　称	图形符号	描　　述
测量仪和指示器		光学指示器
		数字式指示器
		声音指示器
		压力测量单元(压力表)
		压差计
		带选择功能的压力表
		开关式压力表
		计数器
过滤器与分离器		过滤器
		带光学阻塞指示器的过滤器
		带压力表的过滤器
		离心式分离器

名　　称	图　形　符　号	描　　　述
过滤器与分离器		自动排水聚结式过滤器
		双相分离器
		真空分离器
		静电分离器
		不带压力表的手动排水过滤器,手动调节,无溢流
		带旁路单向阀的过滤器
		油雾分离器
		空气干燥器
		油雾器

（续）

名　　称	图形符号	描　　述
过滤器与分离器		手动排水式油雾器
		手动排水式重新分离器
蓄能器（压力容器、气瓶）		气罐
真空发生器		真空发生器
		带集成单向阀的单级真空发生器
吸盘		吸盘
		带弹簧压紧式推杆和单向阀的吸盘

参 考 文 献

［1］　陈奎生. 液压与气压传动［M］. 武汉：武汉理工大学出版社，2001.
［2］　许福玲. 液压与气压传动［M］. 北京：机械工业出版社，2004.
［3］　姜继海. 液压与气压传动［M］. 北京：高等教育出版社，2002.
［4］　卢醒庸. 液压与气压传动［M］. 上海：上海交通大学出版社，2002.
［5］　盛永华. 液压与气压传动［M］. 武汉：华中科技大学出版社，2005.
［6］　许同乐. 液压与气压传动［M］. 北京：中国计量出版社，2006.
［7］　王焕菊. 液压与气压传动［M］. 郑州：河南科学技术出版社，2007.
［8］　刘延俊. 液压与气压传动［M］. 北京：机械工业出版社，2002.
［9］　王积伟，章宏甲，黄谊. 液压与气压传动［M］. 2版. 北京：机械工业出版社，2005.
［10］　左健民. 液压与气压技术［M］. 3版. 北京：机械工业出版社，2006.
［11］　章宏甲，黄谊. 液压传动［M］. 北京：机械工业出版社，1995.
［12］　李芝. 液压传动［M］. 北京：机械工业出版社，2002.
［13］　周国柱，王春荣. 液压技术［M］. 长春：吉林科学技术出版社，1990.
［14］　雷天觉. 液压工程手册［M］. 北京：机械工业出版社，1990.
［15］　陆元章. 现代机械设计手册（2）［M］. 北京：机械工业出版社，1996.